海外油气勘探开发战略与技术

穆龙新　主　编

U0208998

石油工业出版社

内 容 提 要

　　本书汇编了中国石油勘探开发研究院、国际勘探开发有限公司等从事中国石油海外事业的勘探开发及战略等各专业专家在国内刊物和学术会议上发表的论文，集中反映和体现了中国石油海外油气勘探开发战略及技术对海外油气事业快速发展起到的技术支撑作用。内容涉及海外油气战略规划、油气勘探、油气田开发、项目评价等专业领域。

　　本书可供从事油气战略研究科研院所、油气田勘探开发的技术人员和石油院校相关专业师生参考。

图书在版编目（CIP）数据

　　海外油气勘探开发战略与技术/ 穆龙新主编 .

—北京：石油工业出版社，2020. 12

　　ISBN 978-7-5183-4409-3

　　Ⅰ.①海… Ⅱ.①穆… Ⅲ.①油气勘探–文集②油气

田开发–文集 Ⅳ.①TE1-53②TE3-53

　　中国版本图书馆 CIP 数据核字（2017）第 246958 号

出版发行：石油工业出版社

　　　　　　（北京安定门外安华里 2 区 1 号　　100011）

　　　　　　网　　址：www. petropub. com

　　　　　　编辑部：（010）64523583　图书营销中心：（010）64523633

经　　销：全国新华书店

印　　刷：北京晨旭印刷厂

2020 年 12 月第 1 版　2020 年 12 月第 1 次印刷

787×1092 毫米　开本：1/16　印张：18.25

字数：460 千字

定价：60.00 元

《海外油气勘探开发战略与技术》编委会

前　言

　　中国石油天然气集团有限公司（以下简称"中国石油"）经过几十年的国际油气合作，取得了一系列骄人的业绩，开辟了波澜壮阔的海外油气事业，为保障国家油气能源安全做出了巨大贡献，搭建了海外石油人展示才华的巨大舞台，先后获得了国家科技进步一等奖三项、二等奖五项。作为论文作者我们有幸参与到这一伟大事业中，亲历了海外业务从无到有、从小到大跨越式发展的历史，也从一名海外石油新兵成长为中坚力量。可以说在海外油气事业的快速发展过程中，涌现了一大批杰出的国际化勘探开发战略和技术专家，本书编委会主任穆龙新教授是他们当中的杰出代表。穆龙新教授1982年从原武汉地质学院毕业后，奔赴祖国西北从事区域地质调查研究。1985年考入中国石油勘探开发研究院攻读研究生，1988年硕士毕业后参加冀东石油会战，1990年后奔赴西部先后参加吐哈石油会战和塔里木石油会战，积累了丰富的国内油气田开发地质研究和实践经验。1993年起承担"九五"大庆油田稳产等国家和集团重大科研专项，倡导露头研究与精细油藏描述的结合，建立了滦平和大同等露头描述研究实践基地，推动了我国油气田储层精细描述学科的发展。1998年参与组建了中国石油勘探开发研究院海外研究中心并任常务副主任，短短几年时间带领海外研究中心驶上建设发展的快车道，为一系列重大勘探发现和开发方案提供了技术支撑，充分发挥了海外中心"一部三中心"的作用。2004年到2010年到中国石油委内瑞拉项目现场工作6年，组织了多项中委重大油田合作项目，为"做特美洲"发挥了重要技术领导作用。2010年后回到中国石油勘探开发研究院，在新的历史起点上领导海外研究中心快速发展，特别是"十二五"以来支撑中国石油海外油气权益产量从5000万吨快速增长到1亿吨。在二十多年从事海外油气事业过程中，穆龙新教授高度重视海外油气专家队伍培养和学科建设，精准选才、精心育才，搭建各主干专业人才梯队，壮大了海外油气技术专家队伍；海人不倦，著作等身，先后指导近百名硕士、博士研究生，出版专著13部，在国内外学术期刊和会议上发表论文70余篇。

　　其实，本书的编委和论文作者们也都是从海外油气勘探开发事业中成长起来的中坚力量和杰出代表，他们以中国石油海外油气勘探开发业务为事业，以中国石油勘探开发研究院海外研究中心为平台，20多年来持之以恒地研究海外油气勘探开发技术，全力做好海外油气战略、规划计划、勘探开发部署、新项目评价和各种技术支持工作，由此形成了一系列的成果，撰写了许多论文。穆龙新教授组织中国石油勘探开发研究院、国际勘探开发有限公司等从事海外勘探开发和战略多位专家深入研讨和梳理这些年大家在海外油气勘探开发战略和技术方面的研究成果和论文，从众多的研究人员中选出了20多人并优选有代表性论文共30篇汇编成书，内容涵盖了中国石油在中亚-俄罗斯、中东、非洲、美洲、亚太五大海外油气合作区，系统梳理了中国石油海外油气资源发展战略、勘探开发理论和技术进展及未来发展方向与对策，遴选了各个油气合作区具有代表性的油气勘探开发理论和技术，涉及油气勘探、油气田开发、项目评价等专业领域，选题广泛，内容全面、深入。限于篇幅和时间，还有众多海外油气勘探开发战略和技术专家学者的代表性论文尚未来得及遴选成书，我们相信入选本书的论文能够在一定程度上代表海外油气资源战略、勘探开发理论和技术的主要成果。

虽然这是一本论文选集，但它是对中国石油海外油气勘探开发战略和技术几十年的潜心研究、深刻感悟和深入思考，具有很强的理论性、实践性和指导性，将有助于从事海外油气勘探开发专业技术人员和石油院校相关专业师生全面系统地了解海外油气项目勘探开发战略、理论和技术，是一本难得的分专题全面论述海外油气勘探开发战略和技术的著作。

本书编委会
2020 年 12 月

目　录

一、战略与勘探

二、开发地质

三、油气田开发

附录 成果汇总

一、战略与勘探

新形势下中国石油海外油气资源发展战略面临的挑战及对策

穆龙新

（中国石油勘探开发研究院）

摘　要： 中国石油实施海外油气资源战略20多年来取得了巨大成绩，已基本建成全球五大油气合作区。当前国际形势复杂多变，油价持续低迷，国内新常态下经济增速放缓，中国石油下一步海外资源战略该怎样走，已成为迫切需要研究和思考的问题。中国石油过去实施海外资源战略过度集中在高风险国家，而且多数项目将面临合同到期等严峻挑战。建议中国石油海外资源新战略应以"一带一路"沿线油气资源全产业链深度合作为战略重点，积极推进以"中国–中亚–俄罗斯油气资源自供给体系"建设为核心，积极审慎地获取低风险国家油气资产，平衡海外油气资源结构。

关键词： 中国石油；海外油气资源；机遇与挑战；一带一路"；战略机遇期

1　中国石油海外油气资源发展战略回顾

自20世纪90年代初起，中国石油天然气集团公司（以下简称"中国石油"）积极实施走出去战略，在欧美石油企业退出或政治经济风险较大的欠发达资源国，借重中国与这些国家长期以来建立的良好关系，通过互利互惠合作，获得油气资源开发权益，取得了一系列引人瞩目的成功。

1993年，中国石油率先走出去，在秘鲁获取了一个有上百年开发历史的老油田小项目，开始探索海外勘探开发油气资源、国际化经营管理和人才培养之路。1997年开始，中国石油抓住低油价和资源国政策松动时机，获取了以苏丹为代表的一批重要海外油气勘探开发项目，中国石油的海外业务持续迅速发展。2009年后，中国石油抓住伊拉克战后重建有利时机，获取了以鲁迈拉大型油田为代表的一大批海外大型油气田勘探开发项目，使海外油气业务迈入了规模化发展阶段。

20多年来，中国石油海外油气业务基本完成了五大油气合作区的战略布局，现已进入以质量效益和可持续发展为目标的发展新阶段。面对国际形势复杂多变、国际油价持续低迷、国内经济进入新常态的新情况，下一步中国石油应该实施什么样的全球油气资源战略，成为迫切需要研究和思考的问题。

2　中国石油海外油气资源的特点

2.1　海外五大油气合作区各具特色

中国石油在海外已经建成中亚–俄罗斯、中东、非洲、美洲和亚太五大油气合作区。目

作者简介： 穆龙新，男，出生于1960年，1982年毕业于中国地质大学（武汉）（原武汉地质学院），2004年获中国石油勘探开发研究院博士学位，教授级高级工程师，长期从事海外勘探开发战略及技术研究和科研管理工作。地址：北京市海淀区学院路20号；邮箱：mlx@petrochina.com.cn。

前在海外 35 个国家，运行着 91 个油气投资合作项目，业务范围涉及海陆常规与非常规油气资源等多领域、上中下游全产业链，形成了从勘探开发到炼化销售一体化的石油工业产业链。油气勘探开发合同区总面积约 $80 \times 10^4 km^2$，海外油气剩余可采储量 $108 \times 10^8 t$ 油当量，原油年生产能力为 $1.35 \times 10^8 t$，天然气年生产能力 $290 \times 10^8 m^3$。

海外五大油气合作区资源分布各具特点。中东是中国石油海外石油资源最多的地区，石油业务占 99%；在中亚-俄罗斯地区，则油气资源并举，其中国石油占 48%、天然气占 52%；在美洲地区，以重油油砂等非常规油气资源为主，占比超过 90%；在非洲，以常规油气资源为主，且海陆兼顾基本平衡，陆上占 60%，海上占 40%；在亚太地区，以天然气为主，占比高达 90%。

2.2　海外资源以陆上常规油气资源为主

在中国石油拥有的海外油气资源中，石油和天然气分别占比 78% 和 22%。常规油气资源占 80%，非常规油气资源占 20%，非常规油气资源主要分布在委内瑞拉、加拿大和澳大利亚。陆上和海上油气资源占比分别为 80% 和 20%，陆上资源重点分布于中东、中亚和非洲等地区，海上资源多分布于西非、澳大利亚和巴西等。

2.3　海外油气作业产量和权益产量持续增加

经过 20 多年的发展，中国石油海外油气勘探开发走出了一条油田开发与自主勘探相结合的道路，海外油气产量 2/3 靠已有油田开发获得，1/3 来自于自主勘探发现。2015 年，中国石油海外油气作业产量达 $1.35 \times 10^8 t$ 油当量，权益产量达 $7000 \times 10^4 t$ 油当量。

3　中国石油海外油气资源发展面临的主要挑战

3.1　海外油气资源分布多集中于高风险国家

在中国石油拥有的海外油气资源项目中，约 65% 分布于风险较高的国家，这类油气资源占总储量、总产量比例超过 65%；分布于中等风险国家的项目占 25%，其油气储量和产量的占比大致均为 25%；而分布于低风险国家的项目仅占 10%，其油气储量和产量的占比约为 10%。特别是分布在伊拉克、南苏丹、苏丹、乍得、尼日尔、哈萨克斯坦、委内瑞拉 7 个风险较高国家的油气储量和产量占比已超过中国石油全部海外油气资源的 70%，而土库曼斯坦的阿姆河右岸项目天然气产量占其总产量的 80% 以上，油气主产区十分集中。

3.2　海外油气资源项目将面临合同到期严峻形势

海外油气资源项目勘探开发期短、时限性强。勘探项目的勘探期一般 3 ~ 5 年、最多可延长 1 ~ 2 次，而开发项目的开发期限为 25 ~ 35 年。中国石油每年都有海外项目到期须退还资源国，到 2022 年，海外陆续到期的项目/区块有 7 个，影响海外原油作业产量的 25%，到 2030 年，绝大多数海外项目合同到期。由于海外油气资源归资源国所有，外国公司只是一定期限内的油气勘探开发经营者，未来中国石油将面临海外油气资源大幅减少甚至空缺的巨大挑战。

3.3 合同模式与合作方式复杂多样，投资风险大

中国石油海外油气勘探开发项目有不同合同模式：产品分成合同占36%，矿税制合同占51%，服务合同占13%。每种合同规定了投资者不同的权益和义务，对投资者要求极其苛刻；海外项目有独资经营、联合作业、控股主导和参股等多种经营管理方式；海外油气资源投资风险巨大。例如，南苏丹独立建国和战争对中国石油的"苏丹模式"产生了重大影响，导致千万吨级油田停产，投资不可回收等；叙利亚内战从2011年至今，中国石油项目因此全面停产。此外，一些资源国随时调整财税条款、汇率大幅变化、更改合同内容的情况更是十分普遍，中国石油海外油气资源投资项目大多处于较高风险状态。

4 中国石油海外油气资源发展战略面临机遇

中国石油20多年的海外业务发展历史表明，运用中国政治经济优势，选择欠发达国家作为实施海外油气资源战略的着力点是正确的。在新形势下，中国石油要充分发挥自身优势，抓住油价低迷期和国家实施"一带一路"战略的机遇期，坚持以资源战略为先导，积极审慎地获取海外油气优质资产，优化资源结构，实现海外油气项目有质量、有效益和可持续发展，履行好肩负的三大责任。

4.1 全球油气资源丰富，尤其是非常规资源潜力巨大

国家重大专项"全球油气资源评价与利用研究"对全球油气资源系统评价结果表明，全球常规与非常规油气资源总量约 5×10^{12} t 油当量，全球油气资源丰富，勘探开发潜力巨大。世界石油工业经过150余年的勘探开发，常规油气仅采出1/4，非常规油气采出量更少。目前，全球石油剩余可采储量超过 2416×10^8 t，并保持着约1%的年增长速度，天然气剩余可采储量超过 190×10^{12} m³，油气产量也保持稳步增长。另一方面，全球油气资源地理分布极不均衡，常规资源以中东地区为主，石油占全球的40%，天然气占全球的31%；非常规石油以美洲地区为主，占全球的40%。

4.2 低油价促使资源国改善对外合作政策，提供了新机会

分析表明，资源丰富的阿拉伯世界局势动荡将呈现长期化趋势。非洲地区一些国家的长期内乱使中国石油海外资产处于高风险状态。中亚地区老人政治潜在风险持续攀升。拉美地区社会与安全风险持续升高，资源国民族主义抬头，合作政策总体趋紧。但近3年的低油价迫使资源国的对外合作政策出现松动和调整，一些资源国修改财税政策与合同条款，以吸引外国投资。例如，伊朗经济因多年国际制裁遭受严重打击，制裁取消后，政府出台新合同模式取代苛刻的回购合同。墨西哥和巴西也对能源政策进行改革，允许外国资本投资上游业务和深水盐下油田。

4.3 全球油气资产交易发生深刻变化，为获取海外资源提供了新选择

在低油价下，大型国际石油公司积极调整发展战略。以埃克森美孚、雪佛龙、壳牌、BP、道达尔五大巨头为代表的国际石油公司，进一步优化资产、强化优质优势资源占比，放缓了非常规资源的投资，不断剥离非战略核心资产。除壳牌巨资收购BG集团以外，其他

石油巨头在收并购市场上几乎都在充当卖方角色，2016 年出售资产总额达 123 亿美元，创近 8 年来新高。

非常规油气资源出现大量待售资产，中小型油气公司或服务公司大量剥离不良资产或将资产整体出售。而以中国石油为代表的新兴经济体的国家油公司，海外油气并购活动由前几年极其活跃，转入现在的基本停滞状态。全球金融投资者在油气收并购市场上表现活跃，积极寻找机会。

4.4 "一带一路"战略和"十三五"能源规划推动深化海外油气业务合作

2013 年 9 月和 10 月，习近平总书记分别提出建设"新丝绸之路经济带"和"21 世纪海上丝绸之路"的发展合作倡议，强调相关各国要打造互利共赢的"利益共同体"和共同发展繁荣的"命运共同体"，开启了我国政治、经济和人文等对外合作的新篇章。

中国石油经过 20 多年的发展，已在"一带一路"区域内建成三大油气合作区、四大油气战略通道、$2.5×10^8$ t 当量产能、$3000×10^4$ t 炼能的全产业链格局，油气合作是"一带一路"战略的重要支撑，中国石油将继续发挥引领和骨干作用，推动"一带一路"油气资源合作向深层次、高水平的全产业链融合发展。

国家"十三五"能源规划也对海外油气合作有明确要求：巩固重点国家和资源地区油气产能合作，积极参与国际油气基础设施建设，促进与"一带一路"沿线国家油气管网互联互通；推进中俄东线天然气管道建设，确保按计划建成；务实推动中俄西线天然气合作项目；稳妥推进天然气进口；加强与资源国炼化合作，多元保障石油资源进口。

5 中国石油实施海外资源的对策建议

中国政府的能源外交和与许多资源国的传统友谊，是中国石油获取海外油气资源的重要保障，国家实施的"一带一路"战略和能源"十三五"规划为海外油气资源进一步发展创造了新机遇。中国经济的持续健康发展和巨大的能源消费市场，是推动中国石油走出去的巨大动力，中国国有石油公司既是石油公司又是专业技术服务公司的一体化运作模式，已成为我们在全球油气资源激烈竞争的独特优势。

中国石油凭借政治、经济、市场以及上下游一体化等方面的比较优势，在目前复杂多变的国际环境下实施海外油气资源战略，即以"一带一路"国家油气资源全产业链深度合作为战略重点，积极推进以"中国-中亚-俄罗斯油气资源自供给体系"建设为核心，加大在低风险国家油气资产投入，平衡海外油气资源结构。

5.1 推动"一带一路"沿线油气资源全产业链协同共赢发展

"一带一路"国家油气资源丰富，尤其是陆上丝绸之路经济带的油气资源十分富集，是世界主要油气供给区，也是海外油气资源合作的主要地区和方向。根据 2016 年 5 月"丝绸之路油气资源合作开发战略研究"项目组研究报告统计，"一带一路"油气产量分别占全球的51%、49%，油气剩余探明储量分别占全球的 55%、76%，油气带发现资源量分别占全球的47%、68%，主要分布在中东、中亚、俄罗斯地区。"一带一路"国家原油供应、需求分别约占全球 1/2 和 1/3，主要资源国实施"资源立国"战略，一些国家油气产业产值占 GDP 的30%~60%，油气出口收入占国家出口总收入的 70%~90%。地区资源国相互竞争市场，对投资和技术有强烈的合作需求，为我们油气资源合作提供了良机。

中国石油目前在"一带一路"上拥有 17 个国家的 49 个项目，包括勘探开发、管道、炼厂和贸易等多个领域。累计投资超 500 亿美元，投资重点在中亚和中东地区，权益油气产量超 5000×10^4 t。未来油气资源的合作应实施全产业链协同共赢战略，在现有基础上，充分考虑"一带一路"相关国家的合作需求和我国的比较优势，通过"资源与市场共享、通道与产业共建"，建设开放型油气合作网络，培育自由开放、竞争有序、平等协商、安全共保的伙伴关系，通过资金、技术、标准、管理联合合作，打造新的价值链，以利益共同体构建命运共同体，为实现我国"两个一百年"目标奠定坚实的油气资源基础。

5.2 抓住低油价窗口期，积极审慎地获取海外油气资源

纵观全球能源发展史，每一次油价波动及技术变革，都伴随着一波油气公司的兼并收购浪潮，也是全球油气资源重新配置的最佳战略期。2014 年 6 月以来，原油价格大幅下降，预计当前低油价将持续较长时期，全球油气资源交易价格处于低谷，优质资产交易处于窗口期。许多公司迫于财务压力出售优质核心资产，市场上待售油气资产数量众多，类型广泛，新一轮并购浪潮逐渐显现，我们要抓住这次全球油气资产交易窗口期，创新海外油气合作方式，积极购并低风险地区如北美、阿联酋、阿曼等国家的油气资源，平衡海外资产安全风险，使海外油气资源分布和结构更趋合理。

5.3 三大国有石油公司应加强合作，协同发展海外油气事业

目前，中国三大石油公司在海外拥有剩余可采储量约 130×10^8 t 油当量，作业产量超过 1.8×10^8 t。过去，三大国有石油公司在海外油气资源获取中既有合作也有竞争。今后，三大公司在海外油气资源获取中应发挥各自优势，协同开发海外油气资源，尤其是要在建立"中国-中亚-俄罗斯"油气资源的自供体系方面加强合作。中国石油更应把中亚-俄罗斯地区放在资源发展战略的首位，同时积极做大中东，努力建成海外最大的油气生产区；加强非洲，形成海陆共赢的油气生产基地；积极进入美洲，平衡海外资产安全风险；扩大亚太天然气合作，力争建成重要的天然气供应基地。

参考文献

[1] 国家发展改革委、外交部、商务部经国务院授权发布. 推动共建丝绸之路经济带和 21 世纪海上丝绸之路的愿景与行动 [EB/OL]. (2015-03-31). http://zhs.mofcom.gov.cn/article/xxfb/201503/20150300926644.shtml.

[2] 国务院办公厅. 能源发展战略行动计划 (2014—2020 年) (国办发〔2014〕31 号) [EB/OL]. (2014-06-07). http://www.gov.cn/zhengce/content/2014-11/19/content_9222.htm.

[3] 国家发展改革委, 国家能源局. 能源发展"十三五"规划 [EB/OL]. (2016-12-26). http://www.sdpc.gov.cn/zcfb/zcfbtz/201701/t20170117_835278.html.

新形势下中国石油企业海外天然气业务发展策略思考

李树峰　蒋　平

(中国石油国际勘探开发有限公司)

摘　要： 从全球看，天然气资源的发现、液化天然气技术的进步，促进了全球天然气市场的联动，高溢价现象得到抑制，在各国政府的支持下天然气迎来了政策机遇期，长期前景看好；从公司看，国际石油巨头积极布局天然气时代，及时、主动向拥有天然气资产转型；从中国看，能源绿色转型压力需要大力提高天然气消费比例，国内相关支持政策也密集出台，天然气消费迎来爆发式增长，同时逐年提高的天然气对外依存度对供应安全形成了挑战。中国石油企业海外天然气发展还存在规模与趋势不匹配、天然气资产组合亟需优化、天然气价值链布局滞后等问题，这主要是因为天然气发展理念、对行业周期的认识、能力建设等方面存在不足。在新形势下，中国石油企业需要强长板、补短板，积极转变海外天然气发展理念，打造全球供应与销售网络，推进天然气产业链优化拓展，持续加强支撑海外天然气业务的能力建设。

关键词： 能源转型；天然气；新形势；对外依存度；中国石油企业；海外天然气业务

近年来，全球能源清洁低碳化转型趋势明显，天然气作为最清洁的化石能源，在转型过程中将发挥重要的桥梁作用[1-4]。2018 年的国际天然气大会(IGU)进一步提出，天然气不仅是通向未来能源的桥梁，其与可再生能源的融合发展更是未来能源的解决方案。基于此，许多国家纷纷制定相关政策，推动天然气的利用。以壳牌、道达尔等为代表的石油公司也积极布局天然气业务，充实公司未来的能源版图。

在政策的推动下，中国天然气市场取得了长足发展，但 2017 年冬季发生的"气荒"事件，也暴露了我国天然气供应体系存在的短板。作为我国天然气供应的主体，中国石油企业在建立天然气多元供应体系中责任重大。由于国内天然气产量增速远低于消费增速，拓展海外天然气业务成为中国石油企业落实天然气供应责任的重要一环。本文分析天然气行业新形势、国际石油公司的做法、中国石油企业海外天然气业务现状以及存在的问题和原因，提出发展海外天然气业务的具体策略，为中国石油企业未来发展提供决策参考。

1　天然气行业面临的新形势

1.1　全球天然气行业迎来发展机遇，长期前景看好

作为最清洁的化石能源，在《巴黎协定》签署后，天然气利用获得更多国家、组织的政策支持。例如，2016 年印度提出优先发展以天然气为基础的经济；2016 年 G20 峰会提出将通过加强合作寻求解决方案，推动在天然气开采、运输和加工方面最大程度地减少环境影响等。

作者简介：李树峰，男，出生于 1976 年，2000 年毕业于东北石油大学(原大庆石油学院)，2003 年获中国石油勘探开发研究院硕士学位，高级经济师，现任中国石油国际勘探开发有限公司副总经济师，长期从事海外油气战略和规划计划管理工作。地址：北京市西城区阜成门北大街 6-1 号；邮箱：lishf@ cnpcint.com。

资源方面，不断涌现的天然气勘探发现，夯实了资源基础。2007年以来，天然气可采储量年均增长率近1.7%，全球天然气产量年均增长率约2.3%。美国、中国等非常规天然气开发的不断突破，推动了天然气供应持续稳定增长，有效保障了天然气资源的供给能力[5-7]。

市场方面，液化天然气(LNG)技术的突破，促进了全球天然气贸易。2017年，世界天然气贸易总量同比增长5.9%至$11340×10^8m^3$，同时抑制了LNG区域高溢价现象，显著增强了全球天然气市场的联动性[8-10]。

2019年的BP《世界能源展望2035》预计，2017—2040年全球天然气消费年平均增长率1.7%，而全球石油消费年平均增长率为0.3%，煤炭则出现负增长，年均增长率−0.1%[7]。作为消费增长最快的化石能源，预计2025年左右，天然气将取代煤炭，成为全球第二大能源。国际能源署、美国能源信息署、埃克森美孚等机构和公司的展望报告均认为，天然气的消费量会进一步扩大，在能源消费中占比也会进一步增加，长期前景看好。

1.2 国际大石油公司提升天然气战略地位，多措并举布局天然气

国际石油公司顺应天然气大发展趋势，重视并配套发展天然气业务。首先，战略上提升天然气地位。例如，BP公司2017年上游战略中提出"向天然气和优质油田转移"，2021年前计划投产的项目中天然气占75%[11]。

其次，收购天然气资产，扩大天然气业务。2001—2018年，埃克森美孚、壳牌、道达尔、英国石油、雪佛龙、埃尼、挪威国家石油公司等七大国际石油公司储量中天然气平均占比由43%提升至46%，产量中天然气平均占比由35%提升至44%（图1）。尽管期间BP公司天然气产量降低3%，但2018年产量仍较2016年提升22%。伍德麦肯兹预计，2030年七大国际石油公司天然气产量占比将达到50%。多家巨头净买入天然气资产抢夺发展先机，例如埃克森美孚、壳牌、BP、道达尔等公司近年先后买入Inter Oil、BG、Zohr、Engie LNG等天然气资产。

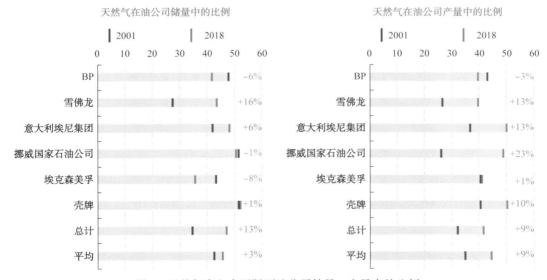

图1　天然气在七大国际石油公司储量、产量中的比例

再次，重视 LNG 业务，对相关部门优化调整。七大石油公司液化能力占天然气产能的比重大幅提升，目前壳牌公司该比例已经接近 50%。壳牌公司还成立了天然气一体化部门，专注于 LNG 和天然气制油（GTL），确保天然气安全储存并运输至全球各个市场。道达尔公司也于 2017 年 1 月成立了天然气、可再生及发电业务部，积极扩展天然气价值链[12, 13]。

1.3 中国天然气行业发展进入快车道，供应安全面临挑战

煤炭长期占据我国能源消费的主体地位，能源消费量的快速增长导致碳排放激增，带来严重的环境污染。在经济增速换挡、资源环境约束趋紧的新常态下，能源绿色转型要求日益迫切。天然气在我国越来越受到重视，为鼓励、规范和引导天然气产业发展，国家有关部门陆续出台了一系列相关政策。例如，《天然气发展"十三五"规划》《加快推进天然气利用的意见》《关于加快储气设施建设和完善储气调峰辅助服务市场机制的意见》《关于促进天然气协调稳定发展的若干意见》等，旨在加快推进天然气利用，提高天然气在一次能源消费结构中的比重，逐步把天然气培育成为主体能源之一[14-17]。

2017 年以来，我国经济形势稳中有进，多种政策的实施效果逐渐显现，天然气行业整体加速发展。2018 年，天然气消费量 2766×10^{8}m^3，连续两年增速超过 15%（图 2）；天然气产量 1573×10^{8}m^3，同比增长 6.3%；天然气进口量 1265×10^{8}m^3，同比增长近 34%[18-20]。尽管国内天然气产量稳步提升，但仍然存在较大供应缺口，供应安全面临挑战。2018 年，中国天然气对外依存度已超过 45%。国际能源署预计，2025 年中国天然气市场供需缺口 1750×10^{8}m^3，届时天然气对外依存度仍高达 44% 左右[21]。在"两种资源，两个市场"的战略思想指导下，建立多元供应体系是实现天然气稳定供给的必要措施，中国石油企业发展海外天然气业务，将成为天然气供应体系建设的重要一环。

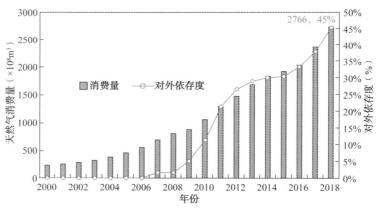

图 2　中国天然气消费量及对外依存度

2　中国石油企业海外天然气业务发展现状

2.1　三大石油公司海外油气业务发展现状

20 多年来，随着"走出去"战略的持续推进，以中国石油、中国石化、中国海油等为代表的一批中国石油企业海外业务规模和实力不断增强，国际化程度大幅提升。如图 3 所示，

截至 2018 年底，中国石油海外油气投资业务国家达 34 个，全球油气合作项目数量 92 个，2018 年海外原油权益产量 7535×10⁴t，天然气权益产量 287×10⁸m³[22，23]。截至 2017 年底，中国石化集团有限公司(以下简称中国石化)在全球 26 个国家拥有 50 个油气勘探开发项目，海外权益原油产量 3432×10⁴t，权益天然气产量 115×10⁸m³[24]。2018 年，中国海油海外原油权益产量 1586×10⁴t，天然气总产量 47×10⁸m³[25]。据中国石油经济技术研究院《2018 年国内外油气行业发展报告》，2018 年，中国石油企业海外权益原油产量为 1.6×10⁸t，权益天然气产量为 500×10⁸m³[5]。

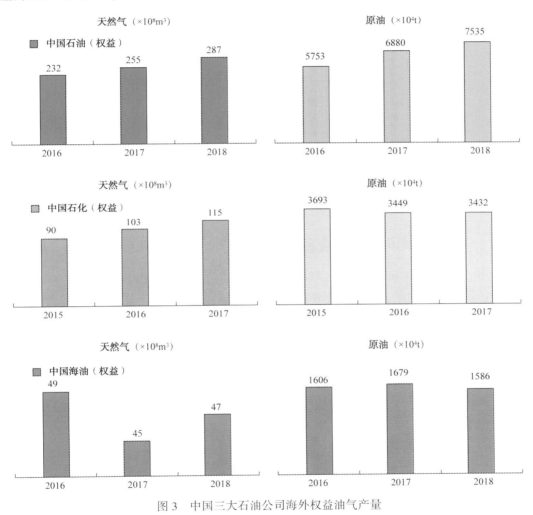

图 3 中国三大石油公司海外权益油气产量

2.2 中国石油海外天然气业务发展状况

根据年报和 IHS 数据，截至 2008 年底，中国石油海外天然气权益产量 46.6×10⁸m³，占中国石油海外油气权益产量的 11%。中国石油 2007 年签署的土库曼斯坦阿姆河右岸天然气产品分成项目于 2009 年投产，并逐渐成长为迄今中国石油海外最大的在产天然气项目；2010 年，首次进入澳大利亚煤层气业务领域，同年海外天然气权益产量首次突破 100×10⁸m³；2011 年，获得加拿大白桦地非常规项目 20% 权益；2013 年 3 月，获得莫桑比克近海

4区块20%权益，同年9月获得俄罗斯亚马尔LNG项目20%权益；2017年12月，亚马尔LNG项目一期投产；2018年10月，投资建设加拿大LNG一期项目通过最终投资决策，同年12月亚马尔LNG项目全面建成投产；2019年，获得北极LNG-2项目10%权益。截至2018年底，中国石油海外天然气权益产量主要集中在土库曼斯坦、哈萨克斯坦、俄罗斯3个国家，占比约77%（图4）。未来，中国石油来自土库曼斯坦、哈萨克斯坦等国的天然气产量将进入递减期，产量增长主要来自俄罗斯、莫桑比克等国家项目。

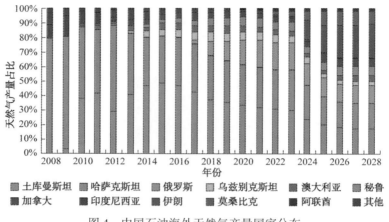

图4 中国石油海外天然气产量国家分布

2.3 中国石化海外天然气业务发展状况

2011年，中国石化海外首次获得权益气产量$9.94×10^8 m^3$；2011年2月，收购OXY阿根廷资产，同年8月与澳大利亚太平洋液化天然气有限公司（APLNG）就AOLNG 15%股份认购项目完成交割，10月全资收购加拿大Daylight Energy公司；2012年1月，与美国戴文能源公司签署协议，收购该公司在美国5个页岩油气资产1/3权益，同年7月与APLNG就增持该公司10%股份项目完成交割；2013年11月，与美国阿帕奇石油公司就收购埃及资产1/3权益完成交割；2016年，海外天然气权益产量突破$100×10^8 m^3$。目前中国石化海外天然气权益产量主要来自澳大利亚、美国、加拿大、阿根廷4国，合计占比超过86%（图5），未来增长潜力主要来自印度尼西亚等国。

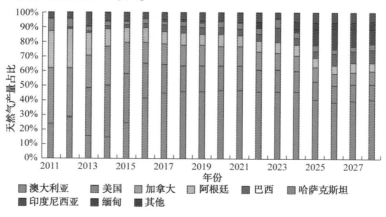

图5 中国石化海外天然气产量国家分布

2.4 中国海油海外天然气业务发展状况

2002年，中国海油通过并购获得印度尼西亚东固LNG项目12.5%权益，后增持至约13.90%；2003年，获得澳大利亚西北大陆架LNG项目5.3%权益；2008年，购买Husky马杜拉海峡区块50%权益，区块包括BD气田等；2010年3月，购买阿根廷BC公司50%权益，同年10月购买美国切萨皮克能源公司鹰滩页岩气项目共33.3%的权益；2012年，成功收购尼克森公司，天然气生产业务拓展至加拿大、英国等国；2019年，获得北极LNG-2项目10%权益。目前，中国海油海外天然气权益产量主要集中在澳大利亚、阿根廷、印度尼西亚、美国4国，合计占比超过90%(图6)。

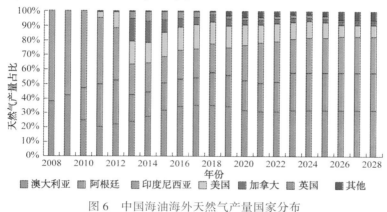

图6　中国海油海外天然气产量国家分布

3　中国的石油企业海外天然气业务发展问题分析

3.1　亟需转变重油轻气观念，提升海外天然气业务规模和占比

尽管中国的石油企业海外业务拓展取得了长足发展，但仍然面临诸多问题。1993年，我国成为原油净进口国，自此中国的石油企业担负起获取海外资源保障国家原油供给的重任。相比之下，我国2006年才成为天然气净进口国，天然气供需失衡也未得到足够重视。中国的石油企业发展海外业务更多围绕原油项目，对天然气项目关注程度普遍不够。以并购为例，在1993—2012年近30年间，中国的石油企业海外并购金额约1318亿美元，其中以取得石油储量为主的交易988亿美元，占比约75%，以天然气储量为主的交易197亿美元，占比仅约15%[26]。

从规模上看，中国的石油企业海外天然气权益产量合计仅500×10^8 m^3 左右。从结构上看，中国石油2018年海外天然气产量在油气当量中的占比为23.5%左右，中国石化2017年海外天然气产量占比21.2%，中国海油2017年海外天然气产量占比19.3%。三家公司天然气产量占比均不足1/4，远低于国际大石油公司2018年天然气产量平均占比44%(壳牌、埃尼公司已经接近50%)。

3.2　海外天然气并购交易的时机把握与资产组合优化亟需提高

油气行业是一个典型的周期性行业，中国石油企业对油气行业周期的认识，与国际大石油公司存在显著差距。从并购交易看，国际石油巨头低油价周期纷纷买入天然气资产，中国石油企业多在高气价时买入天然气项目。例如，2011—2013 年，中国石化购买了澳大利亚天然气资产，中国石油购买了莫桑比克4区项目、亚马尔项目等天然气资产，而这3年日本 JCC LNG 平均进口价格超过 15 美元/百万英热单位，在目前不足 10 美元/百万英热单位的价格环境下，这些资产整体盈利能力受到严峻考验。中国石油企业参与的很多早期、长周期项目，投资风险和压力相对较高。

合理有效的投资组合是天然气业务健康持续发展的基础。通过对 IHS 油气田数据统计分析后发现，中国石油企业天然气资产组合问题突出。一是中大型气田是国际大油公司 2P 可采储量的最主要来源，但中国石油企业参与数量有限。二是中国石油企业海外在产气田数量偏少，进一步发展需要大量投资，短期产量提升存在困难。三是海洋已成为天然气新增发现的重点和热点地区，七大国际石油公司海洋天然气 2P 可采储量占比平均高达 78%，中国石油企业明显缺乏布局(图7)。四是中国石油企业海外天然气产量主要集中在澳大利亚、土库曼斯坦、哈萨克斯坦等有限几个国家，难以分散地区投资环境风险，多元化程度需要进一步改善。

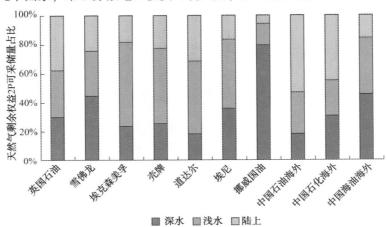

图 7　七大国际石油公司与中国石油企业海外天然气 2P 可采储量构成

3.3　LNG 相关业务的天然气价值链布局明显滞后

做大 LNG 业务是国际石油公司天然气业务一体化拓展的重要方向。近年来，国际石油公司 LNG 贸易规模、液化能力、购买合约增幅显著。根据 IHS 数据，BP、壳牌、雪佛龙、埃克森美孚、道达尔等五大石油公司 2018 年平均液化能力已超过 $2000 \times 10^4 t/a$(图8)。其中，壳牌

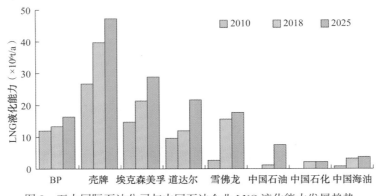

图 8　五大国际石油公司与中国石油企业 LNG 液化能力发展趋势

公司业务能力接近 4000×10^4 t/a，年销售量超过 7100×10^4 t/a，以 LNG 业务为主的天然气一体化部门 2018 年贡献利润 114 亿美元，成为公司重要的现金引擎。相比之下，2018 年中国石油、中国石化、中国海油 3 家公司液化能力合计仅 680×10^4 t/a，由于中国的石油公司缺乏自有液化能力的支撑，LNG 贸易和销售业务面临较高的价格风险，近年出现的进口 LNG"价格倒挂"现象就是证明。

3.4 核心技术、组织架构、人才储备等与天然气业务发展脱节

海外天然气开发向深水、非常规转移，LNG 业务发展迅速，而中国的石油企业这些领域核心技术储备不足，不能满足天然气发展的需求，严重制约了中国的石油企业海外天然气产业链的布局。另外，中国的石油企业海外生产经营方式长期以石油为主，在组织架构、人才储备等方面明显不适应海外天然气业务的发展，难以支撑实现天然气全产业链的发展壮大与价值实现。

4 中国的石油企业海外天然气业务发展策略

党的十九大报告提出，要培育具有全球竞争力的世界一流企业。在能源转型发展背景下，提升天然气资源的全球配置能力、提高在世界天然气产业中的地位、增加全球天然气产业中的话语权，是中国石油企业打造世界一流企业的重要组成部分。在新形势下，中国的石油企业海外天然气业务发展面临的机遇与挑战并存，需要理清发展思路、确定发展目标，进一步明确细化发展策略，配套各项相关保障措施，提升支撑天然气业务发展的能力。

4.1 积极转变海外天然气业务的发展理念

长期以来，中国的石油企业在拓展海外业务过程中形成了"以油为主""争当作业者""勘探开发为主"的发展理念。从发展定位看，为顺应天然气发展的大趋势，中国的石油企业迫切需要提升天然气的战略地位，牢固树立"油气并举"理念，以全球化视野主动作为，择机参与大型天然气开发项目及现有管道周边项目，扩大合作规模，形成油气并举的业务格局。

从发展路径看，坚持合作发展思维，建立"先参股后作业"的新理念，优选战略合作伙伴，按照国际惯例开展合作，学习借鉴天然气及 LNG 项目建设和运营管理经验，提升 LNG、FLNG 等技术能力，尽快缩短学习曲线，不断降低建设运营成本。

4.2 差异化培育区域项目群，各有侧重地打造全球供销资产组合

海外天然气业务发展需要具有全球布局的思维，针对各个区域资源、消费的特点，制定不同的发展方向，培育区域项目群，打造差异化的全球供应与销售资产组合。为此建议，在美洲的天然气业务定位于资源与市场同步发展，上游发展非常规项目，同时获取 LNG 供应合同，目标市场为亚太、美洲。非洲定位于资源，上游主要获取 LNG 项目及 LNG 供应合同，目标市场是欧洲和亚太。中东定位于资源，发展上游常规气田及 LNG 合同，目标市场是亚太和欧洲。亚太定位于资源与市场同步发展，上游获取 LNG 项目及 LNG 供应合同，目标市场是亚太。中亚定位于资源，主要发展常规项目，扩大管道气供应量，目标市场是亚太。欧洲定位于市场，可发展 LNG 销售市场。

4.3 分类推进天然气效益提升与产业链优化拓展

统筹协调天然气业务链生产、贸易、储运、销售、调峰等各个环节，实现天然气业务链价值最大化。对于保供气源的天然气业务，建议加强国内外、供需方、线上线下的协调，强化保民生的责任担当意识，以全产业链整体盈亏平衡为底线，以合同为准绳，统筹协调稳健推进天然气项目效益提升，为有效缓解国内"气荒"持续贡献力量。

对于非保供气源的天然气业务，建议加快研究天然气化工综合利用、天然气发电等提升天然气创效能力的系统解决方案。全面系统开展天然气产业链各环节的成本收益分析，从"勘探开发为主"转变为"天然气产业链优化拓展"，学习补充新领域的知识与能力短板，为现有项目解困创效和非保供气源的天然气业务的有效扩展奠定基础。

4.4 持续加强支撑海外天然气业务发展的能力建设

在竞争日益激烈的环境下，中国的石油企业自身能力的提升，有助于海外天然气业务的拓展。首先，提升销售能力。努力构建海外天然气业务多元销售体系，争取管道气税收优惠政策，缓解进口气"价格倒挂"问题，并加快构建全球 LNG 销售网络，提升全球市场统筹调配和议价能力，切实保障海外 LNG 业务扩展的后路畅通和创效能力的提升。

其次，提升风险控制能力。深化海外天然气风险分析并防控发展关键风险，例如海外天然气业务发展面临的政治和安保、气价、财税政策、需求等风险，并以"全业务、全流程"为标准，梳理业务管理流程，配以信息系统加以固化执行，实现风险防控的全过程和全覆盖，不断降低投资风险。

再次，提升技术能力。强化海外天然气技术支持与研发保障，解决海外天然气业务发展面临的能力危机，尽早攻克 LNG、深海等核心技术瓶颈，支持服务海外项目实践。

最后，提升组织保障能力。一方面，借鉴国际同行的有效做法，适时整合天然气勘探开发、销售业务，逐步打造支撑天然气业务发展的组织能力；另一方面，引进天然气及 LNG 业务高端专家人才，持续盘活现有人才，建立高效率团队。

5　结　论

从全球层面看，能源转型是行业发展的趋势，天然气正成为最现实的主体能源，并不断获得重要的资源发现。从国家层面看，我国提出逐步将天然气培育成清洁能源体系的主体能源之一，天然气供需紧平衡将在一段时间内持续，发展海外天然气业务已经成为保障国家天然气供应安全的重要组成部分。从公司层面看，国际油气公司正在提升天然气的战略地位，及时、主动进行天然气转型，中国石油企业海外天然气发展还存在规模与趋势不匹配、天然气资产组合亟需优化、天然气价值链布局滞后等问题，这主要是因为天然气发展理念、对行业周期的认识、能力建设等方面存在不足。在新形势下，中国石油企业要把握天然气发展的历史机遇，积极争取海外天然气发展机会，转变海外天然气业务发展理念，差异化打造全球天然气供应与销售的资产组合，分类推进天然气效益提升与产业链优化拓展，持续加强支撑海外天然气业务发展技术、销售、组织等方面的能力建设。

参考文献

［1］孙贤胜，许慧文．国际能源转型的趋势与挑战［J］．国际石油经济，2018(01)：7-10.

［2］潘继平，杨丽丽，王陆新，等．新形势下中国天然气资源发展战略思考［J］．国际石油经济，2017(06)：12-18.

［3］王震，刘明明，郭海涛．中国能源清洁低碳化利用的战略路径［J］．天然气工业，2016(04)：96-102.

［4］王震，赵林．新形势下中国天然气行业发展与改革思考［J］．国际石油经济，2016(06)：1-6.

［5］中国石油经济技术研究院．2018年国内外油气行业发展报告［M］．北京：石油工业出版社，2019.

［6］美国能源信息署．Natural Gas［EB/OL］．［2019-05-31］．https：//www.eia.gov/naturalgas/data.php#production.

［7］BP. World Energy Outlook 2035［EB/OL］．［2019-05-31］．https：//www.bp.com/en/global/corporate/energy-economics/energy-outlook.html.

［8］壳牌．LNG Outlook 2019［EB/OL］．［2019-05-31］．https：//www.shell.com/energy-and-innovation/natural-gas/liquefied-natural-gas-lng/lng-outlook.html.

［9］International Gas Union. World LNG Report 2017［EB/OL］．［2019-05-31］．https：//www.igu.org/publications-page.

［10］BP. BP Statistical Review of World Energy 2018［EB/OL］．［2019-05-31］．https：//www.bp.com/en/global/corporate/energy-economics/statistical-review-of-world-energy.html.

［11］BP. Annual Report［EB/OL］．［2019-05-31］．https：//www.bp.com/en/global/corporate/investors/results-and-reporting/annual-report.html.

［12］Royal Dutch Shell. Annual Reports and Publications［EB/OL］．［2019-05-31］．https：//www.shell.com/investors/financial-reporting/annual-publications.html # iframe = L3JlcG9ydC1ob21lLzIwMTcv.

［13］Total. Reports and Publications［EB/OL］．［2019-05-31］．https：//www.total.com/en/investors/publications-and-regulated-information/reports-and-publications#annualReports.

［14］国家发展改革委，国家能源局．印发《关于加快储气设施建设和完善储气调峰辅助服务市场机制的意见》的通知(发改能源规〔2018〕637号)［EB/OL］．［2018-04-26］．http：//www.ndrc.gov.cn/zcfb/gfxwj/201804/t20180427_883777.html.

［15］国务院．国务院关于促进天然气协调稳定发展的若干意见［EB/OL］．［2018-08-30］．http：//www.gov.cn/zhengce/content/2018-09/05/content_5319419.htm.

［16］国家发展改革委，科技部，工业和信息化部，等．关于印发《加快推进天然气利用的意见》的通知(发改能源〔2017〕1217号)［EB/OL］．［2017-06-23］．http：//www.ndrc.gov.cn/zcfb/zcfbtz/201707/t20170704_853931.html.

［17］国家发展改革委．关于印发石油天然气发展"十三五"规划的通知(发改能源〔2016〕2743号)［EB/OL］．［2016-12-24］．http：//www.ndrc.gov.cn/zcfb/zcfbghwb/201701/

t20170119_ 835567. html.

[18] 国家能源局石油天然气司，等．中国天然气发展报告（2018）[M]．北京：石油工业出版社，2018．

[19] 周淑慧．对当前我国天然气供应紧张问题的思考[J]．国际石油经济，2018(02)：28-37．

[20] 杨建红．中国天然气市场可持续发展分析[J]．天然气工业，2018(04)：145-152．

[21] 国际能源署．World Energy Outlook 2018[R]．2018．

[22] 中国石油天然气集团有限公司．2018年集团公司年报[EB/OL]．[2019/5/31]．http：//www. cnpc. com. cn/cnpc/lncbw/201905/d89a5b7d6ca2443b99c2dd6579b3852b/files/c1ea300c639c444c88236614889caee3. pdf．

[23] 中国石油天然气集团有限公司．2018年企业社会责任报告[EB/OL]．[2019/5/31]．http：//www. cnpc. com. cn/cnpc/lncbw/201904/f25e41942a984602b75e9bb320bc638c/files/7a5696c79e5648bdbf6a121142125bab. pdf．

[24] 中国石油化工集团有限公司．2017年集团公司年报[EB/OL]．[2019/5/31]．http：//www. sinopecgroup. com/group/Resource/Pdf/GroupAnnualReport2017. pdf．

[25] 中国海洋石油集团有限公司．中国海油石油有限公司2018年度报告[EB/OL]．[2019/5/31]．https：//www. cnoocltd. com/module/download/down. jsp？i_ ID = 15294594&colID =3881．

[26] 张伟．中国石油企业海外并购历程及特点[J]．当代石油石化，2013，21(04)：10-15．

中国石油海外油气勘探理论和技术进展与发展方向

穆龙新　　计智锋

（中国石油勘探开发研究院）

摘　要： 本文通过对中国石油 20 多年来海外油气勘探工作的全面回顾，系统总结了海外油气勘探理论与技术的发展历程、发展现状与应用成效。海外油气勘探经历了探索勘探、滚动勘探、风险勘探和效益勘探四个发展阶段，油气勘探理论技术也经历了从最初的将国内成熟技术的直接应用、到集成应用、再到与海外特点相结合的研发创新之发展道路，形成了以被动裂谷盆地、含盐盆地、前陆盆地斜坡带、全球油气地质与资源评价等为代表的海外油气勘探理论与技术系列。在深入分析未来海外勘探业务发展对科技需求的基础上，结合国内外理论技术发展趋势，系统论述了未来海外勘探面临的难点、理论技术需求和重点发展方向与目标，提出海外勘探要持续发展陆上常规油气勘探技术、保持该领域处于国际先进水平；创新发展全球油气资源与资产一体化优化评价技术及其信息系统建设工程，实现由并跑到领跑的跨越、达到国际领先水平；集成应用发展深水勘探技术、逐步缩小与世界先进水平的差距。

关键词： 海外油气勘探理论和技术进展；海外油气勘探发展历程和方向；海外油气勘探难点与技术需求；被动裂谷盆地；含盐盆地；前陆盆地；全球油气地质与资源评价

　　中国石油海外油气业务经过 20 多年的艰苦努力，取得了巨大的成就。目前在 32 个国家管理运作着 88 个油气合作项目（图 1），建立了"五大油气合作区"[1,2]，油气权益剩余可采储量超过 $40×10^8t$，生产能力超过 $2×10^8t$，其中科技进步与技术创新起到了关键作用。20 多年来，海外油气勘探自巴布亚新几内亚项目开始，经历了探索勘探、滚动勘探、风险勘探和效益勘探四个发展阶段[3]。目前海外勘探总面积 $40×10^4km^2$，探井成功率 50% 以上，风险探井成功率 40% 以上。累计完成权益勘探投资 52 亿美元，平均发现成本 1.95 美元/桶。伴随着海外油气业务的持续拓展，海外油气勘探理论技术发展也经历了从最初的将国内成熟技术的直接应用、到集成应用、再到与海外特点相结合的研发创新之发展道路，形成了以被动裂谷盆地、含盐盆地、前陆盆地斜坡带、全球油气地质与资源评价等为代表的海外油气勘探理论与技术[3]，提升了中国石油的技术核心竞争力，取得了很好的应用效果，为发现 3 个十亿吨级、4 个 5 亿吨级、4 个亿吨级储量油田提供了强有力的理论与技术支撑。

　　经过 20 多年来的持续勘探，海外油气勘探形势发生了深刻变化。勘探区块陆续到期，勘探面积大幅减少，勘探新项目获取越来越难，勘探领域愈加复杂，勘探理念发生转变，效益理念更加突出。因此，未来海外油气勘探理论和技术要紧盯世界前沿领域，丰富发展现有特色理论和技术，创新发展优势技术，加快缩小深水等领域勘探理论技术与世界先进水平的差距。使陆上常规油气勘探理论技术持续保持国际先进水平；创新发展全球油气资源与资产一体化优化评价技术及其信息系统建设工程并达到国际领先水平；推动领先技术向精细化和高端化发展，有差距的技术跻身国际先进行列、部分领先，并在前沿领域占据一定技术份额。

基金项目： 国家科技重大专项（2016ZX05029）。

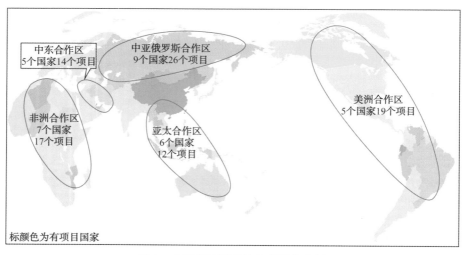

图 1　中国石油海外油气项目分布图

1　发展历程

中国石油 1994 年首次在巴布亚新几内亚初步尝试探索一口风险探进，从此开始了海外勘探业务。20 多年来，海外油气勘探经历了探索勘探—滚动勘探—风险勘探—效益勘探四大阶段(图 2)。储量快速增长，资源基础逐步夯实，实现了跨越式发展。

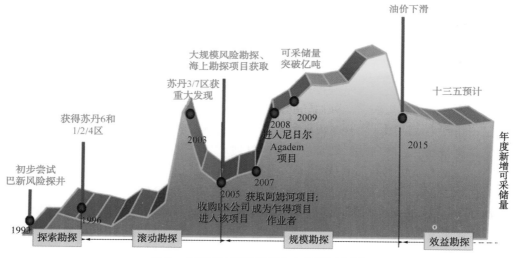

图 2　中国石油海外勘探业务发展历程图

1.1　探索勘探阶段(1993—1995 年)

1994 年初，中国石油与日本石油工团、韩国大宇等公司成立联合体，共同开展巴布亚新几内亚前陆盆地冲断带勘探工作，开始了中国石油海外勘探尝试和探索。按照与巴布亚新几内亚签订的勘探合同，首先在前陆盆地冲断带钻 1 口探井，如果取得发现，再讨论未来油气合作事宜。海外油气勘探就是直接应用国内的成熟理论技术和管理方法，第一口探井

1994 年下半年开钻，1995 年上半年顺利完钻，钻遇目的层古新统砂岩，未见任何油气显示。该井的钻探，是中国石油国际化进程中勘探工作的初步尝试，尽管没有取得成功，但为中国石油开展国际化合作积累了宝贵的经验[3]。

1.2 滚动勘探阶段(1996—2002 年)

以 1996 年获得苏丹 1/2/4 项目为标志，CNPC 海外油气勘探进入到油田周边滚动勘探阶段，即实施大规模新老油田开发生产的同时，带动油气田周边自主滚动，扩大油田规模。以苏丹 1/2/4 区、苏丹 3/7 区、苏丹 6 区和印尼项目为代表的一系列勘探开发一体化项目，以滚动勘探的思路为工作基础，集成创新应用国内成熟勘探理论和技术，并发展了一些海外特色技术，如苏丹被动裂谷盆地高效勘探、低勘探程度区快速发现大油田等勘探技术，在海外勘探上取得了巨大的成功，为中国石油海外油气业务长期持续发展奠定了坚实的储量基础，极大地提升了公司的整体效益和价值，提升了中国石油海外油气勘探的整体实力与水平[3,4]。

1.3 风险勘探阶段(2003—2013 年)

从 2003 年开始，中国石油先后签署了尼日尔、乍得、阿尔及利亚、哈萨克斯坦中区块和巴斯、阿塞拜疆 Gubustan、厄瓜多尔 11 区块、阿姆河右岸、缅甸等多个勘探项目，既有勘探程度低、大面积、全盆地的风险勘探项目，又有老油田滚动勘探项目。截至 2005 年底，海外共有勘探项目 23 个，分布于 14 个国家，总勘探面积已超过 $80×10^4km^2$，以全盆地风险勘探项目为主，标志着中国石油海外勘探业务全面进入大规模风险勘探阶段。海外油气勘探理论和技术是在集成应国内成熟勘探理论和技术基础上，研发形成了一系列适合海外地质特点的特色理论和技术，如含盐盆地油气地质理论和技术、全球油气地质与资源评价技术、前陆盆地石油地质理论与勘探配套技术等[3,4]。

1.4 效益勘探阶段(2014 年至今)

自 2014 年下半年油价呈断崖式下跌以来，石油行业面临前所未有的挑战，公司海外油气勘探业务从规模速度发展进入了质量效益发展的新阶段，海外积极构建效益勘探体系，紧密围绕"低成本勘探、精准勘探和效益勘探"。首先，转变海外勘探理念，突出效益理念。从高油价时期的"快速高效"向低油价时期的"效益优先"进行转变，建立勘探资产分类及排队体系，制定差异化勘探策略，提高部署准确率，降低单位储量发现成本；其次，削减勘探投资，突出滚动勘探。充分利用有限的勘探资金，加强勘探开发一体化部署，追求优质高效可快速动用储量，确保滚动勘探工作量及投资；第三，兼顾合同到期，合理统筹部署。开展部分退地、保地项目的甩开勘探，推迟高风险、高投入、长周期项目的实施；第四，全面升级管理，努力降低勘探成本。进一步加强海外油气勘探工作的统一管理和集中决策，多管齐下减少或杜绝无效投资。通过这些举措，与高油价相比，桶油发现成本下降了 14%，探井成功率由高油价时期的 67% 提高到 83%、评价井成功率由 80% 提高至 93%，实现了低成本勘探、高效勘探和规模效益增储目标，为海外实现质量效益发展夯实了优质的资源基础。另一方面持续加强综合研究和科研攻关，不断丰富和深化海外勘探特色理论和技术。

2　发展现状与成效

这些年海外油气勘探理论和技术取得了巨大的进展，突出表现在四个领域，一是将中国东部裂谷盆地石油地质理论与勘探理念与中西非裂谷系油气地质特征相结合，创新形成了被动裂谷盆地石油地质理论及勘探技术[4,5]；二是将全球盐膏盆地对盐构造发育特征、盐伴生及相关构造样式、盐丘速度建模与成像等方面的研究成果与滨里海、阿姆河盆地油气地质特征相结合，创新形成了含盐盆地石油地质理论及勘探技术[6]；三是以南美典型前陆盆地石油地质认识为基础，结合安第斯项目 T 区块前陆斜坡带油气地质特征，针对性发展形成了低幅度构造和岩性圈闭识别、前陆盆地斜坡带"两期"成藏模式及海绿石砂岩测井解释与评价技术，发展了海外前陆盆地石油地质理论与勘探技术[7]；四是以国内外模拟法、统计法、远景区评价法和成因法等资源评价方法为基础[8]，结合全球不同勘探程度盆地的具体资料情况，创新提出了一套以成藏组合为基本评价单元、适用于不同勘探程度盆地的常规油气资源评价体系和以"GIS 空间图形插值法"实现关键评价参数在地质空间范围的差值运算的非常规资源评价方法，完成了全球 425 个盆地自主评价[9]。

2.1　被动裂谷盆地石油地质理论与勘探技术

中西非裂谷系是中国石油海外油气勘探的重要领域。被动裂谷概念由 Sengor 和 Burke 于 1978 年提出，基本含义是非地幔隆升导致的裂谷盆地[5]。自 1996 年中国石油陆续进入裂谷系东南侧的苏丹穆格莱德和迈卢特两大中新生代裂谷盆地以来，充分借鉴国内裂谷盆地勘探经验，通过与中国东部裂谷盆地的类比分析[10-13]，认为主、被动裂谷之间具有很大的差异性，主动裂谷具有生烃时间早、坳陷构造层沉积厚度大、控盆断裂多发育铲式断层、圈闭多见滚动背斜、早期火成岩发育等特点，而被动裂谷具有生烃时间晚、持续时间长、断陷构造层由多个次级断凹旋回构成、多见砂泥互层、凹陷构造层规模较小、控盆断层高陡直立、油气藏类型以断块为主、大规模滚动背斜少等特点[5]。以此为基础，提出了被动裂谷盆地成因分类、热史、生烃史、断坳构造层结构及构造样式、沉积和石油地质特殊性等方面的理论认识，建立了被动裂谷早期裂陷晚期成藏、自身富油并具有垂向长距离"跨世代"油气聚集的成藏模式[11-13]（图3），有效指导了苏丹/南苏丹地区的油气勘探。此后，在该理论指导下，开展成藏组合对比研究（图4），将勘探领域逐步向裂谷系中西部转移，针对尼日尔特米特盆地，创新建立了"早期裂谷坳陷期大范围海相烃源岩控源、叠置裂谷初陷期控砂、深陷期区域泥岩盖层控油气分布、断层断距和砂体有效配置控藏"叠合裂谷成藏模式[14,15]，针对乍得邦戈盆地，创新建立"反转控制构造成型、初始裂陷源储共生、水下扇/(扇)三角洲控砂、古隆/断层控藏、深层/潜山富油"的强反转残留盆地油气成藏模式[16,17]，突破了国外油公司围绕凹中隆找油的单一勘探思路和陆相裂谷"源控论"和"定凹选带"的传统思路。技术上，在集成应用国内成熟技术基础上，发展了复杂断块精细解释技术、岩性圈闭勘探评价技术、低电阻率油气层测录试综合评价技术三项技术系列，创新形成了低勘探程度盆地快速评价技术、花岗岩潜山油气藏勘探评价技术两大特色技术系列。上述理论认识与技术在苏丹 6 区、苏丹 1/2/4 区、苏丹 3/7 区、乍得 H 区和尼日尔 A 区的油气勘探中取得了巨大成功，在苏丹穆格莱德盆地 1/2/4 区项目建成年产 1500×10⁴t 油田，6 区项目建成年产 300×10⁴t 油田，南苏丹迈卢特盆地 3/7 区项目建成年产 1500×10⁴t 油田，乍得 H 区块具有建成年产 600×10⁴t 的储量基础（已建成 300×10⁴t 产能），尼日尔

Agadem 区块具有建成 500 万吨的储量基础(已建成 100 万吨产能)。

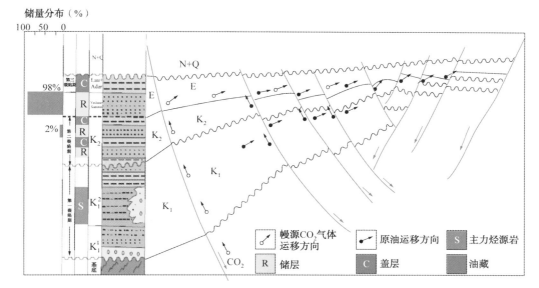

图 3　南苏丹迈卢特盆地跨世代油气成藏模式(据文献[13]修改)

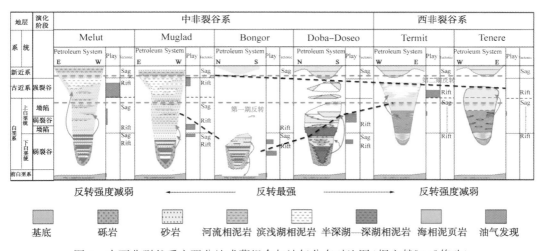

图 4　中西非裂谷系主要盆地成藏组合与油气分布对比图(据文献[14]修改)

2.2　含盐盆地石油地质理论及勘探技术

含盐盆地控制的已探明石油和天然气储量分别为全球的 89% 和 80%,是全球油气分布的重要领域,而中国石油拥有区块的中亚滨里海、阿姆河等盆地是其中的重要代表,其中滨里海盆地盐丘巨厚,厚度一般 500~3000 米,具有覆盖广、横向变化大的特点[6],阿姆河盆地蒸发岩具有"三膏两盐"特征,蒸发岩厚度约为 0~1000 米,而盐岩和石膏层横向厚度变化大,造成在上述盆地地震速度横向变化大、盐下地震成像差、构造识别与储层预测难等问题[18],原苏联、欧美等公司勘探几十年,虽有发现但未形成规模。为此,针对滨里海、阿姆河等含盐盆地地质特点,面对上述问题,在早期盐丘边界成像处理、盐丘速度场建模与变速成图、盐下构造成像、盐下碳酸盐岩储层预测等攻关基础上,针对性开展盐构造变形及成藏的物理模拟研究(图5),揭示出蒸发与深部热卤水两种盐膏层的成因,明确了差异压实作用、盐底拆离作用、重力滑脱作用三种盐构造变形机制,建立盐下、盐间和盐上三种含盐盆地烃源岩分布模式,盐刺穿缩颈通道、盐焊接薄弱带、盐溶滤残余通道和硬石膏晶间孔隙四类盐相关疏导体系,按照盐层与油气源—运移路径—油气藏的配置关系,建立含盐盆地盐上、盐下、叠合、跨越和复合五种成藏模式[6]。针对滨里海盆地,创新提出盐层对盐下储层具有较好的保护作用,盐下油气以长距离侧向阶梯式运移为主,盐下近源的古隆起是油气优势聚集区等地质认识[6]。针对阿姆河盆地,创新提出阿姆河右岸中部广泛发育台缘缓坡礁滩复合体、西部发育台内叠合颗粒滩、东部发育逆冲断块缝洞体的地质认识,揭示出中西部继承性隆起上缓坡礁滩群与叠合台内滩多期充注成藏、东部新生代逆冲构造晚期充注成藏过程[18-20],改变了前人只认为台缘堤礁带发育大气田传统观念,大大拓展了勘探领域。技术上,针对盐下地震成像质量差、速度异常、构造储层预测不准等难题,创新形成了盐下圈闭识别、盐下碳酸盐岩储层和流体预测、盐伴生圈闭评价、盐下岩性地层圈闭评价等特色技术。这些理论和技术成功应用于滨里海、阿姆河、东西伯利亚、塔吉克等盆地的勘探部署,发现滨里海东缘中区块北特鲁瓦 $2.4×10^8$t 级大油田,发现并落实阿姆河盆地右岸天然气地质储量 7000 多亿立方米,并为中东、南美等地区中国石油盐下碳酸盐岩的油气勘探工作提供了理论技术指导。

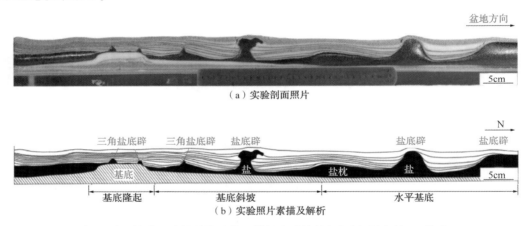

图 5　滨里海盆地南缘盐构造物理模拟实验结果与解析(据文献[6]修改)

2.3　南美前陆盆地石油地质理论与勘探技术

前陆盆地是世界上油气资源最富集的含油气盆地之一,也是发现大油气田数量最多的盆地。南美前陆盆地是典型的与 B 型俯冲相关的前陆盆地,断层活化作用控制着斜坡带的油气分布。2005 年中国石油获得厄瓜多尔奥连特盆地最大的勘探开发区块——T 区块,其位于典型的南美前陆盆地斜坡带,油气分布具有圈闭幅度低、单个面积小但连片大面积分布、隐蔽性强等特点,而过去外国公司一直对低幅构造成因机理与分布模式不清、构造识别手段少,对高伽马、高密度和低电阻的海绿石砂岩认为是非储层,未受到重视。通过我们研究,首先明确了斜坡带白垩系烃源岩为高丰度、优质、成熟烃源岩,打破了以往斜坡带烃源岩不能成藏的认识,并提出斜坡带早期充注原油普遍遭受生物降解、后期轻质原油混入的"两期"充注模式,明确了后期常规原油与早期降解原油混合控制优质储量分布的地质认识,指出斜坡带原油的 API 度自斜坡带北西向展布的泥岩条带向西呈规律性增加的趋势,为 T 区块的油气勘探指明了方向[7]。创新认识到海绿石砂岩是造成高伽马、高密度和低电阻的原因，明确海绿石为岩石骨架而非充填物，含海绿石是导致油层测井响应呈"高密度"的主因、高束缚水是导致油层测井响应呈"低电阻率"特征的主因，提出"内源海绿石"（图6）与"外源石英"混合成因模式[21]，建立了海绿石-石英混合骨架体积模型，提出了海绿石砂岩油层3类8种识别方法，实现了海绿石砂岩油层的测井综合解释与评价，在盆地内老油田上部首次发现了一套新的含油层系，形成了一个新的亿吨级储量规模[7]。技术上，针对性集成了相移剖面解释技术、剩余构造量校正技术、叠后拓频地震处理、分频属性反演、相控储层预测于一体的低幅度构造识别与储层预测技术，在保幅的同时提高了薄砂体的分辨率和低幅度构造的识别精度，实现了对幅度大于3m的低幅度构造和岩性圈闭的准确识别与描述。前陆盆地斜坡带地质认识与勘探技术有效指导厄瓜多尔安第斯项目T区块的勘探部署与实践，实现了成熟探区精细勘探和高效勘探，新增地质储量超过$2×10^8$t。

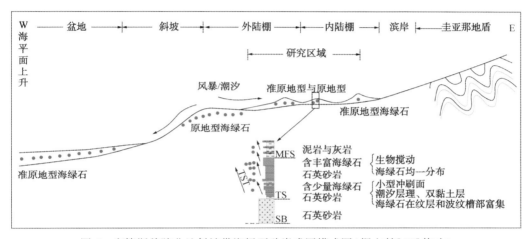

图6　安第斯前陆盆地斜坡带海绿石砂岩成因模式图（据文献[21]修改）

2.4　全球油气地质与资源评价技术

全球油气资源研究长期由美国的USGS垄断。通过自主评价并从根本上摆脱对国外的依赖和制约，是提升我国分享全球油气资源能力，保障国家能源安全的必由之路。自"十一五"以来，以国家和中国石油重大科技专项为契机，从全球油气地质基础研究入手，创新古板块位置上原型盆地、岩相古地理与成藏要素重建技术，对油气开展追根溯源，揭示了13个地质时期全球板块构造演化与原型盆地、岩相古地理、成藏要素的时空关系及其对油气的控制作用[8]，明确了全球油气富集的重点地区、重点盆地和主要层系。创建以"成藏组合"为单元的油气资源评价技术体系，突破了国际上惯用的以"油气系统或盆地"为单元开展全球油气资源评价的方法，完成海外425个盆地678个"成藏组合"常规待发现油气资源[22]和7类非常规油气资源的潜力与空间分布定量评价[23]（表1~表3）。"基于概率分析和分段累乘"法的已发现常规油气田储量增长评价技术，新建了全球不同大区已发现油气田的11种储量增长模型[24]，提高了国际权威机构采用1种模型预测全球大油气田潜力增长的精度，更加符合不同地区复杂多变的地质情况和油气田类型，预测出全球28000多个油气田在未来30年的储量增长潜力，为油气田开发资产潜在价值评估提供科学参考依据。首次建成集数据、资源评价、制图、数据挖掘于一体的"全球油气资源信息系统"，涵盖了全球油气资源信息知识库、资源评价软件系统、数字制图系统三大核心组件和大数据管理、资源定量评价、成果图形化展示三大功能，为国家提供了安全可靠的油气资源大数据信息平台。该成果于 2017 年和 2018 年在北京向全球发布，实现了我国在该领域零的突破，大幅提升了中国在国际油气行业的话语权[25,26]。

表 1 全球常规油气资源评价结果数据表（据文献[8，25]）

地区	已发现储量		未来储量增长		待发现资源量		合计 $(\times 10^8 t)$
	石油 $(\times 10^8 t)$	天然气 $(\times 10^{12} m^3)$	石油 $(\times 10^8 t)$	天然气 $(\times 10^{12} m^3)$	石油 $(\times 10^8 t)$	天然气 $(\times 10^{12} m^3)$	
非洲	311	26	114	13	184	17	1055
中东	1514	100	288	28	346	38	3356
中亚	99	28	34	9	52	23	681
俄罗斯	402	66	114	14	176	47	1750
南美	688	16	79	4	368	14	1416
北美	295	19	86	5	207	25	993
亚太	214	26	81	18	72	12	819
欧洲	143	21	23	5	68	10	525
合计	3666	301	820	96	1474	187	10595

表 2 全球非常规石油待发现资源量统计表（单位：$\times 10^8 t$，据文献[8，25]）

地区	重油		油砂		致密油		油页岩		非常规油	
	可采	地质	可采	地质	可采	地质	可采	地质	可采	地质
北美	318	3177	395	3947	91	2540	699	3279	1503	12943
亚洲	88	449	156	599	77	1555	570	1927	891	4530
俄罗斯	409	4092	0	0	68	1954	150	280	627	6326
中东	82	224	18	54	26	700	354	2334	480	3312
非洲	130	502	48	273	79	2050	120	137	377	2962
南美	177	1208	0	0	13	357	102	176	292	1741
欧洲	63	186	24	140	42	1191	68	115	197	1632
大洋洲	0	0	0	0	18	871	36	97	54	968
合计	1267	9838	641	5013	414	11218	2099	8345	4421	34414

表 3 全球非常规天然气待发现资源量统计表（单位：$\times 10^{12} m^3$，据文献[8，25]）

地区	页岩气		致密气		煤层气		非常规气	
	可采	地质	可采	地质	可采	地质	可采	地质
北美	34	136	5	40	17	28	56	204
亚洲	26	108	9	42	14	21	49	171
俄罗斯	15	53	0	3	15	24	30	80
中东	21	94	0	2	0	0	21	96

地区	页岩气		致密气		煤层气		非常规气	
	可采	地质	可采	地质	可采	地质	可采	地质
非洲	19	73	0	0	0	0	19	73
南美	19	75	0	1	0	1	19	77
欧洲	16	67	1	3	0	1	17	74
大洋洲	11	44	2	4	3	6	16	51
合计	161	650	17	95	49	81	227	826

3 面临挑战

与国内勘探相比，海外勘探在资源的拥有性、合同模式、合作方式、投资环境、勘探时效性、项目经济性等等方面都不一样，具有很多特殊性。其中一个最大特点就是区块和资源归资源国政府所有，我们仅是规定时期内的勘探开发经营者，勘探合同期限短、时限性强。勘探期一般 3~5 年、最多可延长 1~2 次。每个勘探阶段结束后，要求退还一部分勘探面积。延长期结束后必须退还除已申请开发油气田区的所有剩余勘探面积。这种勘探期限制，要求油公司必须在现有的技术条件下，在有限的时间内用最快的速度发现区块内的规模油气藏，才能进入开发期，实现投资回收，否则勘探区块全部退还资源国后，全部投资将沉没。因此，目前海外勘探面临三大难题，一是主力勘探区块经多轮延期后陆续到合同期(图 7)，勘探区块先后退还资源国，勘探面积大幅减少。因此预计 2021 年后新增储量中的 92% 将来自新获取的勘探项目，但勘探新项目的评价与获取难度越来越大；二是保留区的勘探难度越来越大，勘探领域愈加复杂，勘探向复杂构造、复杂岩性、复杂海域、深层等方向发展；三是低油价以来海外油气业务从追求规模速度向追求质量效益方面转变，勘探投资大幅缩减，勘探工作量急剧减少，勘探理念更加注重勘探成功率、目标的经济性、勘探发现的可转换性。

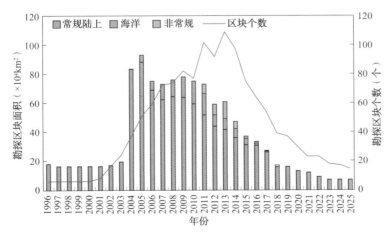

图 7　中国石油海外勘探项目区块面积与数量变化趋势图

未来海外勘探重点将集中在陆上常规勘探、非常规勘探、深水勘探三大领域。陆上常规勘探领域首先是持续深化现有项目的滚动勘探，重点是发展中西非裂谷系、中亚南图尔盖裂谷、含盐盆地和南美前陆盆地勘探，要进一步丰富发展被动裂谷、含盐盆地和前陆盆地油气地质理论和勘探技术；其次是积极在东非裂谷、北非克拉通、中东深层和扎格罗斯山前冲断带以及俄罗斯地区开展地质综合评价，争取获取勘探新项目，未来要创新发展主动裂谷盆地等陆上常规勘探领域油气地质理论和勘探技术；非常规勘探首先是对澳大利亚煤层气、加拿大油砂和页岩气等现有项目，进一步丰富发展"甜点区"评价与预测技术，其次是超前开展阿根廷内乌肯白垩系、北非古生界志留系、阿联酋侏罗系-白垩系、西西伯利亚侏罗系等地区的致密油评价，争取获取勘探新项目，未来要创新发展海外致密油地质理论和勘探技术；深水勘探首先是对现有的巴西海上、孟加拉湾、东非海域、澳大利亚海域等项目要积极消化吸收国外深水油气勘探理论和技术，确保现有项目稳步发展，其次要积极开展大西洋两岸、墨西哥湾、阿根廷等海域地质综合研究，争取获取勘探新项目，未来要丰富发展海外深水油气勘探理论和技术。

4 发展目标和技术

4.1 发展目标

未来海外油气勘探理论和技术要紧盯世界前沿领域，丰富发展现有特色理论和技术，创新发展优势技术，加快缩小深水等领域勘探理论技术与世界先进水平的差距。使陆上常规油气勘探理论技术持续保持国际先进水平；创新发展全球油气资源与资产一体化优化评价技术及其信息系统建设工程，实现由并跑到领跑的跨越、达到国际领先水平；集成应用发展深水勘探技术、逐步缩小与世界先进水平的差距。全球油气资源评价覆盖度达90%以上，复杂裂谷盆地探井成功率保持在50%以上，桶油发现成本控制在3美元之内，推动领先技术向精细化和高端化发展，有差距的技术跻身国际先进行列、部分领先，并在前沿领域占据一定技术份额。

4.2 发展的重点理论和技术

4.2.1 全球油气资源与资产一体化优化评价技术及其信息系统建设工程

全球油气资源潜力依然巨大，随着认识程度和技术水平的提高，海外勘探开发空间和领域将不断扩展。同时，国家"一带一路"倡议的实施，也将给海外油气合作带来新的机遇。"十一五""十二五"全球油气地质完成了全球425个主要含油气盆地常规与非常规资源评价工作，深化了全球主要油气富集域油气分布规律研究。未来，全球油气资源评价技术将重点向以下两个方向发展。

（1）全球油气资源与资产一体化优化评价技术。未来全球油气资源评价将持续提升其系统性、科学性、战略性和前瞻性，并涵盖常规、非常规、深水、深层、天然气水合物等领域，同时要创新形成一套全球油气资源与资产一体化优化评价技术。将重点发展常规与非常规、深水与深层、天然气水合物等资源与资产一体化优化评价技术。

（2）全球油气资源资产信息系统。研发集全球地质信息、资源评价与资产评估于一体的GRIS 3.0版软件平台。全球油气资源评价长期以来以 IHS、WoodMackenzie、C&C 等国际知名的数据库为基础，每年需要花费大量资金购买数据使用权，这也是全球油气资源评价关键技术瓶颈。为此，未来数据库建设方面除了丰富完善全球油气资源信息系统外，将重点打造涵盖油气地质、油气田、油气勘探开发动态、经济评价、资产交易等信息于一体的全球油气资源资产基础数据库。

4.2.2　复杂裂谷盆地勘探理论和配套技术

随着中西非裂谷系、中亚南图尔盖裂谷盆地、印尼中苏门答腊弧后裂谷等领域勘探程度的日益提高，以及未来勘探领域向东非裂谷系、卡鲁裂谷、西伯利亚裂谷等领域的转变，海外裂谷盆地的勘探难度也将日益加大，勘探领域也将从早期的被动裂谷盆地逐渐扩展到主动裂谷盆地领域，未来裂谷盆地勘探理论和技术将重点向以下三个方向发展。

（1）深层复杂岩性勘探理论和技术。随着老的区块勘探程度不断提高，诸如尼日尔特米特盆地深层下组合、南苏丹迈卢特盆地白垩系、南图尔盖盆地侏罗系等深层领域油气地质理论认识亟需突破，而深层的复杂断块、岩性地层、花岗岩潜山和变质岩潜山等复杂岩性勘探技术也亟需攻关，因此，需进一步创新发展复杂裂谷盆地勘探理论和配套技术。

（2）强反转裂谷盆地勘探理论与技术。未来中西非裂谷系勘探重点将逐步向靠近中非剪切带的 Doseo 和 Salament 等强反转裂谷盆地转移，该类盆地由于上白垩统以上地层剥蚀比较严重，沉积地层特征、成藏组合特征、构造发育特征及油气分布规律等方面均与中西非其他裂谷存在较大的差异性，而对这类裂谷盆地的地质认识还不清楚，亟需创新发展强反转裂谷盆地勘探理论、成藏组合评价与勘探目标优选技术，提升勘探成功率。

（3）火成岩发育裂谷盆地勘探理论和技术。未来海外裂谷盆地的勘探领域将逐步向东非裂谷系等新领域发展，这些裂谷盆地火成岩比较发育，对油气勘探影响较大。以南苏丹迈卢特盆地南部凹陷为例，由于受火成岩屏蔽的影响，勘探近 20 年仍未取得规模突破。因此，火成岩发育裂谷盆地勘探理论和技术亟待突破，如突破火成岩屏蔽的低频震源地震采集技术、火成岩屏蔽下的地震处理技术、复杂火成岩识别技术、火成岩发育模式，以及火成岩对油气成藏的成因机理和分布规律的地质新认识等。

4.2.3　复杂盐下碳酸盐岩储层与流体预测技术

全球含盐盆地分布广泛，随着理论认识的深化和技术水平的提升，勘探新领域也将不断拓展。未来海外含盐盆地勘探重点将向巴西和中东等盐下碳酸盐岩领域转移。巴西桑托斯盆地盐丘发育特征与滨里海盆地虽然相似，但由于受大西洋洋中脊的影响，火成岩异常发育，受上覆盐丘和火成岩的影响，盐下碳酸盐岩储层与流体预测难。为此，未来含盐盆地技术的发展方向将逐步从早期的盐丘成像、盐下圈闭识别等方面向盐下碳酸盐岩孔隙型与裂缝性储层预测、盐下火成岩识别与预测、盐下碳酸盐岩流体预测等方向发展，进一步提升碳酸盐岩的地震成像精度、火成岩的识别能力、碳酸盐岩储层预测的符合率、油气水及二氧化碳的识别分辨能力。

4.2.4　深水油气勘探理论和技术

全球海洋油气资源丰富，总体勘探程度低。截至 2017 年，海洋领域技术剩余可采占全球的 43.7%，探井密度小于 2 口/10000km^2，产量超过 $20×10^8$t 当量，是各大油公司资源配置的主战场[25,26]。未来深水油气勘探重点在大西洋两岸、墨西哥湾、东地中海、东非海域、澳大利亚海域、北极海域等地区。自 2005 年以来，中国石油逐步进入海洋领域，但与国际大油公司相比，深水油气勘探理论和技术还十分薄弱。未来要逐步形成自己有特色的深水油气地质理论，大力发展海底节点地震采集技术、新型海上震源和多源同步激发技术、高精度地震资料目标处理技术、深水沉积体系评价技术、深水—超深水成藏组合评价技术、烃类检测技术等，提升在海洋及深水、超深水领域油气勘探的技术实力。

4.2.5 非常规"甜点区"评价技术

2010年以来，中国石油陆续进入东澳大利亚的博文和苏拉特盆地煤层气、加拿大油砂、致密气和页岩气等非常规领域。低油价以来，海外非常规领域经受了巨大的考验，如何经济有效动用是当前面临的最大难题。非常规资源评价的经济性受"甜点区"规模等因素制约，未来海外非常规领域评价将紧密围绕"甜点区"经济可动用储量规模评价和"甜点区"向核心区转化的关键技术开展攻关，加强勘探开发工程市场一体化评价，优化"甜点区"评价参数，明确甜点区规模与分布范围，落实甜点区资源量，为向核心区转化提供坚实的资源依据。

4.2.6 极地高寒地区油气勘探配套技术

极地高寒地区位于南纬60度以南、北纬66°34′以北，面积广，勘探开发程度低，资源潜力大，占全球待发现资源量的15%左右，为未来油气勘探开发重要的战略领域[25]。俄罗斯石油、俄罗斯天然气、诺瓦泰克、法国道达尔、挪威石油等公司先后进入该领域，中国石油在北极亚马尔半岛拥有两个开发项目，未来针对上述领域，亟需加强在低温—超低温环境下关键工程装备技术的储备。重点将发展冰下地震采集与处理技术、低温—超低温钻井技术、大位移水平井高效钻井技术等。

5 结论

总体来看，中国石油海外油气业务经过20多年的艰苦努力取得了巨大成绩，海外油气勘探技术也走过了从国内成熟技术的直接应用，到与海外油气地质特点相结合的集成应用与创新研发并形成系列特色技术的发展过程。被动裂谷盆地、含盐盆地、海外前陆盆地、全球油气地质与资源评价等理论认识与勘探技术均取得了长足的发展，为海外油气业务的全球布局与快速发展起到了技术支撑的作用。回顾20多年的发展，海外的勘探领域在逐步拓展，理论认识与技术发展的作用日益重要。展望未来，在全球油气资源日益劣质化大趋势下，在国际油价持续在低位震荡徘徊背景下，海外油气勘探理论认识的提升与技术的进步对海外项目效益发展至关重要。未来陆上常规油气勘探理论认识仍需进一步深化，勘探配套技术将向更精细化和高端化方向发展，非常规技术更加注重技术的经济性和有效性，深水—超深水勘探领域亟需提升技术实力，极地高寒地区需抢占针对性技术发展的战略制高点，全球油气资源评价与超前选区选带技术需立足全球大盆地、重点发展前沿领域超前评价技术。为此，上述理论认识与技术的发展必将为海外优质高效可持续发展提供强有力的技术支撑。

参考文献

[1] 穆龙新，范子菲，许安著. 海外油气田开发特点、模式与对策[J]石油勘探与开发，2018，45(4)：690-697.

[2] 穆龙新，潘校华，田作基，等. 中国石油公司海外油气资源战略[J]. 石油学报，2013，34(5)：1023-1030.

[3] 穆龙新. 海外油气勘探开发[M]. 北京：石油工业出版社，2019.

[4] 薛良清，潘校华，史卜庆. 海外油气勘探实践与典型案例[M]. 北京：石油工业出版社，2014.

[5] 潘校华，万仑坤，史卜庆，等. 中西非被动裂谷盆地石油地质理论与勘探技术[M]. 北京：石油工业出版社，2019.

[6] 郑俊章，王震，薛良清，等. 中亚含盐盆地石油地质理论与勘探实践[M]. 北京：石油工业出版社，2019.

[7] 张志伟，马中振，周玉冰，等. 奥连特前陆盆地勘探技术与实践[M]. 北京：石油工业出版社，2019.

[8] 田作基，吴义平，王兆明，等. 全球常规油气资源评价及潜力[J]. 地学前缘，2014，21(3)：10-17.

[9] 张光亚，田作基，王红军，等. 全球油气资源评价技术[M]. 北京：石油工业出版社，2019.

[10] 童晓光，窦立荣，田作基，潘校华等. 苏丹穆格莱特盆地的地质模式和成藏模式[J]. 石油学报，2004，25(1)：19-24.

[11] 窦立荣，潘校华，田作基，等. 苏丹裂谷盆地油气藏的形成与分布[J]. 石油勘探与开发，2006，33(3)：255-261.

[12] 童晓光，徐志强，史卜庆，等. 苏丹迈卢特盆地石油地质特征及成藏模式[J]. 石油学报，2006，27(2)：1-5.

[13] 史卜庆，李志，薛良清，等. 南苏丹迈卢特盆地富油气凹陷成藏模式与勘探方向[J]. 新疆石油地质，2014，35(4)：481-485.

[14] 薛良清，史卜庆，王林，等. 中国石油西非陆上高效勘探实践[J]. 中国石油勘探，2014，19(1)：65-74.

[15] 吕明胜，薛良清，万仑坤，等. 西非裂谷系 Termit 盆地古近系油气成藏主控因素分析[J]. 地学前缘，2015，22(6)：207-216.

[16] 窦立荣，肖坤叶，胡勇等，乍得 Bongor 盆地石油地质特征及成藏模式[J]. 石油学报，2011，32(3)：379-386.

[17] 余朝华，肖坤叶，张桂林，等. 乍得 Bongor 盆地反转构造特征及形成机制分析[J]. 中国石油勘探，2018，23(3)：90-98.

[18] 吕功训. 阿姆河右岸盐下碳酸盐岩大型气田勘探与开发[M]. 北京：科学出版社，2013.

[19] 刘合年，吴蕾，曹来勇，等. 阿姆河右岸膏盐岩下碳酸盐岩缝洞储层研究[J]. 石油天然气学报，2014，36(3)：46-53.

[20] 张良杰，王红军，蒋凌志，等. 阿姆河右岸扬恰地区碳酸盐岩气田富集高产因素[J]. 天然气勘探与开发，2019，42(1)：15-20.

[21] 阳孝法，谢寅符，张志伟，等. 奥连特盆地白垩系海绿石成因类型及沉积地质意义[J]. 地球科学，2016，41(10)：1696-1708.

[22] 童晓光，张光亚，王兆明，等. 全球油气资源潜力与分布[J]. 地学前缘，2014，21(3)：1-9.

[23] 王红军，马锋，童晓光，等. 全球非常规油气资源评价[J]. 石油勘探与开发，2016，43(6)：850-862.

[24] 边海光, 田作基, 吴义平, 等. 中东地区已发现大油田储量增长特征及潜力[J]. 石油勘探与开发, 2014, 41(2): 244-247.

[25] 中国石油勘探开发研究院. 全球油气勘探开发形势及油公司动态(2017年)[M]. 北京: 石油工业出版社, 2017.

[26] 中国石油勘探开发研究院. 全球油气勘探开发形势及油公司动态(2018年)[M]. 北京: 石油工业出版社, 2018.

中国石油海外油气田开发技术进展与发展方向

穆龙新　陈亚强　许安著　王瑞峰

(中国石油勘探开发研究院)

摘　要：中国石油经历海外20多年的油气田开发实践，将国内成熟油气田开发技术与海外油气藏特征相结合，形成了适应海外油气田特点的特色开发技术系列。通过系统回顾海外油气田开发技术的发展历程，总结了以海外砂岩油田高速开发及稳油控水技术、大型碳酸盐岩油气藏高效开发和超重油油藏整体水平井泡沫油冷采开发技术为代表的海外特色开发技术及其应用效果。在深入分析海外油气开发面临的挑战和技术需求的基础上，结合国内外油气开发技术发展趋势，提出未来海外油气开发技术需重点研发人工智能储集层预测与三维地质建模、海外砂岩油田高速开发后二次开发及提高采收率、海外碳酸盐岩油气藏注水注气提高采收率、海外非常规油气藏经济有效开发、海域深水油气藏高效开发等配套技术，实现海外高含水砂岩油田提高采收率技术继续保持国际领先，碳酸盐岩油气藏开发技术达到国际先进，非常规和海域深水油气开发技术逐步缩小差距，实现快速追赶等目标。

关键词：海外油气开发；砂岩油田；大型碳酸盐岩油田；非常规油气田；海域深水油气田；技术进展；发展方向

　　中国石油海外油气业务从1993年开始，经过20多年的艰苦创业，历经基础发展、规模发展、优化发展3个阶段，取得了辉煌的业绩，建成了中亚—俄罗斯、中东、非洲、美洲和亚太5大油气合作区，基本完成了全球油气业务战略布局[1]。目前海外油气业务在全球32个国家共管理运行88个油气合作项目，其中包含58个油气开发项目，占比为2/3，油气权益剩余可采储量当量超过$40×10^8$ t，年油气生产能力接近$2×10^8$ t。在海外业务20多年的成功发展过程中，海外油气开发技术经历了国内技术集成应用→集成创新→研发创新的发展历程，逐步形成了以砂岩油田天然能量高速开发、碳酸盐岩油气田整体开发部署优化、超重油油藏水平井泡沫油冷采开发为代表的海外油气田开发特色技术系列[1,2]。这一系列技术极大地提升了中国石油的技术核心竞争力，最大程度规避和降低了海外投资风险，取得了巨大的经济效益，为中国石油海外油气业务有质量有效益可持续发展提供了有力的技术支撑和保障。

　　随着海外业务内外部形势的不断变化，海外油气开发也面临一系列的问题与挑战：（1）大部分砂岩油田高速开发后进入开发中后期，面临"双高"（含水率大于80%，采出程度超过60%）挑战，需要研究海外高含水砂岩油田开发调整策略和二次开发技术系列[1-3]；（2）大型碳酸盐岩油田注水开发矛盾突出，持续稳产面临挑战，亟需攻关大型碳酸盐岩油气藏高效注水注气提高采收率技术[1,2,4]；（3）海外在建、待建项目主要是油砂、页岩气、深水、极地和LNG（液化天然气）等项目，属于非常规和新业务领域，技术难度大、要求高，又缺少可借鉴的国内成熟经验和技术，需要创新研发非常规及深水油气藏经济高效开发技术[1,2]。因此，创新研发一批适合海外特点和开发阶段的油气开发技术是目前急需开展的工作。

1　发展历程

20多年来，伴随着海外油气业务的发展，海外油气开发技术经历了直接应用国内成熟开发技术、集成创新海外适应开发技术、研发创新海外特色开发技术 3 个阶段。在每个阶段，海外开发技术发展的特点和重点均不同。

（1）直接应用国内成熟开发技术阶段（1993—1996 年）。此阶段由于海外业务刚起步，还没有跨国生产经营管理经验，海外油气开发主要集中在常规砂岩老油田综合挖潜领域，秘鲁 6/7 区塔拉拉、加拿大阿奇森和委内瑞拉卡莱高勒斯等老油田成功应用了国内砂岩油田成熟开发技术，实现了海外油田开发生产零的突破。

（2）集成创新海外适应开发技术阶段（1997—2008 年）。此阶段随着苏丹 1/2/4 区、苏丹 6 区、苏丹 3/7 区、哈萨克斯坦阿克纠宾等一批代表性项目陆续投入开发，海外开发技术在集成应用国内成熟技术的基础上，大搞集成创新，形成了一系列适应海外特点的油气开发技术。如海外砂岩油田天然能量高速开发技术、异常高压特低渗透碳酸盐岩油藏开发技术、带凝析气顶碳酸盐岩油田注水开发技术、薄层碳酸盐岩油田水平井注水开发技术、大型高凝油油藏高效开发技术等[1-5]。

（3）研发创新海外特色开发技术阶段（2009 年至今）。随着海外油气业务范围和种类逐步扩展至中东大型碳酸盐岩油田、中亚复杂碳酸盐岩气田、加拿大油砂和页岩气、澳大利亚煤层气、北极 LNG 及深水油气等多样化领域，通过持续攻关制约海外主营业务发展的关键瓶颈技术，创新形成了海外大型碳酸盐岩油藏整体开发部署优化技术、边底水碳酸盐岩气田群高效开发技术、带凝析气顶碳酸盐岩油藏气顶油环协同开发技术、超重油油藏整体水平井泡沫油冷采开发技术等特色技术[1,2,4,6,7]。

2 发展现状与成效

在中国石油海外 20 多年的油气开发实践中，通过将国内成熟油气田开发技术与海外油气田特点相结合，创新形成了适应海外特点的系列特色开发技术（表 1），其中最具代表性的有海外砂岩油田天然能量高速开发技术、大型碳酸盐岩油藏整体开发部署优化技术、边底水碳酸盐岩气田群高效开发技术、超重油整体水平井泡沫油冷采开发技术、页岩气水平井分段体积压裂技术、煤层气有利储集层预测与 SIS 水平井（水平井从地面到煤层，趾端与另一口直井在煤层中对接）开发技术等。下面介绍主要创新的特色技术及应用现状。

表 1　中国石油海外油气开发技术发展现状（据文献[1-7]修改）

油气领域	开发技术系列	技术内涵与应用
常规砂岩	海外砂岩老油田综合挖潜与开发调整技术	借鉴国内砂岩老油田综合挖潜成熟技术，推广应用于海外边际油田调整挖潜和提高采收率
	海外砂岩油田天然能量高速开发技术	形成有别于国内的海外砂岩油藏高速开发模式，针对海外砂岩油田制定高速开发技术政策，实现海外砂岩油田的高速、高效开发
碳酸盐岩	大型碳酸盐岩油田整体开发部署优化技术	创立薄层生物碎屑灰岩油藏平行正对水平井整体注采井网开发模式、巨厚生物碎屑灰岩油藏大斜度水平井采油+直井注水的排状注采井网模式，创新形成"上产速度+投资规模+增量效益"的多目标协同优化技术
	边底水碳酸盐岩气田群高效开发技术	创新形成裂缝—孔隙型边底水碳酸盐岩气藏整体大斜度井快速建产技术和基于产品分成合同模式的气田群整体协同优化开发技术
	带凝析气顶碳酸盐岩油藏气顶油环协同开发技术	明确了不同开发方式下气顶油环协同开发技术政策，实现了油环开发效果明显改善，原油产量递减明显减缓，同时气顶气保持稳定生产

油气领域	开发技术系列	技术内涵与应用
非常规	超重油油藏整体水平井泡沫油冷采开发技术	系统揭示了泡沫油驱油机理,创新了超重油油藏泡沫油水平井非常规溶解气驱冷采特征评价方法,形成了超重油油藏水平井开发优化设计技术
	特高含凝析油页岩气藏开发关键技术	形成页岩气水平井分段体积压裂技术,水平段长度为 1000~2000m,最多压裂 22~26 段
	煤层气有利储集层预测与 SIS 水平井开发技术	形成煤层气高产储集层预测技术,中煤阶煤层气田 SIS 水平井开发优化技术

2.1 海外砂岩油田天然能量高速开发技术

以苏丹项目为代表的海外砂岩油田具有天然能量充足、储集层物性与油品性质好、投资环境风险极高等特点[1-3]。国内成熟砂岩油藏注水开发技术在海外受合同和投资风险的限制而难以应用[8],针对该问题,在深入研究高速开发机理的基础上,明确了天然水体大小、原油流动能力、地饱压差、储集层有效厚度、开发技术政策等影响天然能量高速开发的 5 大主控因素,提出了定量分析方法[3],并创新建立了"充分利用天然能量高速开发,延迟注水,快速回收投资,规避投资风险"的海外砂岩油田高效开发模式和"稀井高产、大段合采、大压差生产"的技术政策[3],同时确定了初始井网井距 500~1 200m,单井配产 140~200t/d,高峰期采油速度 2.0%~2.5%等主要开发指标(表 2)。根据苏丹油田各油藏渗透率及油品性质,建立流度矩阵表(表 3),划分原油类型,进而确定与原油类型相适应的井网密度,创新形成了充分利用天然能量的井网井距加密技术[3,9,10]。海外砂岩油田天然能量高速开发技术的广泛应用不仅有力支撑了苏丹两个主力项目快速建产至 1500×10⁴ t/a,而且也有力支撑了海外其他砂岩油田的高速高效开发。

表 2 苏丹地区三个主力油田开发数据表(据文献[9]修改)

油田	投产年份	初始井距 (m)	高峰产量水平 (t/d)	高峰期采油速度 (%)	高峰稳产期 (年)	开发井数 (口)	采出程度 (%)	含水率 (%)
H 油田	1999	1130	7900	2.3	2	103	19.9	92.3
P 油田	2006	991	23000	1.9	3	305	9.7	49.5
FN 油田	2004	547	3700	2.5	3	109	14.7	49.2

表 3 苏丹三大油田流度矩阵表(据文献[9]修改)

渗透率 (10⁻³ μm²)	不同原油黏度下的流度[10⁻³ μm²/(mPa·s)]						
	5	10	15	20	30	40	50
800	160	80	53	40	27	20	16
1000	200	100	67	50	33	25	20
1500	300	150	100	75	50	38	30
2000	400	200	133	100	67	50	40
2500	500	250	167	125	83	63	50

渗透率 (10⁻³ μm²)	不同原油黏度下的流度 [10⁻³ μm²/(mPa·s)]						
	5	10	15	20	30	40	50
3000	600	300	200	150	100	75	60
3500	700	350	233	175	117	88	70
4000	800	400	267	200	133	100	80
5000	1 000	500	333	250	167	125	100

注：▭第1类原油；▭第2类原油；▭第3类原油

2.2 海外大型碳酸盐岩油田整体开发部署优化技术

以伊拉克等大型生物碎屑灰岩油藏为研究对象，针对生物碎屑灰岩优质储集层预测难度大、非均质性极强影响开发效果等难题[1, 4, 11, 12]，通过细分孔隙结构类型，建立微观孔喉类型与岩相关系[2]（表4），实现了基于微观孔渗关系的地震与沉积相双重控制的储集层三维建模，集成创新形成生物碎屑灰岩储集层多信息一体化相控建模技术[1, 2, 4]。针对艾哈代布和哈法亚碳酸盐岩油田规模巨大、纵向上含油层系多、隔夹层发育、油藏差异大等特点，创立薄层生物碎屑灰岩油藏平行正对水平井整体注采井网开发模式、巨厚生物碎屑灰岩油藏大斜度水平井采油+直井注水的排状注采井网模式[1, 4]（图1），形成以主力油藏为骨干井网与枝干井网空间相容匹配的立体井网模式，解决了地下多层系井网空间结构复杂及地面和安保限制难题。针对如何实现油田快速整体建产和最佳经济效益之间的平衡，创新形成"上产速度+投资规模+增量效益"的多目标协同优化技术[1, 4]，制定艾哈代布油田"水平井网一步到位，优势资源重点突破，两翼稳步展开"的部署策略，制定哈法亚油田"整体部署，分区分层系有效接替，早期高产层优先动用，中心突破，两边展开，最大化节约前期投资"的开发策略，利用最小的投资在最短时间内建成初始商业产能，实现油田自身滚动发展和经济效益最大化。这些技术的应用成功助推伊拉克艾哈代布项目提前3年实现700×10⁴ t/a高峰产能，内部收益率从17%提高到20%；哈法亚项目快速建成年产2000×10⁴ t/a原油生产能力，百万吨产能建设投资约21×10⁸元，创造了中国石油海外项目百万吨产能建设投资规模的新低，有力支撑了中东地区原油产量从2010年358×10⁴ t/a迅速增加至2018年的8 000×10⁴ t/a。

表4 哈法亚油田 Mishrif 油藏孔隙结构与岩相分类特征表（据文献[2]修改）

沉积环境	岩性组合	典型薄片	测井特征	孔径分布曲线	孔隙度 (%)	渗透率 (10⁻³ μm²)	孔渗比值	进汞压力 (MPa)
台缘滩	厚层生屑颗粒灰岩，含泥生屑灰岩为主				24.0	121.0	7.09	35.4
台缘滩翼	灰泥质颗粒灰岩，薄层颗粒灰岩				22.7	34.3	3.78	78.0

沉积环境	岩性组合	典型薄片	测井特征	孔径分布曲线	孔隙度（%）	渗透率（10^{-3} μm^2）	孔渗比值	进汞压力（MPa）
台内滩、台缘滩翼	泥质灰岩为主，含灰泥质颗粒灰岩，可见白云化现象	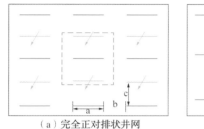		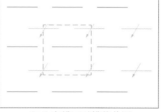	19.4	10.5	2.31	82.0

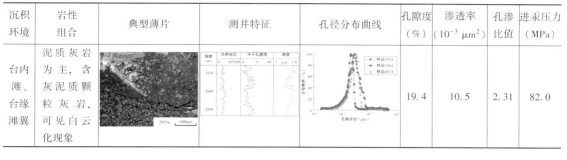

（a）完全正对排状井网　　　（b）交错正对排状井网　　　（c）完全交错排状井网

a 水平井长度（m）　 b 井距（m）　 c 排距（m）　 ═══生产井排　 ─┼─注水井排　 ┊┊┊注采井组

图1　艾哈代布油田水平井整体注采3种井网开发模式（据文献[1，4]修改）

2.3　海外边底水碳酸盐岩气田群高效开发技术

土库曼阿姆河右岸项目开发对象为复杂海相碳酸盐岩气藏，具有普遍发育裂缝、储集层非均质性强、气水关系复杂、部分气田水体较为活跃等特征，气田井网部署、合理高效开发难度大[1,2]；项目气田数量众多、储量规模不一、地理位置分散、受产品分成合同条款等约束，项目整体实现有序接替、稳定供气面临巨大挑战[4]。针对上述问题，从单个气田和气田群两个层面入手，综合气藏构造、储集层、裂缝和水体等因素，以财务净现值为目标函数建立多变量数学模型，实现了井网与斜井段长度、避水高度与总井数等关键参数的同步优化，创新形成了裂缝孔隙型边底水气藏整体大斜度井优化开发技术[1,4]。同时，在揭示单个气田采气速度与稳产期末采出程度定量关系的基础上，建立了考虑产品分成合同模式的气田群整体优化开发模型，并采用改进的遗传算法进行求解，得到了最优的气田投产次序和产能规模，创新形成基于产品分成合同模式的气田群整体协同优化开发技术[2,4]。边底水碳酸盐岩气田群高效开发技术已经全面应用于阿姆河右岸的产能建设中，实现了气田的高效开发，取得了良好的经济效益。与常规大斜度井网优化技术相比，主力别—皮气田产能规模提高20%，钻井总进尺减少13%，财务净现值增加11%[13]。整个阿姆河右岸项目建成天然气产能 170×10^8 m³/a，上产、稳产期15年，对实现我国能源进口多元化、保障能源安全、建设美丽中国做出了突出贡献。

2.4　海外超重油油藏整体水平井泡沫油冷采开发技术

针对委内瑞拉奥里诺科重油带中深层超重油具有"四高一低可流动"的特点：高密度（原油密度 1.007~1.022 g/cm³），高含沥青质（沥青质含量9%~24%），高含硫（硫化氢含量大于3.5%），高含重金属（重金属含量大于500 mg/L），地下原油黏度相对较低（黏度1000~

10 000mPa·s)。冷采过程中原油可流动[14]，通过泡沫油驱油物理模拟实验，系统揭示了泡沫油驱油机理[1, 4, 15,16]。泡沫油中含有大量分散微气泡，能够较长时间滞留在油相中，显著地增加流体的压缩性，提高弹性驱动能量，冷采过程中一定条件下能就地形成泡沫油流，具有较高冷采产能，且油藏压力下降较慢，采收率较高(可超过12%)等优点。采用多组份数值模拟方法，再现泡沫油中分散气泡的形成、破裂和聚并的动态过程(图2)及以泡点压力和拟泡点压力为分界点的三段式开发特征[6,17](图3)，建立泡沫油水平井初始产能预测公式和无因次IPR(流入动态曲线)模型[18]，形成超重油油藏冷采开发技术政策界限确定和水平井开发优化设计方法[4, 17]，创新研发了一套超重油油藏整体丛式水平井冷采开发技术。应用这样一套技术实现了超重油经济高效开发，支撑了委内瑞拉MPE3项目2016年建成年产重油1 000×10⁴t规模，包含钻井平台25座，水平井423口，平均单井初产100 t/d以上，而且实现1 000×10⁴t/d油藏产能规模下持续效益开发：2016—2018年，实现中方净利润47×10⁸元，平均单位操作成本130元/t，取得了显著的经济效益。

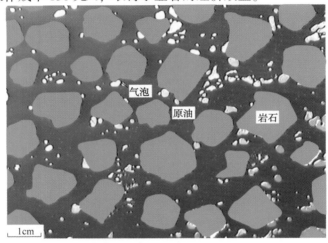

图2　泡沫油微观驱油机理(据文献[15]修改)

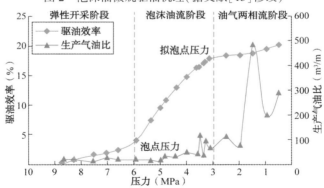

图3　泡沫油驱替特征实验曲线(据文献[5]修改)

3　面临的问题与挑战

中国石油海外油气业务计划未来作业产量规模保持在年产2×10⁸t以上水平，其中碳酸盐岩约占60%，砂岩占30%，非常规占10%[1]。但如何实现稳产、上产和经济有效开发仍面临着一系列问题和挑战：砂岩老油田稳油控水提高采收率难；碳酸盐岩油气田稳产难；非常规油气开发"甜点区"预测难；超重油和油砂经济有效开发难等。因此，亟需创新研发一系列合适的开发技术，主要有：高含水老油田稳油控水及提高采收率技术；碳酸盐岩油藏注水/注气开发和提高采收率技术；复杂碳酸盐岩气藏高效开发关键技术；基岩潜山复杂油藏开发技术；煤层气、致密气和页岩气"甜点"预测与经济高效开发技术；超重油油藏冷采稳产与改善开发效果技术；油砂 SAGD（蒸汽辅助重力泄油）高效开发技术等等[1]。

4 发展目标与技术

4.1 发展目标

未来海外油气开发业务发展重点是陆上常规砂岩、大型复杂碳酸盐岩、非常规和海域深水等 4 大领域。重点是加快中东大型碳酸盐岩油藏上产和持续稳产，延缓中亚碳酸盐岩油藏递减，提高中亚、非洲高含水砂岩老油田采收率，推进不同类型复杂气田高效开发，加大非常规油气田经济有效开发技术攻关，支撑海外油气业务作业产量规模保持在年产 2×10^8 t 以上水平。据此，需要创新形成一系列满足海外油气开发需要的特色技术体系，其发展目标是[1]：高含水砂岩油田提高采收率技术保持国际领先；碳酸盐岩油气藏开发技术达到国际先进；非常规和海域深水油气开发技术逐步缩小差距，实现快速追赶。

4.2 重点技术

4.2.1 人工智能储集层预测与三维地质建模技术

传统的储集层预测和三维地质建模技术已经难以满足海外追求高速高效和高精度地质研究的要求，目前人工智能技术的快速发展为未来高速高效和高精度储集层预测和三维地质建模提供了可能。在新的信息技术支撑下，利用大数据、文本解析、图像识别、知识图谱等学习型知识标注抽提方法[19,20]，可以高效准确的收集所需的各种资料；利用机器学习方法[21]对特定地区数据、曲线和各种地质信息可以实现快速数据处理；通过机器学习和深度学习等技术手段[22]可以实现油气储集层测井、地震、地层对比和储集层的智能化解释与预测。经同类油藏的类比，实现储集层预测和三维地质建模的智能化评价、诊断、预测和优化，从而实现高速高效和高精度的储集层预测和三维地质建模。

4.2.2 高速开发后砂岩油田的二次开发与提高采收率技术

海外砂岩油田自中方收并购后，为了快速回收投资，普遍选择高速开发，目前总体进入高含水、高采出程度的"双高"开发后期阶段，面临着含水上升快、综合含水高、采出程度高、油藏压力保持水平低、递减大等生产问题[1,3]；平面上注采井网不完善、纵向上采用笼统注水方式，水驱储量控制程度和动用程度低[3]。为了有效进行稳油控水并进一步提高采收率，满足砂岩油田继续高效开发需求，未来海外砂岩油田开发技术将重点向以下 2 个方面发展。

（1）人工注水与天然水驱协同开发技术。海外砂岩油田天然能量高速开发后，其剩余油分布特征与国内早期注水开发油田的剩余油分布具有很大差异，因此需揭示天然能量高速开发后剩余油分布规律并建立定量描述方法，探索天然能量强度评价方法，明确天然水驱和人工注水协同开发的调整策略和技术政策界限[3]，发展高速开发后剩余油定量描述技术和剩余油局部加密调整技术，创新形成一套天然能量与人工注水的协同开发技术。

（2）海外油田二次开发技术。借鉴国内老油田二次开发调整理念，建立以深化油藏地下认识、转化开发模式、优化工艺技术、强化技术经济评价的海外砂岩老油田二次开发理念和方法[3]，立足老油田主要依靠天然能量或笼统注水的开发现状，将"总体控制、方式转换、井网重组、层系细分、堵水调驱、整体优化"的海外砂岩老油田开发调整工作思路具体化，形成海外砂岩老油田开发调整策略和二次开发技术系列。

4.2.3　海外碳酸盐岩油气藏注水注气提高采收率技术

伴随着海外油气田开发以砂岩油藏为主转为以碳酸盐岩油藏为主的发展趋势，海外碳酸盐岩油藏产量比例将超过60%[1]，碳酸盐岩油藏将成为未来海外开发业务的主要拓展领域和核心。以中东为代表的海外碳酸盐岩油藏，其地质、油藏特征与国内相比差异大，表现为规模巨大、厚度巨大、非均质性极强等特点[1,4]，早期规模建产任务已经完成，现在面临着上产和稳产的难题，因此研发适应海外碳酸盐岩油藏的注水注气提高采收率技术就成为未来的攻关方向，其发展重点有3个方面。

（1）碳酸盐岩油藏储集层非均质性定量评价和一体化三维建模技术。针对伊拉克大型生物碎屑灰岩油藏非均质性特征的定量描述与空间展布刻画难题，急需开展生物碎屑灰岩储集层非均质性成因分析与储集层微观孔隙结构评价，建立不同岩石类型的测井定量识别标准与方法[1,4]，开展高渗透层的成因与定量识别、隔夹层的定量识别与多尺度分布预测研究，搞清高渗透层的空间展布规律，实现对伊拉克大型生物碎屑灰岩储集层非均质性的定量评价和一体化三维建模。

（2）生物碎屑灰岩油藏高效注水开发技术。未来海外碳酸盐岩油藏需要通过注水等方式保持较长时间的稳产，但薄层生物碎屑灰岩油藏水平井注水恢复压力与含水快速上升的矛盾日益突出，而巨厚生物碎屑灰岩油藏高效注水则是世界级难题。因此，未来亟需研究薄层生物碎屑灰岩油藏水平井整体注水、稳油控水及综合调整技术，攻关巨厚生物碎屑灰岩油藏高效注水开发技术[1,4,23,24]，建立巨厚生物碎屑灰岩油藏与高渗透层相对应的注采模式和分区、分层注水开发技术政策[1,4,25-27]，确保有限水资源高效利用，分区、分块高效注水开发，从而提高巨厚生物碎屑灰岩油藏波及效率及注水开发效果。

（3）碳酸盐岩气顶油环复杂油气藏注水、注气开发调整和提高采收率技术。针对中亚地区碳酸盐岩气顶油环复杂油气藏历经多年油环注水和气顶采气开发，面临着地层压力水平低、储集层动用程度低、气顶油环协同开发难等问题，需进一步发展双重介质碳酸盐岩油藏三维建模和剩余油定量评价技术[28]，明确影响注水、注气开发效果的主控因素，制定双重介质储集层注水、注气开发技术政策[29]，丰富碳酸盐岩气顶油环复杂油气藏开发中后期注水、注气开发调整技术和开发模式[30]。同时研究气水交替、聚表剂驱油等提高采收率技术的适应性，创新形成一套碳酸盐岩气顶油环复杂油气藏开发中后期提高采收率技术。

4.2.4　海外非常规油气藏经济有效开发技术

全球非常规油气资源丰富，资源量占总资源量的1/3，新增储量占全球的45%左右[31,32]，已成为常规油气资源的重要补充，是各大油公司资源配置的重要领域。目前中国石油海外拥有重油、油砂、致密气、页岩气等众多非常规油气项目，且剩余可采储量超过20×10^8 t，规模巨大，但缺乏低成本高效开发技术，从而使海外非常规油气藏开发处于亏损或停滞状态，因此，急需创新攻关海外非常规油气藏经济有效开发技术，其发展重点有3个方面。

（1）超重油油藏冷采稳产优化和提高采收率技术。随着委内瑞拉超重油油田水平井持续冷采、地层压力下降、产量递减、气油比上升、开发效果逐渐变差，冷采潜力逐渐减小，冷采稳产面临较大挑战，需深化研究水平井冷采下的剩余油分布规律和定量描述技术，制定激励泡沫油驱的开发技术政策，发展超重油油藏二次泡沫油非热采保压开采和提高单井产量技术[1]，创新形成一套以冷采加密调整和保压开发技术为主的超重油油藏冷采稳产优化技术[6]。同时积极研究冷采后热采提高采收率技术，尤其是新一代蒸汽驱和火烧油层技术[7]，重视注非热介质提高采收率技术的研究，尤其是注混相气体、非凝析气体、聚合物、化学剂等介质提高采收率技术的研究[7]，创新发展一套超重油油藏冷采后期经济有效提高采收率技术。

（2）改善油砂 SAGD 效果和提高采收率经济有效开发技术。目前中国石油在加拿大油砂项目应用的是 SAGD 开发技术，其成本高、效益差，如何提高 SAGD 开发效果和探索提高采收率的经济有效开发技术是业界公认的难题，主要攻关方向包括：研究多元热流体（N_2、CO_2、蒸汽）辅助 SAGD 开发技术和注过热蒸汽 SAGD 开发技术[7,33]，以大幅提高 SAGD 开发效果；研究新一代火烧油层技术[7,34]，以大幅提高油砂采收率。

（3）致密油气藏甜点预测和水平井高精准智能分段压裂技术。包括页岩油气、煤层气等在内的非常规致密油气藏具有大面积连续分布、源储一体、油气受层系控制、资源规模巨大、没有明显油气水圈闭边界等特点，寻找"甜点区段"、水平井和压裂改造是开发该类资源的主要手段，是典型的"人工油气藏"[35,36]。因此需要研发甜点区段多参数综合预测技术，并以油气"甜点区段"为单元，通过压裂、注入与采出一体化方式，重建应力场、温度场、化学场、渗流场，形成"人造高渗区、重构渗流场"[35,36]，研发低成本致密气藏水平井高精准智能分段压裂技术等[37,38]。

4.2.5　海域深水油气藏高效开发配套技术

全球海洋油气资源丰富，总体勘探开发程度低。目前全球海域剩余油气可采储量 1840×10^8 t，待发现资源量 1293×10^8 t，分别占全球的 43.7% 和 42.2%[31,32]。深水、超深水是热点领域，海洋是各大国际石油公司资源配置的主战场。而中国石油海域深水油气藏开发技术和经验严重不足，面对不同于陆相的深水油气藏更复杂的地质情况、更少的资料、更大的井距和更难的海洋工程，亟需发展一系列的深水、超深水低成本开发配套技术，主要有深水—超深水重力流储集层表征和预测技术、大井距剩余油分布定量预测技术、深水油气藏与海工一体化布井优化技术、深水油气藏高效开发技术政策、深水油气田开发调整及提高采收率技术、深水油气田开发策略与优化技术、海上自动化钻完井及深水采油工艺等技术[39,40]，从而使中国石油海外深水油气开发技术尽快赶上世界先进水平。

5　结论

回顾过去，中国石油海外油气业务在 20 多年的发展历程中实现了从无到有、从小到大、由弱变强的跨越式发展，海外油气开发技术也走过了从国内技术集成应用、集成创新、研发创新并形成一系列特色技术的发展历程，形成了以砂岩油田天然能量高速开发、碳酸盐岩油气田整体开发部署优化、超重油油藏水平井泡沫油冷采开发为代表的海外油气田开发特色技术系列，极大地提升了中国石油的核心技术竞争力，为海外油气业务实现跨越式发展提供了有力的技术保障。

展望未来，海外油气业务面临的合作环境更加复杂多变，海外业务实现优质高效发展存在更大挑战，因此，需要充分发挥科技进步对海外业务发展的重要支撑作用。未来海外油气开发业务需针对短板和瓶颈技术进行持续科研攻关，在高含水砂岩油田稳油控水及提高采收率技术方面保持国际领先，碳酸盐岩油气藏注水注气提高采收率技术方面达到国际先进，非常规和海域深水油气开发技术方面实现快速追赶，为中国石油海外油气业务实现高质量发展提供强有力的技术支撑和保障。

致　谢

本文在撰写过程中参考了中国石油勘探开发研究院和中国石油国际勘探开发公司从事海外技术支持和生产管理人员20多年来的大量研究成果，凝结了许多专家的智慧和辛劳。在此向范子菲、郭睿、陈和平、吴向红、夏朝辉、赵伦、冯明生、董俊昌、刘尚奇、郭春秋及未能在此一一罗列的各位专家谨致谢忱！

参考文献

[1] 穆龙新. 海外油气勘探开发[M]. 北京：石油工业出版社，2019.

[2] 穆龙新. 海外油气勘探开发特色技术及应用[M]. 北京：石油工业出版社，2017.

[3] 吴向红. 海外砂岩油田高速开发理论与实践[M]. 北京：石油工业出版社，2018.

[4] 范子菲. 海外碳酸盐岩油气田开发理论与技术[M]. 北京：石油工业出版社，2018.

[5] 穆龙新，吴向红，黄奇志. 高凝油油藏开发理论与技术[M]. 北京：石油工业出版社，2015.

[6] 陈和平. 超重油油藏冷采开发理论与技术[M]. 北京：石油工业出版社，2018.

[7] 穆龙新. 重油和油砂开发技术新进展[M]. 北京：石油工业出版社，2012.

[8] 穆龙新，范子菲，许安著. 海外油气田开发特点、模式与对策[J]. 石油勘探与开发，2018，45(4)：690-697.

[9] 穆龙新，王瑞峰，吴向红. 苏丹地区砂岩油藏衰竭式开发特征及影响因素[J]. 石油勘探与开发，2015，42(3)：347-351.

[10] 李香玲. 苏丹1/2/4区块状底水油藏高效开发技术[J]. 西南石油大学学报(自然科学版)，2010，32(2)：121-127.

[11] 邓亚，郭睿，田中元，等. 碳酸盐岩储集层隔夹层地质特征及成因：以伊拉克西古尔纳油田白垩系Mishrif组为例[J]. 石油勘探与开发，2016，43(1)：136-144.

[12] 王君，郭睿，赵丽敏，等. 颗粒滩储集层地质特征及主控因素：以伊拉克哈法亚油田白垩系Mishrif组为例[J]. 石油勘探与开发，2016，43(3)：367-377.

[13] 吕功训. 阿姆河右岸盐下碳酸盐岩大型气田勘探与开发[M]. 北京：科学出版社，2013.

[14] 穆龙新. 委内瑞拉奥里诺科重油带开发现状与特点[J]. 石油勘探与开发，2010，37(3)：338-343.

[15] 陈亚强，穆龙新，等. 泡沫型重油微观驱油机理[J]. 内蒙古石油化工，2015，(19)：

132-138.

[16] 刘尚奇，孙希梅，李松林．委内瑞拉MPE-3区块超重油冷采过程中泡沫油开采机理[J]．特种油气藏，2011，18（4）：102-104.

[17] 李星民，陈和平，韩彬，等．超重油油藏水平井冷采加密优化研究[J]．特种油气藏，2015，22（1）：118-120.

[18] 陈亚强，穆龙新，张建英，等．泡沫型重油油藏水平井流入动态[J]．石油勘探与开发，2013，40（3）：363-366.

[19] 刘坤，谭营，何新贵．基于粒子群优化的过程神经网络学习算法[J]．北京大学学报（自然科学版），2011，47（2）：238-244.

[20] BERGH F V D，ENGELBRECHT A P．A study of particle swarm optimization particle trajectories[J]．Information Sciences，2006，176（8）：937-971.

[21] WU T，XIE K，SONG G，et al．Numerical learning method for process neural network[R]．Wuhan：Advances in Neural Networks - ISNN 2009，6th International Symposium on Neural Networks，2009.

[22] 杨婷婷．基于人工神经网络的油田开发指标预测模型及算法研究[D]．黑龙江大庆：东北石油大学，2013.

[23] AL-DABBAS M，AL-JASSIM J，AL-JUMAILY S．Depositional environments and porosity distribution in regressive limestone reservoirs of the Mishrif Formation，Southern Iraq[J]．Arabian Journal of Geosciences，2010，3（1）：67-78.

[24] LI B，NAJEH H，LANTZ J，et al．Detecting thief zones in carbonate reservoirs by integrating borehole images with dynamic measurements[R]．SPE 116286-MS，2008.

[25] CHAWATHE A，DOLAN J，CULLEN R，et al．Innovative enhancement of an existing peripheral waterflood in a large carbonate reservoir in the Middle East[R]．SPE 102419-MS，2006.

[26] 宋新民，李勇．中东碳酸盐岩油藏注水开发思路与对策[J]．石油勘探与开发，2018，45（4）：679-689.

[27] 张琪，李勇，李保柱，等．礁滩相碳酸盐岩油藏贼层识别方法及开发技术对策：以鲁迈拉油田Mishrif油藏为例[J]．油气地质与采收率，2016，23（2）：1-6.

[28] 范子菲，李孔绸，李建新，等．基于流动单元的碳酸盐岩油藏剩余油分布规律[J]．石油勘探与开发，2014，41（5）：578-584.

[29] 宋珩，傅秀娟，范海亮，等．带气顶裂缝性碳酸盐岩油藏开发特征及技术政策[J]．石油勘探与开发，2009，36（6）：576-761.

[30] 赵文琪，赵伦，王晓冬，等．弱挥发性碳酸盐岩油藏原油相态特征及注水开发对策[J]．石油勘探与开发，2016，43（2）：281-286.

[31] 童晓光，张光亚，王兆明等．全球油气资源潜力与分布[J]．石油勘探与开发，2018，45（4）：727-736.

[32] 童晓光．跨国油气勘探开发研究论文集[M]．北京：石油工业出版社，2015.

[33] YUAN J，MCFARLANE R．Evaluation of steam circulation strategies for SAGD startup[J]．Journal of Canadian Petroleum Technology，2011，50（1）：20-32.

[34] 卢竞蔓，张艳梅，刘银东，等．加拿大油砂开发及利用技术现状[J]．石化技术与应

用，2014，32(5)：452-456.

[35] 邹才能，丁云宏，卢拥军，等."人工油气藏"理论、技术及实践[J]. 石油勘探与开发，2017，44(1)：144-154.

[36] 邹才能，杨智，何东博，等.常规—非常规天然气理论、技术及前景[J]. 石油勘探与开发，2018，45(4)：575-587.

[37] 马永生，蔡勋育，赵培荣.中国页岩气勘探开发理论认识与实践[J]. 石油勘探与开发，2018，45(4)：561-574.

[38] SIEMINSK A，MAISONNEUVE C. Status and outlook for shale gas and tight oil development in the U. S.[R]. Houston, TX：Platts-North American Crude Marketing Conference, 2013.

[39] 周守为，李清平，朱海山，等.海洋能源勘探开发技术现状与展望[J]. 中国工程科学，2016，18(2)：19-31.

[40] 吕建中，郭晓霞，杨金华.深水油气勘探开发技术发展现状与趋势[J]. 石油钻采工艺，2015，37(1)：13-18.

中非裂谷系 Bongor 盆地强反转裂谷构造特征及其对油气成藏的影响

肖坤叶[1] 赵健[1] 余朝华[1] 盛艳敏[1] 胡瑛[1] 袁志云[1] 侯福斗[2]

(1. 中国石油勘探开发研究院；2. 中国石油国际勘探开发公司)

摘 要：近年来，强反转裂谷盆地在油气勘探中引起越来越多的关注。中非裂谷系是强反转裂谷盆地的重要发育区，本文以 Bongor 盆地为例，分析了盆地的构造特征及其对油气成藏的影响，在此基础上指出勘探方向。研究表明，反转是 Bongor 盆地最显著的构造特征，受区域挤压应力场作用，Bongor 盆地在晚白垩世和中新世发生了两期反转，特别是发生在晚白垩世桑托期(Santonian)的反转造成盆地整体大幅度抬升，地层遭受强烈剥蚀，剥蚀量达 600~1 600m，盆地剥蚀呈现出西强东弱、北强南弱的特点。反转导致残余地层发生明显的褶皱变形，并最终控制了盆地构造圈闭的成型；同时造成上成藏组合油藏的改造、破坏，使得 Bongor 盆地成藏模式以源内成藏为主。因此，围绕初陷期凹陷、立足下成藏组合是下步勘探的主要方向。

关键词：中非裂谷系；Bongor 盆地；盆地反转；油气成藏；成藏模式

反转是裂谷盆地演化过程中的普遍现象，前人根据反转程度将其分为简单裂谷盆地、局部反转裂谷盆地和区域性强反转裂谷盆地三类，不同类型反转裂谷盆地油气富集特征迥异[1,2]。一般认为，简单裂谷盆地及局部反转裂谷盆地的反转通常不会破坏已有圈闭，反而会形成新的圈闭类型，利于油气的富集成藏；而区域性强烈反转不仅会造成地层剥蚀、改变已有圈闭形态，而且易造成油藏的改造与破坏，降低油气成藏几率[3,4]，使得盆地油气勘探发现率和成功率大大降低。因此，强反转裂谷盆地在油气勘探中长期被忽略。

中非裂谷系内发育有二十多个中新生代陆内裂谷盆地，其中大多在晚白垩世和中新世发生过反转[5-7]，该区带是反转裂谷盆地的重要分布区[4]。近年来，中非裂谷系油气勘探不断获得突破，特别是在强反转裂谷盆地中陆续获得规模性油气发现，证明了强反转裂谷盆地仍然具有较大的勘探潜力。本文将在系统分析中非裂谷系构造特征及区域演化的基础上，重点探讨 Bongor 盆地的反转构造特征及其对油气成藏的影响。

1 区域构造背景

中非裂谷系位于非洲中北部，呈 NEE—SWW 走向，西起大西洋，东至红海，全长近 3 400 km，横穿喀麦隆、中非、乍得、苏丹等国(图 1)。中非裂谷系为一右旋走滑裂谷系统，其形成始于早白垩世(130 Ma±)冈瓦那古大陆的解体和南大西洋、印度洋的张裂[8-12]，是大西洋张裂形成的三叉裂谷夭折的一支在非洲板块的延续[13]。该裂谷系内大多数盆地经过早、晚白垩世两期强烈断陷，于新近纪进入热沉降阶段[7]。在整个裂陷期间，受区域拉张应力影响，裂谷沿线发育了 Muglad、Melut 等十几个 NW—SE 向裂谷盆地和 Bongor、Doba、

作者简介：肖坤叶，男，出生于 1969 年，教授级高级工程师，主要从事海外油气勘探、资源评价与油气地质综合研究。地址：北京市海淀区学院路 20 号；邮箱：xiaokunye@petrochina.com.cn.

Doseo、Salamat 等多个近东西向裂谷盆地，这些盆地共同构成了中非裂谷系。

与简单裂谷盆地持续拉张断陷不同，中非裂谷系各盆地分别于晚白垩世桑托期(Santonian)(85~80 Ma±)和中新世发生两期区域应力场转变。其中第一期应力场改变主要受控于非洲板块和欧洲板块碰撞[14]，由区域引张转变成近 N—S 向挤压（图1）[14,15]，该期应力转换使原本一体的 Doba、Doseo、Salamat 和 Bongor 四个盆地离散开来[16]，同时还造成 Bongor 和 Doba 等盆地发生不同程度的逆时针旋转[7]。第二期应力场改变与红海 NE—SW 向张裂产生的局部挤压应力场有关（图1）[17,18]，与桑托期(Santonian)挤压事件相比，此次事件影响小很多，只波及到邻近的 Melut、Muglad 等盆地，对 Bongor 等盆地影响较弱[7]。受两期区域挤压应力场的共同影响，中非裂谷系盆地都发生了不同程度的反转，其中近东西向 Bongor、Doba、Doseo 和 Salamat 等盆地反转强烈[19,20]。

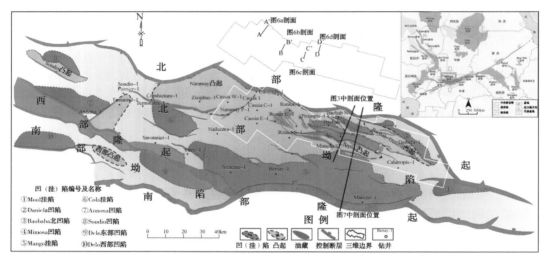

图 1　Bongor 盆地构造位置
（索引图据文献[6]修编）

2　Bongor 盆地构造特征

钻井揭示 Bongor 盆地从下而上依次发育下白垩统、古近系、新近系和第四系，其中下白垩统自下而上进一步分为：Hauterivian 阶（P 组）、Barremian 阶（由 M 组和 K 组组成）和 Aptian 阶（由 R 组和 B 组组成）。在盆地范围内，P 组和 M 组以暗色泥岩局部夹砂岩为主，K 组、R 组和 B 组以砂岩夹泥岩为特征。以 M 组为界，盆地划分为上、下两套成藏组合，上部组合由 B-R-K 组组成，以下部的 M 组和 P 组为烃源岩，以 R 组和 K 组砂岩为储层，以 R 组顶部泥岩段为盖层。下部组合由 M+P 组构成，是"自生自储型"成藏组合。盆地基底之上发育两大角度不整合，即 B 组和古近系、古近系与新近系之间的角度不整合（图2、图3）。系统的地层古生物资料分析证实，B 组为 Bongor 盆地下白垩统最上部地层，时间上对应于早白垩世 Aptian 期，表明 Bongor 盆地缺失整个中、上白垩统，明显不同于中非裂谷系内 Muglad、Melut 和 Doba 等盆地，这些盆地均发育有中、上白垩统，厚度可达 1 000~3 000m。

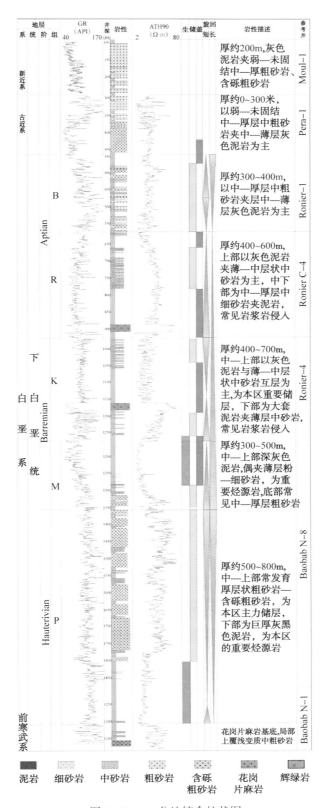

图 2　Bongor 盆地综合柱状图

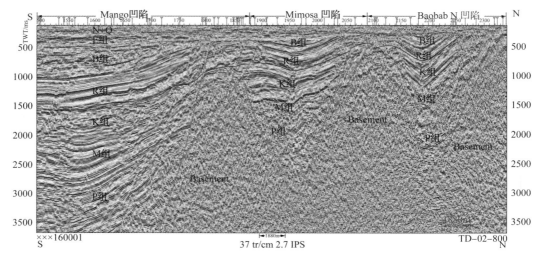

图 3　Bongor 盆地地质剖面(剖面位置见图 1)

区域构造演化及盆内钻井资料的进一步研究表明 Bongor 盆地中上白垩统的缺失并非原始地层的沉积间断,而是盆地反转造成的地层抬升剥蚀。此外,反转还造成了盆内残余地层的褶曲变形,使得盆地构造样式以反转构造为主。

2.1　地层剥蚀特征及剥蚀量恢复

对 Bongor 盆地而言,地层剥蚀厚度恢复不仅是盆地分析和油气资源定量评价的基础[21-22],也是定量评估盆地反转强度的关键。为尽量降低由单一方法恢复地层剥蚀厚度而引起的误差,在比较分析现有各种地层剥蚀量恢复方法,如:地层对比法、沉积速度法、声波测井曲线法[23]、镜质体反射率(Ro)法[24]、地震地层学法[25]和最优化方法[26]等的基础上,笔者筛选了泥岩声波时差、镜质体反射率以及地震地层综合法以相互验正的方式对 Bongor 盆地地层剥蚀量进行恢复。

泥岩声波时差是利用声波时差与碎屑岩压实程度之间的关系来求取地层剥蚀量,有两个前提条件,一是泥岩压实过程不受时间因素的影响,且压实作用不可逆,二是再沉积地层厚度要小于剥蚀地层厚度。在满足这两个前提条件的基础上,将不整合面以下泥岩的压实趋势线上延至 ΔT_0(声波在近地表处的传播时间)处即为古地表,古地表与不整合面之间的距离即为剥蚀厚度(图 4)。研究中选取了 38 口井开展泥岩声波时差分析,由盆地内多口井 ΔT_0 平均值计算出 Bongor 盆地 ΔT_0 为 645μs/m,以此估算各井点处白垩纪末地层剥蚀厚度在 600~1600m 之间。

研究中使用的镜质体反射率并非传统意义上的 Ro 外延法[24],而是基于相近的地温梯度下、相邻同类型的裂谷盆地源岩成熟门限深度应基本相近的前提假设。统计发现,Bongor 盆地烃源岩现今的成熟门限深度都小于 2 000m,例如 Mimosa-1、Baobab-1、Calatropis-1 和 Semegin-1 井成熟门限深度分别为 1 250m、1500m、1 590m 和 1 950m,而中非裂谷系与之紧邻的的 Doba、Doseo 盆地成熟门限深度介于 2 700~3 200m,据此推测其地层剥蚀厚度超过 1 000m。

地震地层综合法利用地震资料,通过地层厚度的趋势外延来估算地层剥蚀厚度,其最大的优势是不受钻井分布限制,可以在地震测线上连续地计算任意区域的地层剥蚀厚度,进而获得盆地平面上的剥蚀分布情况(图4)。

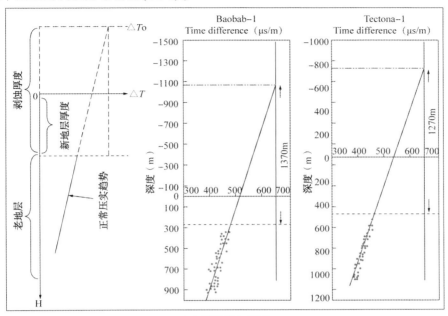

（a）泥岩声波时差法

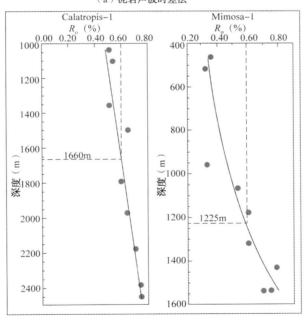

（b）镜质体反射率法

图4　泥岩声波时差法和镜质体反射率法恢复地层剥蚀厚度

在上述工作基础上，通过制作盆内不同走向且彼此相交的骨干剖面，使各种方法获得的剥蚀厚度相互校验闭合，从而获得了全盆地范围内的地层剥蚀厚度分布图(图5)。从图中可以明显看出，白垩纪末期 Bongor 盆地区域上都发生了地层剥蚀，剥蚀厚度在 600~1 600m 之间，其中盆地北部、西部地层剥蚀量大，盆地东南部剥蚀量小，大多小于 1 000m，明显呈现出"北强南弱、西强东弱"的特点。

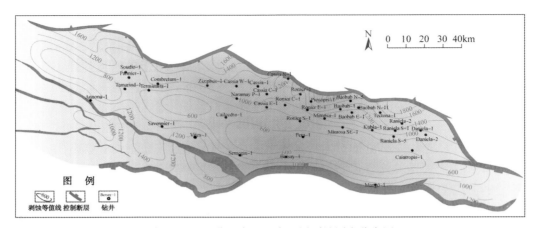

图 5　Bongor 盆地白垩纪末地层剥蚀厚度分布图

2.2　构造样式

Bongor 盆地构造样式绝大部分与反转有关(图 6)，明显不同于 Muglad、Melut 等盆地构造样式以反向断块为主。

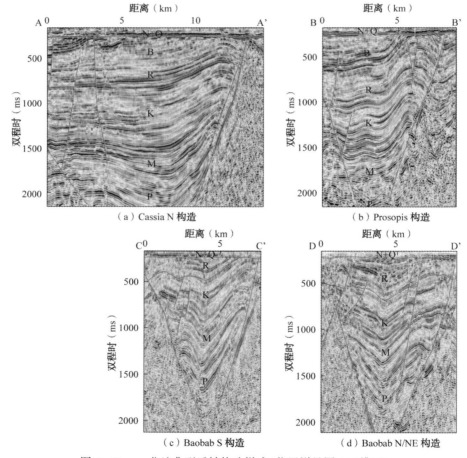

图 6　Bongor 盆地典型反转构造样式(位置详见图 1 三维区)

Bongor 盆地沉积地层与基岩通常以高角度边界断层接触，分析大量地震剖面后发现边界断层附近地层变形最为强烈，形成了各种类型的背斜构造(图6a、图6b、图6d)。部分背斜低幅宽缓，规模较大(图6a)；部分背斜高幅陡倾，核部挤压变形严重形成放射状调节断裂(图6b、图6d)。远离边界断层，地层变形强度明显减弱，幅度降低、放射状调节断裂不再发育。对于地堑而言，情况有所不同，双侧挤压应力造成凹陷中央区域沉积地层褶曲更加强烈。譬如 Baobab NE 凹陷(图6d)，不仅边界断层附近地层发生明显挤压变形上凸，凹陷中央区地层下凹变形也非常显著，形成了特殊的反转构造样式的组合(图6d)。

对盆内众多反转构造几何学特征分析后发现，受盆地刚性基底的影响，沉积地层基本以纵弯上拱(凸)为主，形成大量背斜构造。另外，局部地区地层反转变形下凹作用呈现，譬如 Baobab S 构造(图6c)，在该构造左侧边界断层附近形成了大幅的向形构造，分析后发现这主要是由于早期断裂上盘正牵引形成向斜构造，在后期挤压应力作用下进一步加强，形成了比较特殊的反转构造样式。

综上所述，Bongor 盆地的构造反转样式主要受控于晚白垩世的盆地反转。盆地初陷期凹凸相间的结构很大程度上决定了盆地构造反转样式：沉积地层被局限在各凹陷内部，两侧古隆起和基底为能干性较大的花岗片麻岩等变质岩石，不易发生变形，造成区域挤压应力的释放只能通过沉积地层的纵弯褶皱来实现，从而形成众多的挤压背斜和向斜构造。在此过程中，边界断层往往是构造应力的释放区域，地层变形最强，远离边界断层应力迅速减小，地层褶曲变形强度也相应减弱，变得相对平缓温和。反转变形对早期地层构造形态具有继承性：早期的背斜在反转过程中幅度增大；早期的向斜反转后下凹则更加突出。

3 构造反转对油气成藏的影响

Bongor 盆地目前油气发现主要集中在盆地东北部。油气产出层位自下而上在 P 组、M 组、K 组、R 组和 B 组均有分布，但整体上以 P 组和 K 组占绝大部分。上成藏组合的油气发现储量丰度低，以稠油为主；下成藏组合的油气发现储量丰度高，以正常原油—轻质油为主，这些分布特点均与盆地的构造反转有关，构造反转对油气成藏的影响具体表现在以下三个方面：

3.1 反转控制构造圈闭的形成

简单裂谷盆地一直处于区域拉张应力背景中，盆内圈闭主要与张性断层有关，常见断块、断背斜、滚动背斜等。与此不同，Bongor 盆地尽管局部发育断背斜等圈闭类型，但主要还是体现在压性特征上。譬如图6(c)中在正牵引构造基础上发育起来的向形褶皱和比邻背斜圈闭均与盆地挤压构造反转密不可分。

事实上，Bongor 盆地的构造反转较大程度上改造了裂陷期形成的圈闭，造成了断块、断背斜圈闭等更加复杂或破碎。同时，强烈的构造挤压反转又形成了一大批带状分布的新背斜圈闭。对全盆地已发现圈闭统计后发现，反转背斜、断背斜和反转断鼻等构造圈闭占 90% 以上，其中反转背斜构成了 Bongor 盆地最常见的圈闭类型(图6)，现已发现油藏基本为反转背斜油藏。

3.2 反转造成上成藏组合油藏的改造、破坏

如前文所述，Bongor 盆地的构造反转不仅造成盆内残余地层的强烈褶曲变形，而且还导致白垩系顶部不整合面附近的大量地层剥蚀。同时，强烈的构造挤压还造成盆内断层的局部

走滑和再活动，造成盆内上成藏组合业已形成的油气藏遭到破坏，造成原油的大量散失或遭受生物降解。

勘探实践证实，Bongor 盆地原油垂向上相态复杂，从浅到深由重油变为中质油直至正常油。浅部 K 组及其以上地层所发现重油被认为是地层抬升剥蚀期间原油遭生物降解、水洗作用[7,27]的产物，是构造反转的直接结果。同时，构造反转对下组合破坏作用相对较弱，M—P 组油藏一般为正常油、轻质油乃至凝析油、天然气(图 7)。

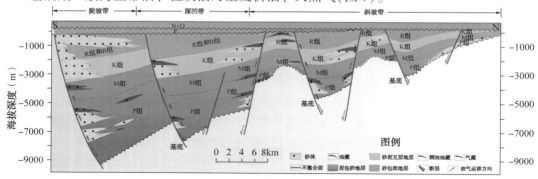

图 7　Bongor 盆地油气成藏模式图(剖面位置见图 1)

3.3　反转导致 Bongor 盆地成藏模式以源内优势聚集为主

根据主力烃源岩和油藏(圈闭)的空间位置关系，裂谷盆地通常可划分为源上成藏、源内成藏和源下成藏[28]三种类型。对 Bongor 盆地而言，裂陷早期沉积的 P 和 M 组源岩构成了盆地主力烃源岩，源岩下部为前寒武纪变质结晶基底，钻井揭示其主要为花岗片麻岩，岩性致密，物性较差，难以成为有效储层，源下成藏的可能性虽不能排除，但油气富集规模可能有限，这一点已在 Muglad、Melut 和 Doba 等中非裂谷系盆地中得到证实。中非裂谷系盆地基本以源上和源内成藏为主。如苏丹 Muglad 盆地已发现储量 93% 来自源上成藏，Melut 盆地98% 来自源上成藏。Bongor 盆地源上成藏也有油气发现，但油气藏普遍丰度低，油质稠，主要聚集在反转破坏作用相对较弱、盖层条件相对较好的地区。Bongor 盆地 M 组沉积于盆地强烈断陷期，本身就是良好的烃源岩，又是盆地的区域盖层。因此，与简单裂谷和局部反转型裂谷盆地通常以"源上油气成藏"为主不同，Bongor 强反转裂谷盆地则基本以"源内成藏"为主，盆内已发现储量 63% 来源源内成藏(图 8)。

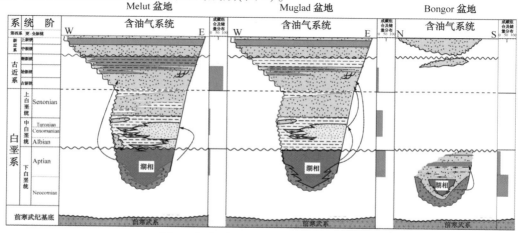

图 8　中非裂谷系盆地成藏特征对比图

4 勘探启示

4.1 下部成藏组合是下步勘探的重点层系

优质储层是油气富集场所，良好盖层是油气得以保存的关键。中非裂谷系大部分裂谷盆地在白垩纪发生了两次断坳旋回，形成了两套成藏组合，通常以中上白垩统的上成藏组合为主。Bongor 盆地则明显不同，由于晚白垩世的盆地反转造成上成藏组合盖层的剥蚀与破坏，导致上部油藏的改造与散失；但盆地下成藏组合的区域性盖层 M 组基本未遭受剥蚀，其下伏的 P 组局部发育扇三角洲或水下扇砂体，二者构成良好的储盖配置，加之紧邻有效源岩，局部盖层本身也是良好的源岩层，排出的油气可优先聚集成藏。因此，Bongor 盆地下成藏组合将是发现优质储量的重点层系，是未来勘探的重点。

4.2 不能忽视强反转裂谷盆地小凹陷的勘探

油气勘探的历史表明，裂谷盆地通常凹陷规模越大，发现油气的可能性越大，且油气发现的规模也大。对于面积不足 200km² 、沉积地层厚度小于 3 000 m 的小凹陷常常被忽略。这一理念对连续沉积和弱反转裂谷盆地的油气勘探有很强的指导性，但在强反转裂谷盆地的油气勘探中遇到了挑战。Bongor 盆地东北部 Daniela 凹陷、Baobab 北凹陷和 Mimosa 凹陷的勘探就是很好的例证。这三个凹陷仅数千米至十几千米宽，30~60 km 长，但盆地目前的储量发现一半以上来自于这三个小凹陷(图 1)；特别是 Baobab 北凹陷，面积不足 100 km²，却发现了两个中型油田，其中 Baobab N 油藏是中非裂谷系内目前发现的最大规模岩性油藏，单井钻遇最大油层厚度超过 200 m。分析认为，这些小凹陷现今沉积地层厚度小于 3 000 m，但并不代表其地质历史时期一直小于 3 000 m。事实上，根据前文恢复的地层剥蚀量，这些小凹陷在反转前的沉积地层厚度远大于 3 000 m，在初陷期 P 组沉积时烃源岩十分发育，且与储盖条件匹配，从而具备优越的成藏条件。

5 讨论与结论

中非裂谷系是全球范围内反转裂谷盆地集中区之一，区内 Bongor、Doba、Doseo 和 Salamat 等盆地走向与"桑托"挤压事件衍生的区域构造应力场近乎垂直，构造反转强烈，成为区内典型的强反转裂谷盆地。

Bongor 盆地强烈的反转基本以地层大幅度剥蚀和强烈褶皱变形为主，地层剥蚀厚度所反映的反转程度具有北强南弱、西强东弱等特征，残余地层褶皱变形形成了挤压背斜、向斜等典型的反转构造样式。

反转控制了 Bongor 盆地构造圈闭的形成及上组合成藏，并造成上成藏组合油藏的改造、破坏，导致 Bongor 盆地下成藏组合油气成藏以源内优势聚集为主。因此，围绕生烃凹陷，重点勘探下成藏组合是发现优质规模储量的关键。

薛良清教授和童晓光院士对本研究给予了悉心的指导，中油国际(乍得)有限公司为研究工作提供了大量的基础资料，长江大学文志刚教授和宋焕新老师在后期样品测试分析中给予了大力帮助，在此一并表示衷心的感谢！

参考文献

［1］ Harding T P. Structural inversion at Rambutan Oil Field, South Sumatra Basin ［J］. AAPG Bulletin, 1984, 68: 333-362.

［2］ 王燮培, 严俊君, 林军. 反转构造及其石油地质意义［J］. 地球科学, 1989, 14(1): 101-108.

［3］ Macgregor D G. Hydrocarbon habitat and classification of inverted rift basins ［A］. In: Buchanan J G, Buchanan P G. Basin Inversion ［M］. Geological Society Special Publication. 1995, 88: 83-93.

［4］ Marian J W. Tectonic inversion and petroleum system implications in the rifts of central Africa ［J］. Frontiers and Innovation, 2009: 461 - 464.

［5］ Guiraud R, Maurin J. Early Cretaceous rifts of West and Central Africa: An overview［J］. Tectonophysics, 1992, 213(1/2): 153-168.

［6］ Genik G J. Regional framework, structural and petroleum aspects of rifts basins in Niger, Chad and the Central African Republic［J］. Tectonophysics, 1992, 213(1/2): 169-185.

［7］ Genik G J. Petroleum geology of Cretaceous - Tertiary rift basins in Niger, Chad and the Central African Republic ［J］. AAPG Bulletin, 1993, 77(8): 1405-1434.

［8］ Fairhead J D. Mesozoic plate reconstructions of the Central South Atlantic Ocena: The role of the West and Central African Rift System［J］. Tectonophysics. 1988a, 155: 181-191.

［9］ Fairhead J D. Late Mesozoic rifting in Africa［A］. In: Manspeizer W. Triassic - Jurassic rifting, continental breakup and the origin of the Atlantic Ocean and passive margins ［M］. New York, Elsevier, 1988b, 998.

［10］ Scotese R S, Gahagan L M, Larson R L. Plate tectonic reconstructions of Cretaceous and Cenozoic ocean basins ［J］. American Journal of Science, 1988, 283: 684-721.

［11］ Schull T J. Rift basins of interior Sudan, petroleum exploration and discovery ［J］. AAPG Bulletin, 1988, 72: 1128-1142.

［12］ Daly J C, Chorowiez J, Fairhead J D. Rift basin evoluation in Africa: The influence of reactivated steep basement shear zones［A］. In: Cooper M A, Williams G D. Inversin Tectonics ［M］. Geological Society Special Publication, 1989, 44: 308-334.

［13］ 欧阳文生, 张红胜, 王彤, 等. 苏丹 Muglad 盆地大型油气藏储集特征［J］, 资源与产业, 2006, 8(2): 67-70.

［14］ Guiraud R, Bellion J, Benkheil J. Post hercynian tectonics in Northern and Western Africa ［J］. Ggological Journal, 1987, 22: 433-466.

［15］ Ziegler P A. Geological atlas of Western and Central Europe ［M］. 2nd ed. The Hague Netherlands Shell International Petroleum Maatschappij, 1990, 239.

［16］ Guiraud R, Issawi B, Bellion Y. The Guineo - Nubian lineaments: a major structural zone of the African plate ［J］. Comptes rendus de tacademie des sciences, 1985, 11(300): 17-20.

［17］ Lowell J D, Genik G J. Sea floor spreading and sructural evolution of Southern Red Sea ［J］.

AAPG Bulletin, 1972, 56: 247-259.

[18] Makris J, Rihm R. Shear controlled evolution of the Red Sea: Pull apart model [J]. Tectonophysics, 1991, 2 - 4: 441-468.

[19] Cratchley C R, Louis P, Ajakaiye D E. Geophysical and geological evidence for the Benue - Chad Basin Cretaceous rift valley system and its tectonic implications [J]. Journal of African Earth Science, 1984, 2: 141-150.

[20] Avbovbo A A, Eyoola E O, Osahon G A. Depositional and structural styles in Chad Basin of Northeastern Nigeria [J]. AAPG Bulletin, 1986, 80: 1787-1798.

[21] 李伟. 恢复地层剥蚀厚度方法综述[J]. 中国海上油气(地质), 1996, 10(3): 167-171.

[22] 王毅, 金之钧. 沉积盆地中恢复地层剥蚀量的新方法[J]. 地球科学进展, 1999, 14(5): 482-486.

[23] Magara K. Thickness of removal sediments, paieopore pressure and paleotem perature, southwestern part of Western Canada Basin[J]. AAPG Bulletin, 1976, 60(4): 554-565.

[24] Dow W G. Kerogen studies and geological interpretation[J]. Journal of Geochemical Exploration, 1977, 7(2): 79- 99.

[25] 尹天放. 多种信息综合计算剥蚀厚度方法[J]. 石油勘探与开发, 1992, 19(5): 42-47.

[26] 郝石生, 贺志勇, 高耀斌, 等. 恢复地层剥蚀厚度的最优化方法[J]. 沉积学报, 1988, 6(4): 93-99.

[27] Petters S W, Ekweozor C M. Petroleum geology of Benoue trough and southeastern Chad Basin, Nigeria[J]. AAPG Bulletin, 1982, 66: 1141-1149.

[28] 沈扬, 贾东, 宋国奇, 等. 源外地区油气成藏特征、主控因素及地质评价[J]. 地质论评, 2010, 56(1): 51 - 59.

苏丹福拉凹陷转换带特征及其与油气的关系

汪望泉[1]　窦立荣[2]　张志伟[2]　李志[2]　李谦[2]

(1. 中国石油国际勘探开发有限公司；2. 中国石油勘探开发研究院)

摘　要：Muglad 盆地位于中非苏丹共和国南部，是在中非剪切带剪切应力场背景下形成的被动裂谷盆地。福拉(Fula)凹陷位于 Muglad 盆地东北部，面积约 5000km²。福拉凹陷转换带位于中部构造带，是重要的含油气构造带。该转换带开始形成于早白垩世第一裂谷期，在晚白垩世第二裂谷期，断裂再次活动，转换带基本定型；在古近纪，第三裂谷期对整个转换带构造格局没有大的变化，仅仅发育了一些调节小断层，使转换带构造复杂化。转换带对油气聚集的影响贯穿在油气成藏的整个过程。转换带可以形成有利于油气聚集的构造或圈闭；转换带将沉积区分成彼此分隔的洼陷，控制富含有机质沉积物或储集砂体的分布；转换带密集发育的断裂系统为油气的运移和聚集提供通道。

关键词：中非剪切带；福拉凹陷；转换带；油气聚集控制因素

　　转换带(Transfer Zone)的概念是在 1970 年研究挤压变形中褶皱逆冲断层的几何形态时首次提出的[1]。20 世纪 80 年代以来，国外一些学者[2-4]将这种褶皱—冲断带中转换带的概念应用于研究裂谷伸展构造。国内也开展了对转换带的研究[5,6]，并应用到油气勘探中。

　　从区域意义上看，裂谷盆地中转换带是为保持区域伸展应变守恒而产生的伸展变形构造的调节体系。福拉(Fula)凹陷中部构造转换带是主要的含油气构造带，本区所发现储量的 80% 都集中在该带。本文将论述福拉凹陷转换带的构造特征及其对油气的控制。

1　福拉凹陷石油地质基本特征

　　福拉凹陷位于中非剪切带东端南侧、Muglad 盆地东北部，是在右旋剪切应力场背景下[7,8]拉张形成的中、新生界断陷盆地的一个凹陷，近南北走向，面积 5000km²(图 1)。

　　福拉凹陷主要发育 S–N、NW–SE 两种走向断裂，主要断层均为正断层。除东西两条边界断层，其他大多数呈 NW–SE 向展布，多呈雁行式排列或交叉、斜交，反映该区受剪切张应力作用的特点(图 2)。

　　南北向断裂控制着凹陷格局，二级构造带的发育主要受北北西向断裂控制。在凹陷南部，在福东断层作用下，呈东断西超的半地堑形，在北西走向的次级断层控制下，发育一系列反向断鼻构造。在凹陷北部，由于福西断层的持续活动，地层区域西倾，在东倾正断层背景下发育一系列断阶。在凹陷中部，南、北倾向相反的断层均在此交汇，形成复杂的中部构造转换带。由于西界断裂断距大于东界断层，凹陷中部呈现为西深东浅的不对称地堑。

作者简介：汪望泉(1969—)，男，石油地质博士，教授级高级工程师，长期从事国外油气勘探开发评价工作。地址：北京市西城区阜成门北大街 6 号–1 国际投资大厦 D 座，邮政编码：100034；电话：(010)60115298。E-mail：wangwangquan@cnpcint.com。

图 1　福拉凹陷区域位置图

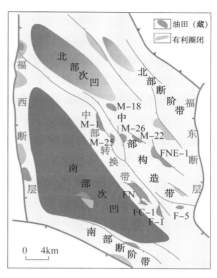

图 2　福拉凹陷构造单元

　　福拉凹陷自南向北东依次发育南部断阶带、南部次凹、中部构造带、北部次凹和北部断阶带 5 个二级构造单元。

　　根据构造发育和演化史研究[9,10]，该区经历了 3 次裂谷断陷及拗陷活动(图 3)。第一沉积旋回沉积了厚度 5000m 以上的 Abu Gabra 组湖相泥岩和 800m 左右的 Bentiu 组河流相砂岩，分别形成了本区唯一的烃源岩和主要的储集层。第二旋回是构造圈闭主要的形成期和区域盖层(Aradeiba 组)发育期。第三旋回在本区不发育，沉积地层薄，对早期的油气藏起调整或一定的破坏作用。

图 3　福拉凹陷地层综合图

　　油气藏类型以构造型油气藏为主，在多套储盖组合中获商业油气流：Abu Gabra 组和 Aradeiba 组的边水层状油藏，Bentiu 组的底水块状油藏。Bentiu 组和 Aradeiba 组油藏为重质油，是该区主力油藏组合；Abu Gabra 组油藏基本上为稀油油藏，局部发育气藏。

2 中部转换带的构造和形成特征

中部转换带位于福拉中部构造带。依据构造特点，中部转换带整体可划分为南、北、中3部分。南部的断层主要是西掉断裂系，向北延伸分叉为两支；北部以两条东掉断层为主；中部是两组断裂的交汇处，形成聚敛接近型转换带(图4)。剖面上，断层主要呈犁式、座椅式等。断层在剖面上组合类型丰富，如X型组合、Y型组合、阶梯式组合、地堑及地垒式组合等。

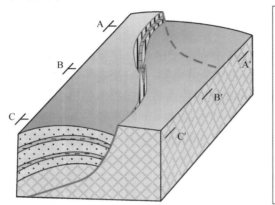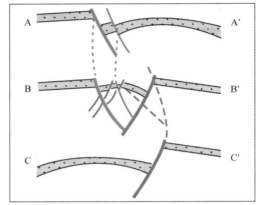

图4 福拉中部转换带构造模式(据 Morley C.K., 1990, 修改)

该转换带开始形成于早白垩世第一裂谷期，即在 Abu Gabra 组沉积时期。它不仅控制了 Abu Gabra 组的沉积，而且也控制了转换带内主要圈闭的形成和分布。在晚白垩世第二裂谷期，断裂再次活动，转换带基本定型。在古近纪和新近纪，第三裂谷期对整个转换带构造格局没有大的影响，仅仅发育了一些调节小断层，使转换带构造复杂化。

在控制转换带的西掉断层和东掉断层下降盘，主要发育的油气藏类型有(断)背斜型、断鼻型、断垒型和断块型以及构造-水动力复合型油藏[11]等；在上升盘发育的油藏主要是断鼻型或断块型；在转换带中部，在构造高背景控制下发育的油气藏主要是断鼻型和断块型。

3 中部转换带对油气的控制

转换带对油气的影响贯穿在油气成藏的整个过程。转换带可以形成有利于油气聚集的构造或圈闭；转换带将沉积区分成彼此分隔的洼陷，控制富含有机质沉积物或储集砂体的分布；转换带密集发育的断裂系统为油气的运移和聚集提供了通道[12,13]。

3.1 通过对圈闭的控制而控制油气藏的分布

中部转换带控制构造圈闭的形成和构造类型。在转换带的南部，其主体为一受西掉断层控制的逆牵引(断)背斜，在逆牵引背斜背景下，发育的含油构造有 FN 背斜、F-1 和 FC-1 断鼻以及 FN 断垒等。在转换带的北部，受转换带断层控制的含油构造包括上升盘的 M-1 断鼻和断层下降盘的 M-18 背斜(图2)。

在转换带中部，由于受南北应力的影响，断层发育，形成复杂的构造组合。第一、二裂谷期的断陷与拗陷作用在该区可形成披覆构造和岩性圈闭，复杂的断裂组合可形成断鼻、断垒和断块圈闭。而且，由于转换带中部位于区域构造的高部位，处于油气运聚的有利区。目前已发现的含油构造主要有 M-22、M-25、M-26 等断鼻或断块。

3.2 对储集砂体分布的控制

中部转换带是同裂谷期形成的构造带，因此，对同裂谷期层序的沉积型式有着较大影响。转换带对储集砂体的控制主要表现在储集体的分布和储集类型上。Abu Gabara 组沉积时期，在中部转换带南部，东部发育的扇三角洲横越控制转换带的主断层进入湖盆，形成滑塌浊积扇砂体(FN-71 油气藏)；东南部发育的三角洲向凹陷内延伸，形成具有良好储盖组合的储集砂体，也在此发现了累计百余米厚的具多套组合的油气层(FN-4 油气藏)；在转换带中部，Abu Gabara 组主要以滨浅湖相沉积，发现的油气层主要在一些砂泥互层的薄砂层中。在转换带北部沿北部次凹凹槽发育扇三角洲体沉积(图 5)。

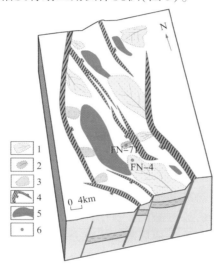

1—（扇）三角洲；2—浊积扇；3—水下扇；4—断层；5—洼陷；6—油井

图 5　福拉凹陷 Abu Gabra 组沉积模式

3.3 对油气生成及运移的控制

同裂谷期发育的福拉中部转换带，对沉积地层具有一定的控制作用，转换带下降盘 Abu Gabra 组沉积的暗色泥岩是良好的烃源岩，具有较强的生烃能力。已完钻的井在 Abu Gabra 组都发现了大量的油页岩和油气显示。

从南北凹陷向转换带中部逐渐抬高的地形特征是良好的油气运移指向，在该部位完钻的井在 Abu Gabra 组和 Bentiu 组目的层都获得了较好的油气发现，成为下一步勘探的主要有利区。两条控制转换带的断层长期发育，是油气运移的有利通道。完钻的 FNE-1 井在 Bentiu 组发现近 50m 厚的油层，经油源对比认为原油来自西部的福拉南次凹。

4　结论

构造转换带在中非裂谷系盆地中非常发育。福拉凹陷中部转换带位于中部构造带，为聚敛接近型转换带。该转换带开始形成于早白垩世第一裂谷期，定型于晚白垩世第二裂谷期，是重要的含油气构造带。

福拉凹陷中部转换带对油气成藏的控制作用主要表现在构造、沉积和油气运移与聚集等方面。研究转换带的形成及构造特征，以及对油气聚集的控制作用，有利于寻找油气富集区，提高勘探效率。

参考文献

[1] Dahlstrom C D A. Structural geology in the eastern margin of the Canadian Rocky Mountains [J]. Bulletin of Canadian Petroleum Geology, 1970, 18：332-406.

[2] Morley C K, Nelson R A, Patton T L, et al. Transfer Zones in the East African Rift System and Their Relevance to Hydrocarbon Exploration in Rifts[J]. AAPG Bulletin, 1990, 74 (8)：1234-1253.

[3] Scott D L, Rosendahl B R. North Viking graben：an Eaast African prospective[J]. AAPG Bulletin, 1989, 73(2) ：155-165.

[4] Faulds J E, Varga R J. The role of accommodation zone and transfer zone in regional segmentation of extended terranes[A]. Faulds J E, Stewart J H. Accommodation zone and transfer zone：the regional segmentation of the basion and range provinces[C]. Geology Society of American Special Paper, 1998, 323：1-45.

[5] 陈发景，贾庆素，张洪年. 传递带及其在砂体发育中的作用[J]. 石油与天然气地质，2004，25(2)：144-148.

[6] 陈发景，汪新文，陈昭年，等. 伸展断陷盆地分析[M]. 北京：地质出版社. 2004.

[7] 王秀林，汪望泉，李素珍，等. M 盆地的构造特征及与油气的关系[J]. 石油与天然气地质，2000，21(1)：76-79.

[8] 童晓光，窦立荣，田作基，等. 苏丹穆格莱特盆地的地质模式和成藏模式[J]. 石油学报，2004，25(1)：19-24.

[9] 魏永佩，刘池阳. 位于巨型走滑断裂端部盆地演化的地质模型——以苏丹穆格莱德盆地为例[J]. 石油实验地质，2003，25(2)：129-142.

[10] 窦立荣，潘校华，田作基，等. 苏丹裂谷盆地油气藏的形成与分布——兼与中国东部裂谷盆地对比分析[J]. 石油勘探与开发，2006，33(3)：255-261.

[11] 聂昌谋，陈发景，白洋，等. 苏丹 Fula 油田油藏地质特征[J]. 石油与天然气地质，2004，25(6)：671-676.

[12] 赵红格，刘池阳，杨明慧，等. 调节带和传递带及其在伸展区的分段作用[J]. 世界地质，2000，19(2)：105-110.

[13] 冯建辉，张亚敏，王婧韫. FL 走滑型断陷油气富集特征[J]. 石油勘探与开发，2001，28(6)：101-103.

油藏地质背景下低幅度构造圈闭的研究方法
——以厄瓜多尔奥连特(Oriente)中油区块勘探开发为例

林金逞

[中油国际(厄瓜多尔)安第斯公司]

摘　要: 本文将低幅度构造圈闭研究放在油藏地质的背景下,分析圈闭对于油气积聚成藏的关键在于保证限制油气的进一步运移逃逸;在传统意义上,这是由于储集空间之外致密地层非渗透性发挥作用。而对于平缓区域构造背景下的低幅度构造,油气向上的浮力未能充分投射到横向上发挥油气对于原生地层水的驱替作用,因此,容易在油气运移的优势通道附近积聚成藏,更好的解释了大多低幅度构造圈闭油藏的油柱高度大于圈闭的闭合高度的现象。研究内容以厄瓜多尔境内奥连特盆地的中油区块的勘探实例为佐证,将地震资料精细解释、储层预测等技术应用到低幅度构造研究技术上,充分发挥油藏地质的指导作用,开展一系列针对性的探索研究,形成一套适用于低幅度构造勘探的特色技术和经验,并与奥连特盆地的中油区块的勘探开发实践密切结合、相互促进,取得了显著效果。

关键词: 奥连特盆地;低幅度构造圈闭;油气运移;浮力

1　概述

南美洲是世界上重要油气生产区和中国石油海外油气业务的五大重要合作区之一。前陆盆地是南美洲最具代表性的富油气盆地类型,其中,位于厄瓜多尔境内的奥连特(Oriente)盆地是该类型盆地的典型代表。该盆地大规模商业性油气田的发现始于20世纪70年代,已发现油气藏376个,发现油气可采储量$17.9×10^8t$,待发现储量$5.8×10^8t$(中国石油,2016)。其中,大型构造圈闭油田基本上都已经被发现,盆地剩余待发现的油气资源主要分布在特定类型的低幅度构造—岩性圈闭中。

随着中国石油在该盆地油气商业活动的实质性介入,勘探开发实践表明,低幅度构造圈闭不仅由于圈闭幅度低、面积小及岩性背景,而识别和描述的难度非常大;而且,大量的实钻结果也表明多数低幅度构造油藏的油柱高度要大于构造圈闭的闭合高度,这种类型的油藏往往可形成较大规模的含油面积,值得深入研究探索。

本文以奥连特-马纳农盆地的中油区块的勘探实例为佐证,将低幅度构造研究技术放在油藏地质的背景下,开展了一系列针对性的探索研究,形成一套适用于低幅度构造勘探的特色技术和经验,并与奥连特-马纳农盆地的中油区块的勘探开发实践密切结合、相互促进,取得了显著效果。

作者简介: 林金逞,男,1965年出生,1985年长江大学本科毕业,2001年中国地质大学(北京)博研毕业,2003年中国石油勘探开发研究院博士后出站,93学社,教授级高级工程师,国务院特殊津贴专家。长期外派海外现场,从事地震资料解释、储层预测、井位部署及地质勘探工作等,现任中油国际(厄瓜多尔)安第斯公司勘探开发部经理。地址:北京市海淀区学院路20号;邮箱 linjincheng@cnpcint.com

1.1 低幅度构造的定义

低幅度构造是一种相对的概念，是指在构造总体背景上，由于储层或油层变化所显示的构造特征，其构造幅度一般不超过10~15m，主要分布在构造形态完整、背景相对稳定的部位，如构造斜坡带、向斜低部位等，在前陆盆地斜坡带尤为典型。

1.2 低幅度构造的成因及特征

奥连特前陆盆地起因于纳兹卡板块向南美板块之下俯冲，板块俯冲从晚白垩世开始，强烈的挤压应力在盆地西部逆冲断裂带得到释放，向东传递的挤压应力逐次减弱，而剪切应力在盆地东部的地质作用逐渐显现，奥连特盆地前渊和东部斜坡带发育的一系列低幅度构造正是在这种弱挤压应力的作用下，沿着南北向走滑断裂系统而大量分布结构呈不对称。盆地结构呈西陡东缓的特征，西翼构造倾角达5°~10°，东翼不到2°，中西部是南北走向的拗陷中心。

从成因角度来看，低幅度构造通常形成于弱挤压作用下的盆地斜坡带，或者形成于大型走滑断层的伴生构造当中；一些小型的低幅度构造也可以有沉积作用形成，及由于岩性变化造成的差异压实作用，形成砂岩顶面的较小构造起伏；另外，在盆地斜坡带由于差异压实形成的岩性背景下也常见到的低幅度构造的发育。

根据地震资料研究及油田开发成果总结发现，奥连特盆地主要有四种低幅度构造类型（图1），分别是逆断层牵引背斜、挤压背斜、披覆背斜和岩性地层圈闭，均具有平缓的区域构造背景的显著特征。

1.3 低幅度构造圈闭的成藏因素分析

油气运移动力学机制的研究认为，油气的上浮是油气二次运移的主要动力之一。在地下条件下，浮力驱动下的油气运移是有局限性的：首先，在油气水体系中普遍存在浮力，但由于孔隙介质中毛细管力和摩擦阻力的影响，油气上浮需要达到一定水平直径的连续体积，要达到这个连续体积需要其他机制的配合。其次，由于浮力的作用方向是垂直向上，对于平缓的构造背景，横向的动力明显受限。

圈闭的成藏原理是对油气运移的限制，平缓构造背景下浮力作用的受限就成为是低幅度构造圈闭的成藏的重要因素，也就出现了实钻油柱高度大于圈闭幅度的重要因素（图2）。

1.4 低幅度构造圈闭的油藏类型

奥连特盆地油气具有长距离运移和阶梯式运移的特征。下白垩统（Hollin组）高孔高渗砂岩直接与烃源岩接触，作为输导层为油气的大规模横向运移提供了良好通道。油源区位于现今盆地中心西南部位，油气横向运移的距离超过100公里，而区域性大断裂成为油气垂向运移通道，使油气向缓坡的浅层进行运移，表现出阶梯式运移的特征，但局限在白垩系地层之内，形成以下几种类型的油藏（图3）。

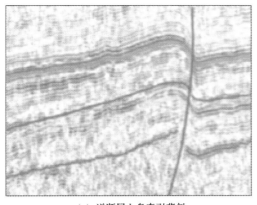

（a）逆断层上盘牵引背斜　　　　　　　　　　　（b）挤压背斜

Limoncocha1　　　Tiyuyacu

M1

PreK

Indillana Complex

Ml

Bl

Prek

Igneous intrusive & surficial flows

（c）古地貌上的披覆背斜　　　　　　　　（d）与深部火成岩体相关的披覆背斜

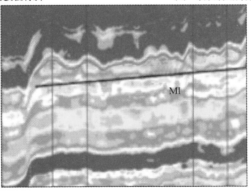

Ml

（e）差异压实导致的微幅度背斜

图1　低幅度构造类型

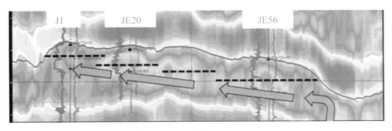

J1　　JE20　　JE56

图2　低幅度构造圈闭特征

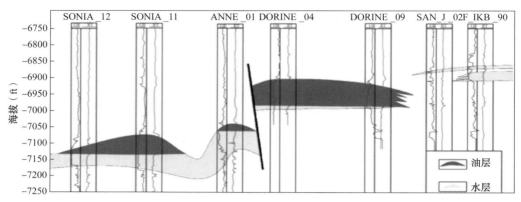

图 3　M 区块的 F 油田油藏剖面图

（1）断层两侧的低幅度构造带状油藏。此种类型油藏主要位于挤压背斜的轴部，构造圈闭幅度较平缓。油藏的发育与断层的位置关系密切，断层主要起着沟通油源的通道，大部分油藏沿断层走向分布。由于垂直向上的浮力未能在平缓储层的横向形成运移的驱动力，油气运移范围自然受限，在同一储层的不同局部圈闭上形成不同的油藏，可具有不同的油水界面。受横向驱替动力的限制，油藏延着断层走向分布，油藏条带宽带多小于 2km。

（2）岩性油藏。该类油藏多是由透镜状或其他不规则状储层，同样由于横向运移动力不足，周围被渗透性变差的地层所限，从而组合成圈闭条件而形成的油藏。最常见的是泥岩层中的砂岩透镜体，还可以是低渗透性岩层中的高渗带。M 区块这一类型的油藏多数位于主力油藏的顶部，南部区块则大规模发育这类油藏。

（3）构造—岩性复合油藏。该类油藏受构造和岩性双重因素控制，储集岩体上倾方向被非渗透岩体围限，其岩性变化起决定性的遮挡作用；而在其他位置，油藏受构造控制。M 区块的 F 油田就是典型的构造—岩性复合油藏。

2　构造精细解释技术

地震解释技术是伴随着油田勘探开发整个过程的综合性技术，并随着对地质及油藏认识的深入而不断丰富和提高，同时，地震解释也是一个地震资料与地质、钻井、测井及油藏等数据进行交互校验、不断提高认识的过程。在区带优选及滚动勘探阶段，对地震解释技术的要求更多的是构造和深化地质认识，其重点在于对于地质模式及成藏规律的具体化；而在油田开发阶段，地震解释技术需要提供地层的定量化描述以及油藏模式的具体化，其重点应该在油藏边界及油水界面等油藏的关键参数的描述；在钻井跟踪的阶段，地震解释技术则需要提供储层的定量化描述，特别是储层顶面的精确描述，指导水平井的轨迹设计和轨迹导向跟踪及调整，其精度应该达到 3~5ft 的要求。整体而言，地震精细解释技术包括精细井—震标定、地震资料的目标处理、断裂系统解释、层面精细解释、孔隙储层顶面构造精细刻画、时深转换构造成图以及其他一些辅助性的特色等技术环节，提高储层构造精度，较好识别并精细描述低幅度圈闭。

2.1　精细的井—震标定

由于地质分层、钻井和测井等资料是深度域的数据，地震资料是时间域的信息，沟通时间和深度关系的精细标定是地震资料解释的第一重要环节。目前，在地震资料解释中地震层位的地质标定有三种方法：

（1）综合时—深关系方法是统计盆地规模或油田规模的时深关系，服从大样本的统计效应，适用大面积、精度要求不高的早期的勘探阶段。

（2）垂直地震剖面（VSP）方法相当于地震方法对地层的直接测量，可直接获得时—深关系及地层组合的地震波形特征，信息最丰富，但由于施工成本，只适用于关键井的标定。VSP标定方法具有双重的意义，一方面，可直接获得准确的时—深关系，另一方面，VSP的走廊叠加道可以用于对地震剖面波形特征处理的参考。

（3）合成地震记录最为普遍的一种有效的方法，选用测井波阻抗曲线，合成一个理论的地震道，再与井旁的实际地震道进行目标层段波组的比较校对，获得目标层段的双程旅行时间和波组特征的精细标定（图4）。

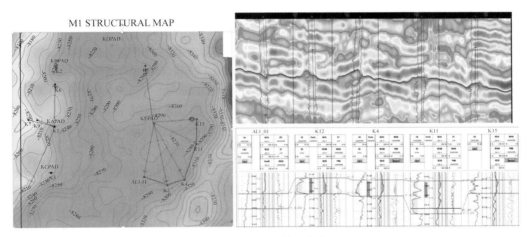

图4　薄层波组特征标定

2.2　地震资料目标处理

由于地震解释目标的差异，比如对应于厚储层与薄储层，其地震相应特征是不一样的，因此，需要针对具体低幅度的地质目标和生产需求，对地震资料进行相应的处理，提高低幅度构造的描述精度。

积分地震道的基本原理是在地层波阻抗随深度连续可微条件下推导出来的，因而又称连续反演。积分地震道就是对经过高分辨处理的地震记录，从上到下作积分，并消除其直流成分，最后得到一个积分地震道。反射系数的表达式为：

$$R = (\rho_2 v_2 - \rho_1 v_2)/(\rho_2 v_2 + \rho_1 v_1)$$

当波阻抗反差不大时，ρv 可近似为 $(\rho_2 v_2 + \rho_1 v_1)/2$ 平均值。

公式中，R 是反射系数，ρ 和 v 分别是岩石密度和岩石波速，所以反射系数的积分正比 ρv 的自然对数，这是一种简单的相对波阻抗概念。当然，有条件做绝对波阻抗更好。与绝对波阻抗反演相比，道积分反演方法的优点是：递推时累积误差小；计算简单，不需要反射系数的标定；无需钻井控制，在勘探初期即可推广使用。缺点是：由于这种震固有频宽的限制，分辨率低，无法适应薄层解释的需要；要求地震记录经过子波处理；无法求得地层的绝对波阻抗和绝对速度，不能用于定量计算储层参数；这种方法在处理过程中不能用地质或测井资料对其进行约束控制，因而其结果比较粗略。如图 5 所示，秘鲁 N 区块地震积分道剖面同相轴与储层厚度比较吻合，而原始地震剖面主要表现出界面特征，对于储层厚度特征不是很明显。

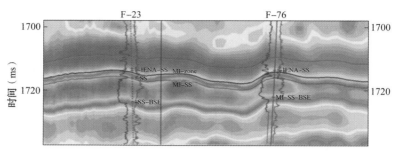

图 5　三维地震积分道剖面

积分地震道在目前的地震解释过程中得到广泛的应用，主要有两个因素：首先，积分地震道具有相对波阻抗的特征，而常规地震道主要反映的是反射系数的特征，因此，积分地震道更能直观反映地层变化特征，尤其地层界面对应于波形特征的零值点，更有利于储层顶面精确层位解释；其次，积分地震道处理方便易行，目前几乎所有地震行业软件都能处理。

2.3　构造精细解释及成图

构造精细解释主要包括断裂系统解释、层位解释、时深转换及成图等具体环节。随着对研究目标的地质及油藏等认识的不断深化，逐步进行了构造整体特征分析、层构造面解释及储层顶面研究等不断精细的研究过程。

断裂解释：由于本地区处于弱挤压应力环境，断裂系统不太发育，大多为高角度逆断层特征；断距不大一般在几米到几十米，平面延伸距离比较远，最远可达几十公里；有些断裂可能具有走滑性质。传统的地震解释技术与相干技术、分频技术等紧密相结合为有效方法，可较精确地刻画断层。在解释过程中，不断修正断层组合关系，建立断裂系统在三维空间中的展布形态，确保断裂系统解释的合理性。在断裂系统解释过程中，参考了相干体及地震属性倾角分析技术，使断裂解释更为准确合理。

层位精细解释：本地区的主具有多套含油层系，主要储层为白垩系 Napo 组砂岩，主力油藏分布于白垩系 M1 砂岩，白垩系中下部的 U 层砂岩和 T 层砂岩也具体相当的潜力，另外，晚白垩世到的 BaseTena 砂岩也有一定的储集意义。于有主分本力布地区层位解释的难点在于平面上储层厚度变化剧烈，垂向上地层组合复杂。表现在：对 M1 砂层，在平面上，其厚度分布从 0m 的剥蚀区到几十米厚层(相对于两个同相轴)，对应的波组特征变化大，如图 6 所示；在垂向组合上，M1 砂层顶部的岩性分布也变化剧烈，砂岩顶面并未对于波阻抗的特征点，而且，大量分布低阻层，使得砂岩顶面的地震解释资料更加复杂化。对于潜力层 LU 砂岩，主力储层分布于几英尺厚的薄互层的砂岩中，需要提高地的分辨率，如图 6 所示。在常规的反演剖面上，M 区块 M1 砂岩顶面位于波谷和零值点之间，在解释中很难准确拾取到砂岩的顶面位置。研究发现，应用一定角度的相移，可以将零值点移到 M1 砂岩顶面位置，从而使层位拾取点接近于孔隙砂岩顶位置。该项技术能够准确指导水平井井轨迹的设计和调整，在水平井的部署和实施过程中起到了重要作用。

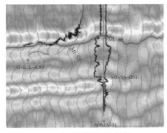
（a）厚储层地震特征

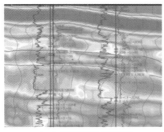
（b）薄互层地震特征

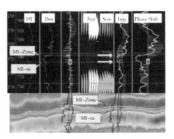
（c）孔隙砂岩顶面精细构造解释

图 6　层位精细解释

而在 N 油田，波阻抗体对岩性的反应比较敏感，因此在具有类似特征的地区，利用地震反演体开展砂岩顶面解释不失为一个有效的方法。图 7 为 N 油田不同数据体解释得到的构造图。显然，基于波阻抗反演体的构造图，构造鞍部特征明显，圈闭幅度增加，与实际钻探的油柱高度一致，较真实反映了低幅度构造形态和幅度。

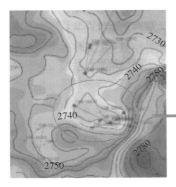
（a）常规地震资料解释的构造图

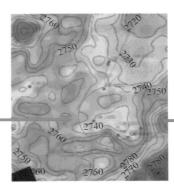
（b）积分地震道解释的构造图

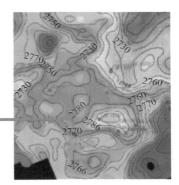
（c）波阻抗资料解释的构造图

图 7　不同数据体解释结果

3　储层预测技术

储层预测技术是低幅度构造圈闭识别和描述中一项关键技术，通过综合地震、测井、钻井等资料，利用层序地层学分析、沉积微相分析、地震反演、地震属性分析等技术的综合应用，预测储层厚度、形态和分布，达到准确识别和描述低幅度圈闭的目的。

地震反演技术是利用地震资料，以已知地质规律和钻井、测井资料为约束，对地下岩层空间结构和物理性质进行成像（求解）过程，是储层横向预测的重要手段，也是储层定量模拟的核心技术。目前地震反演一般分为叠前和叠后反演两大类，在生产中用的较多的是叠后反演，代表性的软件主要有 Jason、ISIS、STRATA、EPS 和 VanGurad 等。其基本反演方法主要以一维褶积模型为理论基础，有递归反演、稀疏脉冲反演和基于模型的反演等，不同反演技术具有不同的特点。

3.1　基于递推反演的稀疏脉冲反演技术

递推反演直接从地震记录中提取反射系数序列，通过反射系数序列递推计算地层的波阻抗。该方法的关键是反射系数的计算，反射系数通常由地震道与子波反褶积求得，所以子波及第一个点的波阻抗值直接影响反演的结果。递推反演的优点是基本不存在多解性问题，对其他资料的依赖性小，反演速度也快。不足之处在于在递推反演中反射系数的带限严重，低频及高频分量都损失了，因此必须从井资料或速度分析结果中补充低频分量。稀疏脉冲反演是一种基于稀疏脉冲反褶积的递推反演方法。

3.2 基于模型的反演

基于模型的地震反演方法合理地补充了井资料中的高频信息和完整的低频成分，从而可以获得相对高分辨率的阻抗资料，为薄储层预测创造条件。模型迭代反演的优点是反演结果的分辨率较高，缺点在于模型对反演结果起着控制作用，因此如何构建合理的地质模型是关键。

基于模型的反演方法主要有：测井约束反演、地震岩性模拟反演、广义线性反演、多道反演、地质统计学反演、遗传算法反演、混沌反演和波阻抗多尺度反演等。

3.3 随机反演

随机反演把地震道和初始猜测阻抗视为两种数据，把初始猜测视为独立信息与地震道加权相加。虽然不像约束反演中设定一个"硬"边界来约束反演阻抗值的变化，但计算出一个随着计算阻抗偏离初始猜测而增加的补偿。即，随机反演同时平衡两种信息—地震道和初始猜测阻抗。随机反演的优势是它能够适当反映地层分布的一定的规律性和随机性，并且对这种不确定程度做出定量的评估，在反演结果的分辨率上有提高的空间。

3.4 非线性反演

非线性反演方法(又称地震多属性反演)避开褶积模型，直接从地震数据中提取参数(属性)，通过神经网络算法(主要是 PNN)映射所求的储层参数。这类方法不仅可以求波阻抗信息，还可以预测电阻率、伽马等测井曲线和孔隙度、渗透率、饱和度等储层参数。非线性反演的基本假设是地震数据与储层参数之间具有(高度的)非线性关系。通过对已知数据训练后一旦确定了映射关系(各种阈值)，那么所得到解就是唯一的，因此从某种程度上讲反演结果具有确定性，并且克服了分辨率的限制和闭合问题。该方法在井资料较少的地区、薄储层问题、复杂地质条件下具有更好的适用性。

叠后反演在厄瓜多尔 M 区块的应用效果。M 区块的问题是大量的开发井缺少声波数据，而且阻抗数据对不同岩性的分辨能力不敏感，因此选择了更能反映储层岩性特征的 GR 曲线为反演的目标曲线。在选择了 GR 曲线作为反演的目标曲线的同时，可能出现另一个问题，即 GR 曲线是否适用于基于模型的反演算法。因为基于模型反演的算法并没有放弃褶积模型的基本原理，因此 GR 曲线重构得到的波阻抗曲线制作的合成记录是否与原始地震资料的波形特征相似，就成为评价 GR 曲线反演可行性的关键。由 GR 曲线重构得到的波阻抗曲线的合成记录与原始地震资料的波形特征相似，因此 GR 曲线可以进行地震反演。另外，M 区块原始地震资料的频带在 10~70Hz 的范围内，而反映储层地震特征的优势频带在 26~72Hz 之间，因此常规地震资料需要进行高通滤波处理，使之尽量接近 VSP 走廊叠加道。这种办法可能不是最好的办法，但被证明是有效的。优化后的地震剖面，有利于层位的追踪解释。在反演过程中，应该根据井点数据进行单道反演分析，以便优选出合理的参数。并对剖面整体的反演效果进行监控。通过反复修改参数，实现对初始波阻抗模型的不断更新，使得反演剖面能够反映本地区的地质现象(图8)。

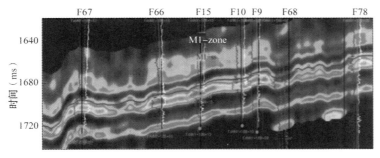

图8　地震反演剖面

4　应用效果

奥连特盆地经过几十年的勘探开发作业及研究，盆地构造演化、油气成藏规律及油藏分布特征都比较经清晰，已发现的规模油藏大多为区域断裂系统主控构造圈闭油藏。即，盆地范围内大型构造圈闭基本上都已经被钻探发现完毕，近年来资源国和西方公司几乎没有较大规模的油藏发现，勘探开发进入成熟阶段，剩余待发现的油气资源主要分布在低幅度构造—岩性圈闭类型。

中国石油于2006年进入奥连特盆地开展油气勘探开发，通过对历年钻井进行钻后综合分析以及典型油藏解剖，在低幅度构造圈闭油藏的勘探开发上取得了成功，创新地质成藏模式，多次在已钻目标认为没潜力的地区，连续10年取得不断突破突破并发现新油藏。

4.1　上倾方向发育的"泥岩墙"岩性遮挡控藏及创新突破

前期的勘探开发经验表明，奥连特盆地的油气主要富集在白垩系储层。白垩系顶部Napo组M1砂层可发育砂岩上倾尖灭圈闭和断层–岩性复合圈闭，其特征为M1顶面为不整合面，构造平缓，上倾方向依靠岩性的变化形成封闭，顶部靠Tena组泥岩形成封闭，下倾方向靠断层封闭或者出现底水。

安第斯项目在继承传统的基础上，重新取得创新突破，经过综合分析认为：白垩系顶面是一个不整合面，长时期处于饥饿物源环境，发育了长距离的较大规模的下切废弃河道；上覆Tena组首先沉积的是前陆盆地早期的泥岩充填系列，形成了独特的"泥岩墙"遮挡；特别是平缓构造背景下，横向遮挡条件并不严苛，即使在单斜的区域构造背景上，也容易形成上倾部位长条状"泥岩墙"遮挡的非构造大规模的油藏。比如，利用2条早期的二维地震剖面识别了JE地区存在"泥岩墙"的特征，结合区域地质认识，预测了19km²有利目标，随即推动该地区的勘探部署及开发进程。2015年实钻发现厚层油藏，2016年建成日产超过10000桶的整装油田。

4.2　构造圈闭背景控藏及创新突破

构造圈闭控藏是经典石油地质学的基本常识。在区域构造背景下，钻遇底水意味着圈定了油藏边界。安第斯项目勘探在继承传统认识的基础上，结合奥连特盆地的具体地质特征，多次在老油田的下倾方向去的大规模的发现，2013年在Auca老油田下倾方向发现的Ta-pirNorth油田，已经成为17区块最大的在产油田。

主要创新来自对于低幅度构造圈闭的成藏因素分析认为：奥连特盆地大规模的烃源岩已经进入成熟门限，至今持续向外排烃，盆地东部斜坡带是油气运移的有利指向区，油源条件充足，通过对区域油气分布规律和油气藏解剖发现，普遍存在着多油水界面的特征。

4.3 油源断层控藏模式及创新突破

区域断层是油气运移的三大主力通道之一，形成了油气进行垂向运移的重要通道。奥连特盆地在白垩纪之后发育了前陆盆地，第三纪挤压和基底断层的活化对圈闭的形成产生重要影响；在大型区域性走滑断层周围，都发现了重要的油田，油藏沿断层分布趋势十分明显。油田的分布统计认为，断层是该区油气纵向运移的通道，油气主要聚集在靠近挤压运动形成的压性背斜和南北向走滑断裂因受阻弯曲产生的伴生背斜中，远离断层的构造油气充满度明显偏低，勘探风险增大。并且，构造上倾方向泥岩封堵使油气聚集在靠近断层的岩性圈闭中，泥岩条带东侧远离断层的构造和岩性圈闭油气充注不足。

根据低幅度构造圈闭的成藏因素分析认为，油气在断层附近的优势充注，横向上可以由于运移动力不足而受限，比如，Dorine北地区和Fanny地区，在早期位于高部位钻探落空的情况下，沿着断层附近2km的条带范围内，在没有明显构造背景的条件下，相继取得较大的发现。

5 海外项目的几点认识

为了响应国家能源安全战略，中国石油企业走出国门拓展业务，在特殊的环境下，积累了一些经验教训，值得总结分析。本文初步总结三点认识：

（1）海外丰富的资源潜力为勘探技术创新提供了发展空间。

奥连特盆地具有40~50年的勘探开发历程，普遍认为大规模的油田均匀钻探发现完毕。但是仔细分析可以发现，由于雨林地区作业成本高，开展第一轮二维勘探普查发现了大量的巨型油田，在大型构造圈闭钻探开发过程中，大多围绕着老油区滚动扩边；而对于非构造圈闭类型的油藏较少进取的探索精神，因此，还是有可能发现早期认为没潜力的空白区，比如JE油田的发现于单斜构造背景。因此，基于奥连特盆地油源充足的前提，为创新勘探技术提供了广阔的空间。

（2）低成本效益勘探为勘探可持续发展提供了物质保障。

海外油气田的作业具有明显的合同期限制，勘探投资策略应该以低成本效益勘探为原则，实现勘探开发和钻井工程一体化的作业模式，为项目整体的效益最大化。

（3）积累经验形成配套技术系列为项目的经营提供了强大的助力。

通过勘探开发的实践经验积累，尤其是平缓构造背景下低幅度构造圈闭成藏规律的认识的基础上，取得较为丰富的的理论认识和技术成果：在早期油藏快速评价技术取得认识之后，提前开展区域平台布局优化研究，提前开展平台环保审批，保障勘探钻井按计划完成；前陆盆地斜坡带油气富集模式，建立斜坡带油气多期混合充注成藏模式，有效指导了项目长期的勘探开发目标优选；集成创新了薄储层—低幅度构造—岩性圈闭薄储层预测技术，实现6~10ft薄储层的准确识别，新井成功率遥遥领先集；大数据精准实施钻井效率提升技术；

采用流道压裂技术实现了低渗透油层的有效动用，从而将 UT 等低渗透层转化为有效勘探目的层。

参考文献

[1] 林金逞，周玉冰，谢寅符，等．Oriente 盆地 Fanny-Dorine 油田 M1 低幅度构造岩性油藏特征[C]．中国石油地质年会，2011.

[2] 林金逞，等．厄瓜多尔奥连特成熟盆地 Tarapoa 区块勘探模式创新实践及 Johanna East 油田开发产能高效建设[C]．中国石油地质年会，2017 年．

[3] 刘宪斌，林金逞，韩春明，等．地震储层研究的现状及展望[J]．地球学报，2002(01)：74-79.

[4] 谢寅符．南美洲前陆盆地油气地质与勘探[M]．北京：石油工业出版社，2012.

地震资料在奥里诺科重油带 M 油田水平井设计中的应用

韩国庆　葛晓明　黄瑞　杨姮　郭纯恩

(中油国际拉美公司)

摘　要：在储层横向变化较大的区域，应用地震资料进行储层预测，能够有效地综合运用地质、测井和地震信息对地下储层进行研究，可以充分发挥地震资料横向分辨率优势的同时，还可以提高纵向分辨能力，可以达到利用地震资料研究成果来指导水平井钻井，进而有效提高水平井油砂岩钻遇率目的。委内瑞拉 M 油田位于东委内瑞拉盆地奥里诺科重油带东部 CARABOBO 区块内，目前正在开发的主力油藏为 M 油藏，此油藏为多期叠加的辫状河三角洲沉积，油藏类型为超重油疏松未固结砂岩岩性油藏。目前剩余的井位大都处于储层横向岩相变化大、纵向储层厚度变化大的位置，尤其是油田南部区域，部分层位甚至还出现了尖灭的情况。该油田采用整体水平井开采，大部分井缺乏声波测井资料，并且利用已有声波测井资料得到的波阻抗无法有效区分砂泥岩；M 油藏目的层段由于地震资料反射弱、反射轴连续性差，无井点控制处地震层位解释难度大；受软件等条件限制，水平井无法参与反演等等都是油田储层预测急待解决的课题。本文利用油田已有声波测井资料的井，创新性地采用声波重构技术对无声波数据井进行了拟声波重构，同时在地震解释过程中兼顾了上下标志层的沉积层趋势，采用趋势约束法对地震资料重新进行构造解释，减少了解释的随意性，使解释成果更可靠；在此基础上，利用直井和水平井联合反演技术对地震数据体进行了反演。与以往不同的是，在本次反演过程中，综合利用了直井、斜井、水平井信息，充分考虑了开发井全部为水平井的优势，使反演效果得到了改善。利用以上构造解释、反演结果并结合地震振幅属性在横向上的变化来指导和跟踪钻井，使地震资料分析成果在水平井设计中发挥了主导作用，通过这些综合创新优化技术在水平井钻井设计中的应用，经实践检验，运用效果好，有效提高了平均砂岩钻遇率。

关键词：地震资料；奥里诺科重油带；M 油田；水平井设计；应用

　　M 油田，位于东委内瑞拉盆地南缘的奥里诺科重油带东部 CARABOBO 区块内，M 油田的总面积 150km²，分为主体区块和扩展区，主体区块面积 115km²，M 东南部为扩展区，面积 35km²。截至 2016 年 12 月底，已钻直井 31 口，大斜度导眼井 51 口和水平生产井 423 口。其中 20 口直井为 20 世纪 80 年代所钻井，5 口为 2003 年钻的评价井，其斜直井和水平井均为 2005 年以来新钻井。2003 年以后所钻新井，均采用随钻测井技术，测井得到的数据仅有 *GR* 和 *RT* 两条测井曲线。2002 年至 2003 年在 M 油田主体区块进行了高分辨率地震采集，采集面积 139km²，扩展区没有三维地震数据(图 1)。油藏开发主要目的的层段由 J 段和 M 段组成，其中 M 段又细分为 O-11B，O-12 和 O-13 三个小层(图 2)，目前开发的层系仅涉及 M 段的三个小层。M 段油藏为未固结的砂岩岩性超重油油藏。本区构造为北倾单斜构造，南高北低；沉积类型为辫状河沉积。开采方式采用整体丛式水平井开采，水平段设计长度 800~1200m，同层水平段水平间距为 600m 或 300m。通过本区已有井数据统计分析，水平

基金项目：国家科技重大专项 32——重油和高凝油油藏高效开发技术(2011ZX05032)资助。

作者简介：韩国庆，男，1971 年出生，高级工程师，博士，2009 年毕业于中国石油勘探开发研究院油气田开发专业，获工学博士学位，主要从事地震地质解释等方面研究。邮箱：hanguoqing@cnpc.com.ve.

井产量与水平段油砂岩长度成正比。

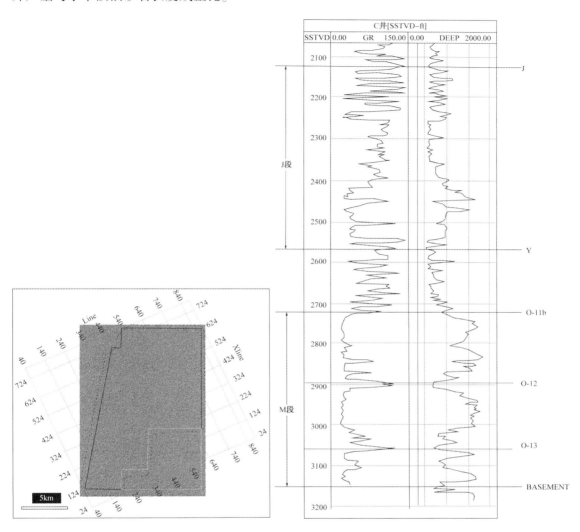

图1 M油田三维地震数据分布图　　　　图2 M油田C井储层层组划分

从2006年油田投产开始到2016年底，油田新井单井产量总体趋势出现了由高到低的变化过程。影响单井产量下降的一个主要技术因素是，后期所钻水平井受油田边界影响导致钻井水平段变短(图3)，另一个原因就是油田边部储层变差。在水平段变短的情况下确保水平段高油砂岩钻遇率是保证新井高产的关键。众所周知井的信息只能突出展示单个井位储层情况，对于井间储层横向变化较大甚至存在层位尖灭的情况，难以用少数井点来实现准确预测，因此对于新井的布井通过横向分辨高的三维地震数据来实现储层预测将具有更高可靠性。针对本区储层疏松目的层资料品质差、测井资料缺少声波时差数据、大量水平井数据信息未能得到有效利用的难题，本文重点介绍了突破本油田难题所采用的声波曲线重构、趋势约束法三维地震精细构造解释、直井和水平井三维地震联合反演等技术，其中的难点是水平井信息运用的突破，这也是基金项目作为专项资金的背景基础，通过综合运用这些地震资料创新分析成果来主导水平井设计，对钻井过程进行实时跟踪，及时调整钻井轨迹，实现提高水平段砂岩钻遇率，为油田增产奠定基础。

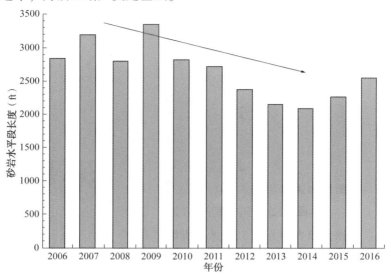

图 3　历年来水平井平均水平段长度变化趋势图

1　三维地震资料应用需要解释的技术难题

1.1　M 油田地震资料应用面临的挑战

众所周知，井点处测井资料的纵向分辨率远大于地震资料的纵向分辨率，但毕竟三维地震资料的横向采样密度远远大于井数，从这个意义上来说，用三维地震数据来进行井间储层横向预测，其精度相对于单独用井来预测还是相对较高的。本区主体区块 115km² 采集了三维地震数据，为储层预测奠定了基础，但本区储层疏松的特点和测井声波曲线的缺乏也为地震资料的应用带来了一定的局限性，给本区的研究工作带来了挑战，主要体现在以下几个方面：

（1）地震资料的解释、反演都需要声波测井资料和密度资料，而本区大部分井缺少声波资料和密度资料，这是制约反演的因素之一；另外从已有声波时差数据井的砂岩与泥岩所对应波阻抗概率分布图（图4），可以分析出砂泥岩波阻抗出现了大范围重叠，说明已有声波曲线难以有效区分砂泥岩，这也是储层反演预测需要攻关的目标。

（2）目标层地震资料反射特征差，即地震轴反射弱、反射轴连续性差，分辨率低，如何利用有效方法来提高地震层位构造解释的准确度是提升反演效果和水平井钻井设计精度的又一关键因素。

（3）常规储层预测反演软件的设计都是针对直井进行的，而研究区内生产井资料全部为水平井资料，如何实现水平井资料的有效利用是挑战之一。

（4）目的层段为多期砂岩叠置的辫状河三角洲沉积，沉积厚度较大，其中的隔夹层发育，由于生产井为全为水平井，钻井过程中需要避开隔夹层的影响，隔夹层厚度小，远小于地震资料的分辨率，给使用地震资料来刻画隔夹层分布带来挑战。

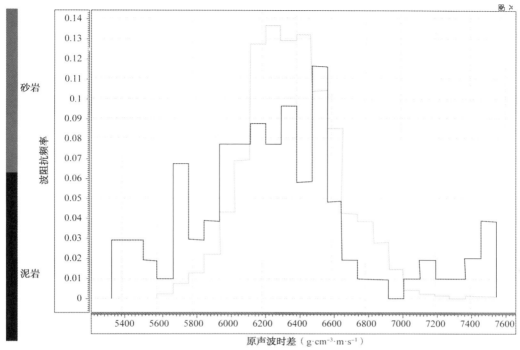

图 4　实测声波时差数据对应的砂岩与泥岩波阻抗概率分布图

1.2　地震资料应用过程中应对技术难题所采用的关键技术

为了解决以上难题，需要针对不同的难题采用不同的技术手段加以应对，采用的关键技术和方法如下。

1.2.1　拟声波曲线重构技术

由于储层岩石物理学性质上的差异性必然在地球物理场上表现出某种差异性。而不同信息之间的差异是地下同一地质体综合"映像"的反映，同一地质体在地球物理性质方面表现的不同特征之间是具有某种相关性和互补性的。这也意味着它们之间可以通过某种方法进行转换，这为声波曲线重构的可行性提供了可靠的岩石物理基础。之前就有很多学者利用伽马和 Fausto 公式进行过拟声波重构的研究（赵继龙等，2013；陈钢花等，2005）。

实际上声波曲线与其他测井曲线共同反映了同一储层的不同特性，它们之间确实存在着某种确定性或统计性的非线性关系。利用已有测井资料，确定声波曲线与其他测井曲线之间的关系，称作拟声波重构。有的学者就利用了测井曲线间的统计关系进行了拟声波重构的研究，如利用 Gardener 公式、BP 神经网络、多属性回归重构公式和 Wyllie 公式等进行拟声波曲线重构研究（沈向存等，2006；贾建亮等，2010）。

为了进行拟声波重构，研究了不同的拟声波重构方法，包括两种 Wyllie 经验公式、Faust 经验公式、两种多属性回归公式、神经网络等六种重构公式，在充分研究前人重构拟声波曲线的基础上，得到了六种经验公式的重构结果（图5），并对重构误差和重构效果进行了分析，重构效果一方面要保证重构误差小，同时也重点考虑了利用重构的声波曲线计算得到的波阻抗能区分砂泥岩这一因素，以便用于后期反演。在声波重构的基础上，分析了每种拟声波重构方法适用的条件，以区分岩性和误差分析为标准，对重构方法进行了优选。并最终确定了采用 Wyllie 经验公式来进行全区井的声波曲线重构（图5中自右向左第六条重构曲线）。这一经验公式与 Crain 经验公式一样都是利用 GR 和 RT 两个参数来重构声波时差，但所采用的经验参数不同。前者在区分岩性上更具优势。

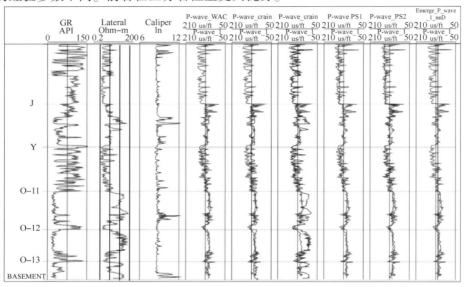

图 5 M 油田 C 井 6 种方法得到的拟声波重构效果展示图

为了充分利用 Wyllie 公式实现拟声波重构，首先对测井曲线进行敏感性分析，根据岩石地球物理参数分析，该地区岩性较纯，物性较单一，孔隙度约 30% ~ 35%，砂岩是低 GR，高电阻，泥岩相对高速，GR 指示岩性，电阻率反映流体性质并在一定程度上反映孔隙发育情况，而孔隙度对岩性和流体反应敏感，又与声波之间存在某种线性关系，本文利用声波和 GR，孔隙度及电阻率之间的相关性分析构建指示因子，并经数学物理变换得到拟声波曲线。

通过统计分析 GR 与声波曲线正相关，$\ln(RT)$ 与声波曲线负相关，据此构建指示孔隙度变化的指示因子：

$$GRRT = \ln[\ln(RT)/GR] \tag{1}$$

其中，GR 为自然伽马测井值，RT 为电阻率测井值，指示因子与孔隙度有很好的线性相关关系。这为构建拟声波曲线奠定了良好的基础。

根据 Wyllie 公式，岩石速度可以通过孔隙度转换得到：

$$Pore = A \cdot (1/V) + B \tag{2}$$

其中，$Pore$ 为孔隙度，V 为岩石速度，A，B 均为常数。

可见孔隙度与速度之间呈线性关系，声波时差与岩石速度之间在数学上呈倒数关系，本次研究经过多次试验和效果对比，利用 Wyllie 公式中速度与孔隙度的关系，通过构建的孔隙度指示因子得到拟声波曲线（WAC）为：

$$WAC = -82.72 \cdot \{[\ln(\ln RT) - \ln GR] + 7\}/15 + 146.4 \tag{3}$$

声波曲线重构效果的判断依据是，除能区分岩性外，目的层段原始声波曲线与重构的声波曲线误差尽可能小，利用重构后的声波时差曲线进行层位标定与利用原始声波曲线进行层位标定效果相比，不能相差太大。

图 6 为用重构的拟声波时差曲线数据计算得到的对应的砂岩与泥岩波阻抗概率分布图，从图中可以看出，砂泥岩得到了有效区分，可用于后期的地震反演；图 7 为利用原始声波曲线所做合成记录（左）与利用重构拟声波曲线合成记录（右）进行地震层位标定的对比，标定

结果显示采用重构后的拟声波时差曲线合成记录标定效果要好于原始声波曲线的合成记录层位标定结果。图 8 为参与反演的全部 284 口井的 GR 与 AI 的静态统计数据交汇图，显示重构声波更突出了砂泥岩差异，重构声波与 GR 一致性很好，重构声波数值降低，砂岩含量增高，综合以上结论说明用 GR 和电阻率重构的方法是可行的，并且 48API 的 GR 值可以做为区分砂泥岩的截止值，重构的拟声波数据可用于后续地震数据的反演。

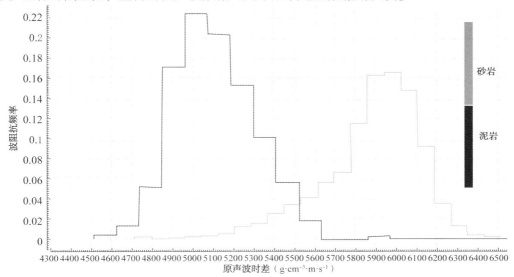

图 6　重构的拟声波时差曲线数据对应的砂岩与泥岩波阻抗概率分布图

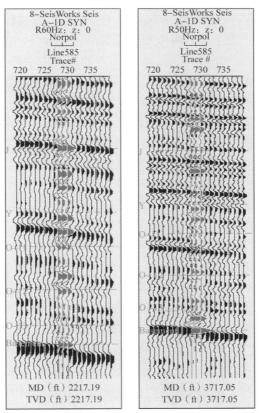

图 7　C 井原声波曲线所做的合成记录(左)和重构的拟声波曲线所做的合成记录(右)

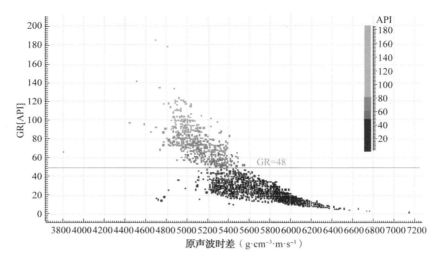

图 8　M 油田 *GR* 与 *AI* 的静态统计数据交汇图

1.2.2　水平井倾角叠加标定技术

地震地质合成记录标定是将储层深度域的测井信息与时间域的地震资料和反演成果建立联系的桥梁，是利用地震和反演成果数据进行储层描述和预测的关键，如果标定错误，不仅地震解释和反演成果不正确，追踪描述的储层也将是错误的。由此可见，地震地质合成记录标定准确性的重要性。

以往对本区的研究都是基于直井数据进行层位标的，水平井标定技术是一大难题，本区生产井全部为水平井，为了充分利用已有大量水平井资料，中国石油勘探开发研究院美洲所展开了重大专项科研攻关，并开发了利用倾角叠加技术对水平井进行层位标定（王丹丹等，2013）的软件，水平井倾角叠加标定技术，即，沿井轨迹逐时间样点横向扫描地震倾角，按不同时窗分段提取井旁地震道，沿倾斜产状井旁叠加，形成沿井轨迹地震道，将深度域的重构声波曲线按实际井轨迹转到时间域，制作合成地震记录。

倾角叠加是实现大斜度井或水平井合成记录制作的基础，所需要的数据包括地震数据、测井数据和井斜数据。其基本做法是：首先计算井轨迹的水平（X/Y 坐标）和垂直（真实垂深）分量，利用井轨迹水平分量的 XY 坐标，从地震数据中沿着地震道的 XY 坐标或者接近井轨迹提取一系列道，在井轨迹附近建立一个三维地震数据柱状体，通过井轨迹水平分量从地震数据采集走廊提取地震道，地震道位于被选择的采样走廊地震数据体中，从而将沿井轨迹提取的地震数据样点合并成一个独立的地震道。

根据拟声波资料，通过倾角叠加技术实现水平井合成地震记录制作，建立合理和相对精确的井震关系，从而得到相对可靠的反演约束条件，实现水平井信息应用于地震反演目标。

通过水平井倾角叠加标定技术的应用可以实现有效利用直井和水平井资料约束进行储层反演，解决了长期以来水平井在建模中的应用问题。

1.2.3　运用趋势约束法对地震层位进行精细构造解释

实现地震层位高精度构造解释包括微小断层的识别和准确刻画油藏微幅构造是关键，微小断距一般很小，通常难以识别，主要体现为局部地震振幅的异常变化，为准确确定部分小断层的发育位置，通过相关或相似评估地震道与道之间数据的相似性，运用相干数据体进行相干分析法（于天忠等，2010）。

对于层位的精细解释在井点处采用重构的拟声波时差采用精细层位标定技术进行层位标定(曹彤等，2013)，在非井点处，针对目标层地震资料反射特征差，即地震轴反射弱、反射轴连续性差，分辨率低等难点，分析研究了本区标志层在全区的分布特征，本区标志层为J层顶部波峰反射和基底波峰反射两个反射轴，这两个反射轴在全区均有分布，并且反射强度在全区均较好，可以实现全区的追踪，M段的沉积是覆盖于基底沉积之上，因此M段底部层位的沉积受基底形态控制，其层位在地震剖面的展布形态与基底形态相似或基本平行于基底，而上部层位的展布则与J标志层形态相似，因此，在没有井控制且反射连续性差的层段，可以根据层位的位置运用趋势约束法，参照两个标志层的趋势进行内插解释(Zubizarreta J，et al. 2001)。这种解释方法突出了层位的微幅变化，有效避免了地震层位解释的盲目性，通过这一技术的应用，最大程度确保了地震解释的合理性，图10是应用趋势约束法进行三维地震层位精细解释的实例，其中解释了六个地震层位，这六个地震层位分别用不同的颜色进行了标识，这些解释也为后期的水平井设计提供了依据。

1.2.4 随机地震反演技术应用

随机模拟是一种基于地质统计学的反演方法，它以地质框架为模型，以测井和地震资料为基础，以层为单位，利用储层参数的空间分布规律和空间相关性进行随机模拟，最终获得一组等概率的储层参数模型，随机模拟从方法上主要包括两个方面的内容：高斯模拟和指示模拟。其中，高斯模拟包括序贯高斯模拟、序贯高斯协模拟和序贯高斯配置协模拟；指示模拟包括序贯指示模拟、带趋势的序贯指示模拟。通过以上的随机模拟方法可以实现研究区的岩性反演、物性反演和沉积相分析。其中带趋势的序贯指示模拟技术，是指在序贯指示模拟过程中，横向上运用趋势概率体引导模拟的方向，对指示模拟加以约束。模拟结果可以得到岩性体(姜晓宇等，2014；Tankersley，et al. 2002；Tankersley，et al. 2003；Mu，et al. 2008)。

随机地震反演技术是在随机模拟设计中，采用3D地震资料作为主约束，以地层反演算法导出的声阻抗作为输入，并建立了这些阻抗与岩石物性间转换的线性关系，同时考虑了地震与油藏特征间的非线性关系，是一种量化影响反演的不确定性方法。在理论上可以通过模型的地震响应和声阻抗反演结果来验证模拟结果与3D地震数据的一致性(慎国强，2004)

本次研究采用带趋势的序贯高斯指示模拟进行岩性模拟。首先构造条件概率分布函数，得到协方差函数场，然后沿着某一网格化的随机路径有序模拟，便可应用蒙特卡洛法得到每个网格点处的随机函数值，再模拟所有的位置得到一个随机模型(姜晓宇等，2014)，多次模拟得到多个等概率模拟结果，从中优选出最佳结果。

图9为用水平井来检验地震反演效果的剖面展示图实例，红色部分为砂岩发育最好的区域，黄色部分为砂岩发育差的区域，兰色为泥岩显示，井轨迹两侧黄色曲线为自然伽玛曲线，黑色曲线为电阻率曲线。从图中井位处反演岩性模拟剖面图可以看出：在反演剖面中岩性变差的位置测井自然伽玛曲线数值变大，电阻率数值变小，呈现岩性变差的一致显示，显示出反演剖面结果与水平井段的吻合程度很高。从此反演剖面上也显示了层内夹层的位置，水平井信息的应用提高了砂岩和泥岩隔夹层的识别能力，通过地质统计岩性模拟方法进行的反演，可以得到砂岩和泥岩隔夹层的平面展布，有效提高了隔夹层的识别能力，使砂泥岩夹层的预测精度达到了5m以内。

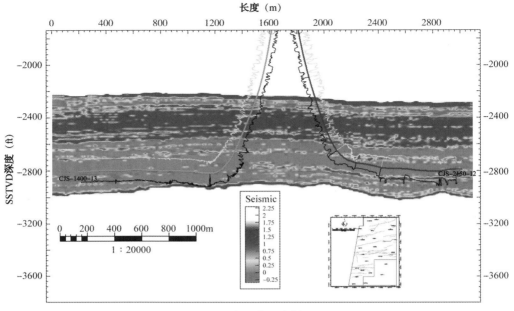

图 9　水平井反演剖面

2　地震资料分析成果在水平井钻井设计中的指导作用

地震资料在水平井钻井设计中的应用是测井、地震资料相结合，多学科知识综合应用的过程，各学科相互印证，以提高准确率。

2.1　水平井钻井设计流程

根据整体设计要求，当 M 段三个层位都存在时，每个平台需要钻 24 口水平井，相邻同层的两口井，水平段间隔为 300m，根据这一要求，首先确定当前需要钻的水平井水平段的目的层位，层位确定后，需要确定水平段着陆点的位置，着陆点的位置主要通过着陆点深度和水平段岩性变化情况确定，着陆点深度主要通过邻井相同层段深度对比及邻井间储层顶面构造变化趋势来确定（Mulholland，1998）。当水平段着陆点及轨迹确定后，通过 Compass 钻井设计软件，来设计水平井的直井段和造斜段，并最终一体化整合水平井结构。储层顶面构造变化趋势决定了水平段轨迹的走向，水现段岩性变化情况决定了轨迹的微调整方向。从以上流程也可以看出：水平井设计的关键是水平段轨迹的设计与跟踪调整，水平段的设计与着陆点深度和水平段岩性的确定有着直接关系。因此水平段设计的质量取决于水平段储层评价结果。

2.2　邻井测井数据的应用

邻井测井数据是实现联井地层对比的基础，本区联井对比所使用的曲线主要为伽玛和电阻率曲线，为了更好地确定新井着陆点位置的深度，选用邻近的直井、斜井和同一层位水平井作为参考，正如 Jilson Castillo 和 Simon Perez 关于本区研究中指出的：通过联井对比的方法可以推断要钻水平井的油藏层位的大致厚度，每口生产井着陆点的可能深度，但每口井的资料毕竟是单点资料，无法预测两井之间的岩性变化和构造走向（Casalins，et al. 2014），因此，在确定了着陆点的深度后需要评价水平段岩性及可能的构造变化。

2.3 地震资料分析成果在水平井钻井设计中的应用实例

地震振幅识别地层的原理是：相似沉积环境下的地层，波阻抗可能是一致的。只有存在波阻抗差异的地层才会有反射波在地层差异界面上的反射，以此来识别地层。图 10 是综合利用邻井信息、地震构造解释信息和地震振幅信息等多种信息对水平井进行设计跟踪的实例，该图为 39 平台东西向某水平井设计及钻井跟踪结果显示图。该井最初设计的目的层位为 O-12，此剖面为沿井轨迹由北向南展示后个剖面图（其平面位置见平面图中红色线标识位置），邻近的直井显示 O-12 层砂岩厚度为 47ft，但在钻井过程中出现了钻遇泥岩的情况，并且经向上部和下部侧钻都显示为泥岩，后利用新的地震解释成果对南北向地震剖面层位进行了重新分析，发现从北向南此井附近 O-12 层位出现了尖灭（如图 10 中紫色 O-12 层位线）。鉴于此情况，建议修改目标层位，将原来此井设计的 O-12 层位改为 O-11 层位，有效避免了原设计水平段的地质风险。并对本区已有的水平井设计进行了核实，通过地震资料重新研究成果的应用，有效提高了水平井油砂岩钻遇率。

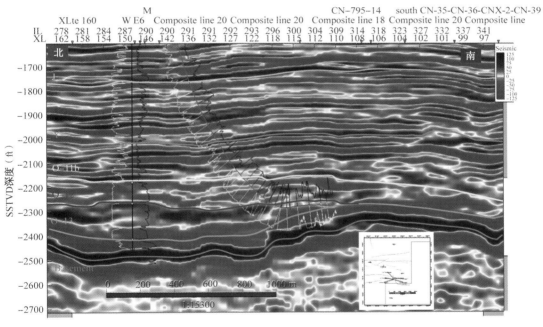

图 10 水平井设计剖面图

3 应用效果分析

通过三维地震技术的应用，2017 年实现新井钻井 32 口，新井平均油砂岩钻遇率超过了 95%，预测新井贡献产量 240×10⁴bbl，按照委内瑞拉一篮子油价的平均油价 45 美元/bbl 计价，为油田创产值 1.08 亿美元。

4 结 论

(1)通过声波曲线重构技术的应用,不仅解决了本区缺少声波测井资料的问题,而且通过多种重构技术的优选,有效解决了反演过程中波阻抗难以有效区分砂泥岩的难题,为新井区的层位标定和反演的有效性奠定了基础。

(2)通过三维地震资料趋势约束法进行精细构造解释的应用,使重新完成的地震层位解释更趋合理,更突出了微构造的变化。

(3)水平井标定技术的开发和应用,突破了前期大量水平井无法参与层位标定和反演的限制,使水平井资料得到了充分利用。

(4)岩性模拟反演技术的应用有效提高了地震资料的纵向分辨砂岩储层能力,提高了储层分辨率,使储层隔夹层识别成为可能。

总之,通过以上地震技术的综合创新应用,为水平井钻井轨迹的设计和调整提供了可靠的依据,为提高砂岩钻遇率奠定了基础。

致 谢

感谢给予我指导并让我从中受惠的老师,感谢为了支持我的工作,在家辛苦劳作的亲人,感谢中国石油勘探开发研究院物探专家王丹丹在反演工作中给予的大力帮助,感谢技术部同事在工作中给予的大力支持。感谢工作中所有支持和帮助过我的同事。

参考文献

[1] Zhao J L, Xiong R, Chen G, et al. 2013. Gr Quasi-Acoustic frequency divisions reconstruct seismic inversion and application in reservoir prediction. Progress in Geophys. (in Chinese), 28(4):1954-1961, doi:10.6038/pg20130438.

[2] Chen G H, Wang Y G. 2005. Faust Formula Application in the Reconstruction of Acoustic Curve [J]. Progress in Exploration Geophysics, 28(2):125-128.

[3] Shen X C, Yang J F. 2006. Acoustic log reconstruction application in the seismic inversion [J]. WestChina Petroleum Geosciences, 2(4):436-438.

[4] Jia J L, Liu Z J, Chen Y C, et al. 2010. Hierarchical reconstruction feature curve technology using logging-seismic multi-attribute[J]. Oil Geophysical Prospecting, 45(3):436-442.

[5] Wang D D, Zhou Y B, Ma Z Z, et al. 2013. Application of Horizontal Wells in Geological statistical inversion [J]. Progress in Geophys. (in Chinese), 28(3):1522-1530, doi:10.6038/pg20130348.

[6] Yu T Z, Wang G M. 2010. Aplication of seismic data to horizontal well design in complex reservoir[J]. Progress in Geophys. (in Chinese), 25(1):21~27, DOI:10.3969/j.issn.1004-2903.2010.01.005

[7] Cao T, Guo S B. 2013. The application of refined seismic structure interpretation in reservoir development[J]. Progress in Geophys. (in Chinese), 28(4):1893~1899, DOI:10.6038/pg20130431.

［8］ Zubizarreta, J, Robertson, G, & Adame, J. 2001. The Role of 3-D Seismic in a Challenging Horizontal Drilling Environment: The Cerro Negro Experience. Society of Petroleum Engineers. doi: 10. 2118/70775-MS.

［9］ Tankersley, T. H. , & Waite, M. W. 2002. Reservoir Modeling for Horizontal Exploitation of a Giant Heavy Oil Field - Challenges and Lessons Learned. Society of Petroleum Engineers. doi: 10. 2118/78957-MS.

［10］ Tankersley, T. H. , & Waite, M. W. 2003. Reservoir Modeling for Horizontal-Well Exploitation of a Giant Heavy-Oil Field. Society of Petroleum Engineers. doi: 10. 2118/87308-PA.

［11］ Mu, L. , XU, B. , Zhang, S. , et al. 2008. Integrated 3D Geology Modeling Constrained by Facies and Horizontal Well Data and the Classifying OOIP Calculation for Block M of the Orinoco Heavy Oil Belt. Society of Petroleum Engineers. doi: 10. 2118/117468-MS.

［12］ Shen G Q. 2004. Stochastic seismic inversion method and its application technology [Master's. D. thesis], Jingzhou, Hubei: Geology major of Changjiang University.

［13］ Jiang X Y, Ji Z F, Mao F J, et al. 2014. Application of random simulation method in the study of physical property of reservoir. Progress in Geophysics[J] (in Chinese), 29(6): 2665~2668, doi: 10. 6038/pg20140629.

［14］ Mulholland, J. W. 1998. Sequence stratigraphy: Basic elements, concepts, and terminology [J]. The Leading Edge, (17) 37-40.

［15］ Mulholland, J. W. 1998. Sequence architecture[J]. The Leading Edge, (17) 767-771.

［16］ Casalins, A, Castillo, J, Pérez, S. 2014. Application of Geochemistry in lithostratigraphic sections and 3D seismic data Carabobo Block, Orinoco Oil Belt, Venezuela[J]. Heavy Oil Latin America Congress.

［17］ 赵继龙, 熊冉, 陈戈, 等. 伽马拟声波分频重构反演在储层预测中的应用[J]. 地球物理学进展, 2013, 28(4): 1954-1961.

［18］ 陈钢花, 王永刚. Faust 公式在声波曲线重构中的应用[J]. 勘探地球物理进展, 2005, 28(2): 125-128.

［19］ 沈向存, 杨江峰. 声波曲线重构技术在地震反演中的应用[J]. 中国西部油气地质, 2006, 2(4): 436-438.

［20］ 贾建亮, 刘招君, 陈永成, 等. 测井—地震多属性分层重构特征曲线技术[J]. 石油地球物理勘探, 2010, 45(3): 436-442.

［21］ 王丹丹, 周玉冰, 马中振, 等. 委内瑞拉水平井资料在地质统计反演中的应用[J]. 地球物理学进展, 2013, 28(3): 1522-1530.

［22］ 于天忠, 王光明. 地震资料在复杂油藏水平井设计中的应用[J]. 地球物理学进展, 2010, 25(1): 21-27.

［23］ 曹彤, 郭少斌. 精细地震构造解释在油田开发中的应用[J]. 地球物理学进展, 2013, 28(4): 1893-1899.

［24］ 慎国强. 随机地震反演方法及其应用技术研究[D]. 荆州: 长江大学, 2004.

［25］ 姜晓宇, 计智锋, 毛凤军, 等. 随机模拟技术在储层物性研究中的应用[J]. 地球物理学进展, 2014, 29(6): 2665-2668.

二、开发地质

建立定量储层地质模型的新方法

穆龙新　贾文瑞　贾爱林

（中国石油勘探开发研究院）

摘　要：本文论述了建立系列定量储层地质概念模型的一套新的研究思路和方法。它把地质学原理和现代随机建模方法、计算机技术及开发应用紧密地结合在一起，代表了储层建模向定量化发展的方向。

关键词：储集层；地质模型；分形几何；油藏描述

建立定量的三维储层地质模型是现代油藏描述的核心，也是储层地质工作者攻关的项目之一。

各种建模的技术和方法，可归为确定性的和随机性的两大类。通过对西部新发现的油田，尤其是丘陵油田早期油藏描述的建模实践和总结，逐步摸索出了在地质学尤其比较沉积学原理指导下，以随机建模为主要方法，大量应用计算机技术，从地质知识库的建立、随机模拟方法的选择到两步建立模型这样一套完整的建模新思路和方法。并且把储层模型的建立系列化，即分层次分阶段去建立单砂体非均质模型→砂体剖面模型→小层平面模型→三维模型这一定量储层模型系列。这一套研究方法不仅适用于早期油藏描述阶段的储层概念模型建立，而且也能指导精细模型的建立。

1　地质知识库的建立

在少井、大井距情况下，随机建模的第1步就是要建立起适应研究对象的地质知识库。地质知识库的建立一般通过2种途径完成：一是野外露头砂体精细测量；二是密井网解剖。

根据丘陵油田建储层模型的要求和目的，我们选择了邻区都善油田密井网（相对于丘陵油田而言）试验区作为建立地质知识库的解剖对象。因为这两个油田仅有一条断层之隔，属同一构造带和沉积体系，目的层和沉积环境等条件相同或相似，而且都善油田已投入开发，因此从都善油田解剖区所获得的认识完全可以利用比较沉积学原理应用到丘陵油田。

都善油田解剖区面积为 $2km^2$，井数 43 口，井距小于 250 m，小层 19 个。通过密井网解剖建模并将其抽稀到与丘陵油田相同的井数（6~12 口）进行参数拟合，来确定在只有几口井的情况下，哪些参数才是建立储层概念模型最主要的控制条件，结合丘陵油田实际资料和国内外总结的陆上湖盆碎屑岩地质知识库有关数据，最后可以建立与丘陵油田建模有关的地质知识库。

1.1　确定随机建模的关键控制条件

（1）钻遇率：每个小层被井所钻到的概率，反映砂体分布的范围和大体形态。

（2）砂岩密度：即剖面上砂层厚度百分比，反映砂体的侧向连续性。

（3）河道砂体宽厚比：控制砂体的延伸长度。

（4）砂层厚度分布及比例：控制不同厚度区间砂层在平、剖面上的分布概率。

（5）物性和砂层厚度的关系：确定物性的分布规律。

（6）各种物性值分布及比例：控制和预测物性在平面和剖面上的分布趋势。

（7）地震横向预测：如有该项成果，则它能反映和控制砂层分布的总趋势和最大延伸长度以及物性分布总规律。

1.2 建立与研究对象相关的储层地质知识库

1.2.1 砂体骨架知识库

（1）砂体类型。通过对都善油田密井网解剖，应用砂体评价法发现，无论井多或井少，主要利用钻遇率和砂层平均厚度，就可以把该区 19 个小层划归为好、中、差 3 种典型类型。I 类砂体最好，成大面积片状分布，砂体钻遇率大于 70 %，平均厚度大于 7.0 m；II 类砂体中等，成朵叶状或宽条带状分布，连通性和物性中等，砂体钻遇率为 50%～70 %，平均厚度为 37m；III 类砂体最差，成土豆状或窄条带状分布，钻遇率小于 50 %，平均厚度镇 3m。

（2）砂岩密度。国内外的研究表明，河道砂岩密度大于 50 %，砂体大面积连通；50 %～30 %局部连通；小于 30 % 时为孤立型砂体。密井网解剖证实该区与上述结论基本相符。

（3）宽/厚比。裴择楠等人对我国碎屑岩河流砂体研究表明，不同河型具有不同的宽厚比。对丘陵油田沉积相分析后得出该区以辫状河为主的认识，宽/厚比应取 40～80。利用都善油田解剖区对辫状河宽/厚比的研究证实，取该值是符合本区实际的。

1.2.2 物性知识库

（1）物性分布总规律。通过解剖发现，每种砂体都有多个物性高值区，且与低值区呈间互式而不是渐变式。物性的分布与厚度的分布不完全成正相关关系，物性高值点常出现在两个厚度点之间的平台上或中等厚度区。

（2）物性与厚度的关系：

$$\phi = 1.80 \lg K + 0.46h + 7.03 \quad (h \leqslant 10\text{m})$$
$$\phi = 1.80 \lg K + 0.15h + 13.13 \quad (h > 10\text{m})$$

2 随机模拟方法的选择

随机建模的第 2 步是选择正确可行的随机模拟方法。常用的随机模拟方法很多。根据建模的步骤或阶段、研究对象的实际情况及方法本身的适应性，我们选择了示性点过程模拟法和分形几何学模拟法。

2.1 示性点过程随机模拟法

要建立一个定量储层地质模型需分 2 步进行，第 1 步是搞清储层砂体的建筑结构（砂体骨架）；第 2 步是建立砂体内部储层物性的空间分布。第 1 步所研究的砂体分布主要是一种离散的现象，要用离散的随机场进行条件模拟。示性点过程模拟法就是描述这种离散事件的较好方法之一。其中心问题是区域中点的分布，研究的是几何对象的位置分布。这里"示性"是指每一个点伴随着多个属性。一个示性点可表示如下：

$\vec{U} = (X, L, \vec{S})$，这里 X 是区域 D 中的随机参照位置，L 是砂体类型的标签，$\vec{S} = (S_1,$

$\cdots$, S_m)是一个多元随机变量,可以是连续型的,也可以是离散型的,它表示研究对象的形状、尺寸、方向等。该方法已有成熟的软件供使用。

砂体分布的示性点过程随机模型建立后,关键是要确定模型的参数,除井点的数据外,建立的地质知识库和控制条件非常重要,因为它关系到井间随机模拟参数的可信度和准确性。

2.2　分形几何模拟法

建模的第 2 步是搞清砂体内部的物性空间分布。这些参数的空间分布是连续的,要用连续的随机场进行描述。分形几何模拟法是近年来人兴起的热门建模方法,它能较好地解决这一问题。

分形几何提供了描述自然界中不规则和复杂图形的有效数学方法。如果用通俗的话来说,就是自然界中许多复杂的不可微(分)形态,其内部都存在着某种自相似性,即局部与整体的某种相似性。如河流、云彩以及地质体的分布等许多现象,其整体与任何一个局部都是无限复杂的,但又存在着某种自相似性。因此可以利用这种特点用局部研究整体。

以分形几何原理为基础发展起来的条件模拟方法,已在国外一些石油公司中得到实际应用并获得良好效果。我们在解剖密井网的建模过程中,逐步形成并完善了自己的分形几何软件。其主要工作步骤和方法是:首先根据测井解释的连续砂层物性剖面用变异异函数、R/S 和频谱 3 种分析方法确定 Hesrt 指数及干扰系数;其次用井点数值和地质知识库参数作为控制条件,构造某一储层参数的克里金场;然后把干扰系数和 Hesrt 指数通过数学处理加进克里金场中,通过计算机计算,选择适当随机数,就可以给出某一地质参数的多幅随机场;最后通过地质家的再分析、检验,选择出最大可能性的随机场供油藏工程使用。

根据预测参数场与后来新钻井资料对比,井点参数的精度高于传统的等值线均匀内插场(砂层厚度符合率提高 7%,渗透率符合率提高 12%)。

3　系列定量模型的建立及显示

建立了可靠的地质知识库,选择了正确的随机建模方法,最后一步就是完成模型的建立及显示工作,这又要分 4 步进行,建立 4 个模型。

3.1　单砂体非均质模型

是储层模型的基础和第 1 步,主要反映本油田主力储层的层内非均质性,为油藏数值模拟研究开采方式机理问题和求取一级拟函数服务。它以储层沉积学为基本手段,主要利用岩心及其分析化验资料,结合测井资料和沉积相初步研究,应用地质统计学的方法,主要统计分析以下参数:(1)不同砂层厚度区间百分数;(2)韵律类型及所占百分数;(3)非均质参数(渗透率级差、变异系数、突进系数等);(4)夹层及分布参数;(5)Kv/Kh 比值(样品的和层规模的)。用这些参数建立一个单砂体非均质数据库,最后就可以建立起本油田的单砂体非均质模型(单井模型),如所建立的反映丘陵油田主力储层层内非均质变化程度的 3 类单砂体非均质概念模型(表1)。

表1　丘陵油田中侏罗统三间房组非均质剖面模型参数表

参数 模型	厚度 （m）	ϕ （%）	K （$10^{-3}\mu m^2$）	渗透率 极差	突变 系数	变异 系数	韵律 特征	主要分布 相带
模型Ⅰ	9	15	39.4	22	2.279	0.68	正韵律 叠加	辫状河河道 扇三角洲 扇中水道
模型Ⅱ	6	14.4	41.4	20	2.41	0.68	正韵律叠加	辫状河河道
模型Ⅲ	11	14.6	32.4		3.39	0.84	复合韵律	扇三角洲 扇　中

3.2　砂体剖面模型

在单砂体模型的基础上，第2步就是建立砂体剖面模型。它主要反映剖面上砂体的几何形态及其配置关系和砂体内部的物性分布，为油藏工程研究、油田开发布置、产生二级拟函数等目的服务，在大井距情况下预测井间砂体的分布和形态。具体方法是选择代表性井构造典型剖面，利用地震横向预测和已建立的地质知识库建立砂体骨架趋势剖面；应用示性点过程模拟法建立砂体骨架随机模型；检验和选择参数；利用知识库提供的物性与厚度关系等给砂体骨架模型赋值；建立起砂体剖面模型（图1）。

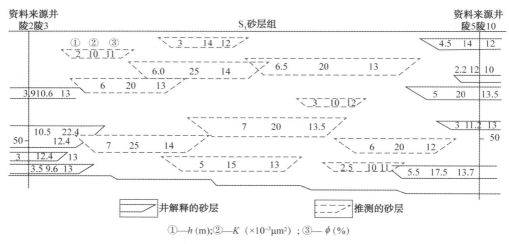

①—h（m）；②—K（$\times 10^{-3}\mu m^2$）；③—ϕ（%）

图1　丘陵油田连井剖面储层概念模型图（部分）

3.3　小层平面模型

建模的第3步是建立平面模型，它反映储层的平面非均质性问题，重点研究砂体及其内部物性在平面上的分布规律，是编制开发方案的基础。根据丘陵油田少量井（6～12口）的资料，结合都善油田解剖区的研究及建立的地质知识库，应用分形几何软件，对丘陵油田典型区块进行解剖性建模，并绘制全油田每个小层及砂层组的各种参数的多幅随机场对每种参数场都选择出好、中、差3种类型的随机场（图2是其中的一幅），供油藏数值模拟研究使用这样得出的各种开发指标就是一个区间，从而减少了决策的风险性。

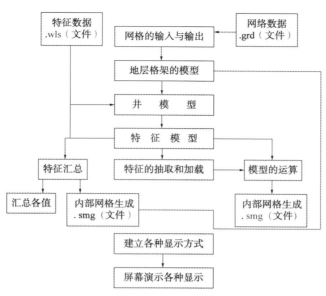

图 2　SGM 系统工作流程图

3.4　三维模型

是建模工作所追求的目标。一般来说，如果建立了精细的小层平面模型，就等于建立了整个储层的丘陵油田三维模型。因为只要将各砂层的平面模型顺序迭合起来，便是一个能代表全部储集体的连续参数分布的拟三维模型。开发和应用具有极强显示功能的动画真三维地质软件，是三维模型最后得以显示的关键。我们应用并改进英国 Stratamodel 公司在 SGI 工作站上推出的 SGM 软件，对丘陵油田储层地质模型进行了全面的三维显示，其主要工作流程如图 2 所示。

4　结论

（1）建模中，虽然有各种生成参数场的方法，但综合考虑目前仍以随机建模方法，尤其是分形几何学方法最为有效。当然对于不同的地质现象、不同的沉积环境，要用不同的统计学方法。

（2）正确建模的关键是地质家对研究区的地质认识程度、地质知识库建立的情况及控制条件选择的正确性。否则随机建模将变为数学游戏。

（3）模型的建立不是纯地质问题，必须根据油田具体地质情况和所处的开发阶段及所要解决的开发问题来进行。在早期油藏描述阶段，建立的是概念模型，但随着资料的增多，应该建立的是一个一概念模型系列，即从单井模型→连井剖面模型→小层平面模型→三维模型，从典型区块的局部模型到全油田的整体模型。

致　谢

研究工作在裴择楠总地质师和贾文瑞高级工程师的指导下完成，在此深表感谢！

参考文献

［1］裘择楠. 储层地质模型. 石宝衡, 等. 储层评价研究进展(石油科技专辑(4))［C］. 北京：石油工业出版社, 1990.

［2］Hewett T A. Fractal Distribution of Reservoir Heterogeneity and Their Influence on Fluid Transport. SPE, 1986. 10.

［3］王家华, 等. 储层的随机建模和随机模拟［M］. 西安：西安石油学院出版社, 1992.

［4］刘孟蕠, 等. 第二届国际储层表征技术研讨会论文集［C］. 东营：石油大学出版社, 1990.

油藏描述的阶段性及特点

穆龙新

（中国石油勘探开发研究院）

摘　要：在油田开发过程中，由于每个开发阶段的任务不同，所拥有的资料基础不同，加之我国陆相储层的复杂性，造成了不同开发阶段油藏描述所要描述的重点内容和精度的不同，从而形成了油藏描述的阶段性。总体来看油藏描述可划分为开发准备阶段的早期油藏描述、主体开发阶段的（中期）油藏描述和挖潜、提供采收率阶段的精细油藏描述三大阶段。每个阶段在构造、地层、沉积相、储层、地质模型等方面所描述的重点内容和精度要求等都有明显差别。本文给出了每个阶段油藏描述应重点描述的对象和内容，所需要的主要技术和方法以及达到的精度要求等。

关键词：油藏描述；开发阶段；地质模型；特点

油藏描述贯穿于勘探开发的全过程，从第一口发现井到最后废弃为止是多次分阶段滚动进行的。由于不同开发阶段的任务不同，所拥有的资料基础不同，从而造成了不同开发阶段油藏描述所要描述的重点内容和精度的不同，其所采用的油藏描述技术和方法也有很大差别，既油藏描述具有阶段性。目前来看已发展了适应不同开发阶段的三大套或三大阶段油藏描述技术和方法[1]，即（1）早期油藏描述——在油田发现后利用1口或几口探井、评价井对油（气）藏进行的综合研究与评价；（2）中期或一般所称的油藏描述——油田开发后含水较低时主要利用大量井的资料尤其测井资料所进行的油藏描述；（3）精细油藏描述——油田开发进入高含水期、特高含水期后主要针对剩余油分布及挖潜所进行的油藏描述。也就是说现代油藏描述特别强调针对性，要针对不同的开发阶段、油藏特点和所要解决的问题灵活进行，突出重点，采用先进实用的技术和方法。

1　油藏描述的阶段划分

油田开发的阶段性早已被人们认识，而且已形成一些通用的阶段和基本作法，国内外大同小异。一般来说一个油田发现后大致可分为评价阶段—方案设计阶段—实施阶段—监测阶段—调整阶段（高含水阶段）—三次采油阶段，最后到油田废弃（图1）。每一阶段都反映了人们对油藏认识的深化。总体来看这些阶段可归为早、中、晚三个大的开发阶段，或者可分别称为油田开发准备阶段、主体开发阶段和提高采收率阶段这三大开发阶段（图1）。

从油藏描述的角度看，虽然不是每一个小的开发阶段的油藏描述都有重大区别，但这三个大的阶段的油藏描述则有着很大的差别，表现在所拥有资料的程度、要解决的开发问题及油藏描述的重点和精度都极不相同，加之我国陆相储层的复杂性，从而造成所采用的油藏描述技术和方法也有很大差异[2]。因此，总结国内外油藏描述的经验和教训，寻找其共同规律和基本作法，油藏描述的阶段与大的开发阶段相对应也可分为早、中、晚三大阶段或三种油藏描述，或者称为开发准备阶段的早期油藏描述、主体开发阶段的（中期）油藏描述和挖潜、提高采收率阶段的精细油藏描述。这三大阶段油藏描述的重点、方法、技术和要解决的问题等明显不同（表1）。当然阶段的划分是相对的，油藏描述工作也是滚动进行的。

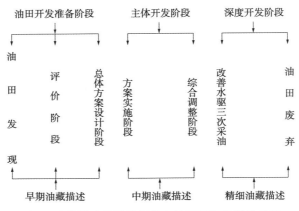

图 1　油藏描述阶段的划分与油田开发阶段的关系

表 1　不同开发阶段及其油藏描述阶段的主要任务、技术和方法

开发阶段		开发研究的主要任务和内容	油藏描述的主要任务和内容	油藏描述的主要技术和方法	油藏描述阶段
开发准备阶段	评价阶段	计算油藏的探明地质储量和预测可采储量； 从技术和经济上对油藏是否值得开发作出可行性评价； 预测可能达到的生产规模提出规划性的开发部署； 提出钻、采及地面工程的轮廓设计	油藏的主要圈闭条件及圈闭形态、产状； 宏观的油气水系统划分及其控制条件； 油气性质和油藏类型； 储层宏观展布及储层参数； 建立初步的油藏概念模型	以区域和地震资料为基础确定油藏骨架； 以储层沉积学为基础，应用地质知识库和随机建模方法预测砂体空间分布； 整体概念模型建立技术	早期油藏描述
	方案设计阶段	对开发方式、层系、井网、注采压力系统、采油速度、稳产年限等重大问题进行决策； 进行油藏、钻井、采油和地面建设工程的总体设计； 优选最佳开发方案	油藏的主要圈闭条件及圈闭形态、产状； 宏观的油气水系统划分及其控制条件； 油气性质和油藏类型； 储层宏观展布及储层参数； 建立初步的油藏概念模型	精细地震构造解释； 储层沉积微相描述； 地质概念模型建立技术	
主体开发阶段	方案实施阶段	确定注采井别、制定射孔方案和初期配产配注方案； 必要时对开发方案提出调整意见，交付实施投产； 进行动态监测，开发分析； 实行分层注水，调整好注采关系，实施各种增产增注措施	以钻井资料为主确定大比例的构造图并核实断块划分； 分层油气水分布图； 全油田小层对比统层、沉积微相研究，建立储层数据库； 建立储层静态模型	全区小层对比统层； 三维地震结合动静态资料的精细构造解释技术； 以测井资料为基础的多井储层评价技术； 以沉积微相为基础进行储层综合预测和油水分布规律分析	中期油藏描述
	调整阶段	分析储量动用、能量保持和利用的现状和潜力； 编制有关层系、井网等综合调整方案，并进行实施	综合所有静、动态资料，完善和精细化储层静态模型，并逐步向预测模型发展	动态监测、跟踪模拟、综合解释； 储层静态模型建立技术	

开发阶段		开发研究的主要任务和内容	油藏描述的主要任务和内容	油藏描述的主要技术和方法	油藏描述阶段
挖潜提高采收率阶段	改善水驱和三次采油	搞清油田的剩余油分布特征及其控制因素; 开展各种改善水驱提高采收率的先导性经验,逐步工业化推广; 进行各种三次采油方法的室内研究和先导试验,扩大工业性试验和工业化推广; 编制三次采油方案	微构造和微相研究; 流动单元划分与对比; 注水开发过程中储层物性动态变化规律研究; 水淹层测井解释; 层理、孔隙结构、黏土矿物等精细研究; 储层预测模型建立; 剩余油分布特征及规律	细分沉积微相和微构造研究技术; 流动单元研究技术; 水淹层测井解释技术; 储层物性动态变化规律研究; 储层预测模型建立技术; 地质、油藏、数模一体化技术	精细油藏描述

2 各阶段油藏描述的涵义和主要特点

2.1 开发准备阶段的早期油藏描述

油田发现后到投入全面开发前的这一阶段可称为开发准备阶段,这一阶段所进行的油藏描述统称为早期油藏描述。该阶段的主要任务是对油藏进行可行性评价、进而制定总体开发方案。这时钻井资料较少,动态资料缺乏,地震资料以二维为主,或虽有三维地震资料,但往往延后。开发评价和设计要求确定评价区的探明地质储量和预测可采储量,提出规划性的开发部署,确定开发方式和井网布署,对采油工程设施提出建议,估算可能达到的生产规模,并作经济效益评价,以保证开发可行性和方案研究不犯原则性的错误。油藏描述的任务是确定油藏的基本骨架(包括构造、地层、沉积等),搞清主力储层的储集特征及三维空间展布特征,明确油藏类型和油气水系统的分布。因此这个阶段的油藏描述以建立地质概念模型为重点,把握大的框架和原则,而不过多追求细节,所以称油田开发准备阶段的油藏描述为早期油藏描述。

2.2 主体开发阶段的中期油藏描述

油田全面投入开发后到高含水(三次采油阶段)以前的这一阶段,可称为油田主体开发阶段,这一阶段所进行的油藏描述统称为中期油藏描述。油田一旦投入全面开发,钻井资料和动态资料都迅速增多,并逐渐有了多种测试和监测资料等。这一阶段开发研究的任务是实施开发方案,编制完井、射孔方案,确定注采井别、进行初期配产配注、预测开发动态。生产一段时间后,要进行开发调整,阶段历史拟合和预测开发动态等。为此,这一阶段的油藏描述以全面进行小层划分和对比,进一步落实在早期油藏描述中没有确定的各种构造、建立静态地质模型为重点。斯伦贝谢最早提出的油藏描述及国内外所作的大部分油藏描述都是针对这一阶段而言的,即以测井研究为主体,从关键井出发,进行测井资料数据标准化及多井处理、评价和对比研究,建立各种油藏参数数据库及关系,最后建立油藏三维静态模型,因此称这一阶段的油藏描述为油田主体开发阶段的常规油藏描述或中期油藏描述。

2.3 挖潜、提高采收率阶段的精细油藏描述

油田开发进入高含水后直到最后废弃前这一阶段称为挖潜、提高采收率阶段。这一阶段由于高含水、高采出程度而引起地下油水分布发生了巨大的变化，开采挖潜的主要对象，转向高度分散而又局部相对富集的、不再大片连续的剩余油，甚至转向提高微观的驱油效率上来。早、中期的那种油藏描述方法和精度已远远不能满足这个阶段的开发要求，它要求更精细、准确、定量的预测出井间各种砂体尤其大砂体内部非均质性和小砂体的三维空间分布规律，揭示出微小断层、微构造的分布面貌。油藏描述的重点是建立精细的三维预测模型，进而揭示剩余油的空间分布，增加油田采收率。因此把这个阶段的油藏描述称为油田挖潜提高采收率或高含水阶段的精细油藏描述。

表1总结了不同开发阶段要解决的主要开发问题，及由此要求油藏在这一阶段所要描述或表征的最主要内容，以及针对这些问题目前国内外所采用的最主要技术和方法。

3 不同阶段油藏描述的重点内容和精度要求

油藏描述具有阶段性。这种阶段性不仅表现在每个阶段研究的主要内容，所采用的具体技术和方法等方面的差别上，而且也表现在每个阶段具体研究对象的重点和精度的明显区别上。总结国内外油藏描述的经验，结合国内油藏描述的具体实际及今后油藏描述的发展趋势，在这里给出了每个阶段油藏描述应重点描述的对象和内容，达到的精度等基本要求，或者称每个阶段油藏描述的主要标志(表2)[3]。

表 2　不同阶段油藏描述的主要标志和精度要求

油藏描述阶段		研　究　重　点					精　度　要　求		
		所拥有的主要资料	地层	沉积相	储层非均质级别	含水阶段	构造研究精度	地质模型类型	地质模型网格精度
早期油藏描述	评价阶段	以 2D 地震为主，少量探井、评价井	含油层系油层组砂层组	沉积体系沉积相沉积亚相	油藏规模(重点)层系规模(重点)油层规模(平面、层间的)	无水	提供顶面或标准层 1：25000 构造图，描述清三级以上断层	初级概念地质模型	视地震和钻井资料多少而定
	设计阶段	增加了开发资料井，可能有先导试验区或三维地震资料	砂层组小层	沉积亚相微相	油层规模(平面、层间的)		提供顶面或标准层 1：10000 的构造图，准确确定四级以上断层	概念地质模型	

油藏描述阶段		研究重点					精度要求		
		所拥有的主要资料	地层	沉积相	储层非均质级别	含水阶段	构造研究精度	地质模型类型	地质模型网格精度
中期油藏描述	实施阶段	开发井网的大量测井资料三维地震资料及精细处理结果	小层	微相	油层规模(重点) 单砂体规模	中低含水80%	提供各油层1:10000构造图,构造幅度≥10m,构造面积≥0.3km²,断层:断距>5m,长度≥300m	静态地质模型	三维网格300m×300m×(>1.0m)
	调整阶段	开发测井分层测试试井生产动态资料	小层	微相	单层规模				
精细油藏描述	高含水阶段	更丰富的井网和动静态资料加密井检查井等	流动单元	成因单元岩石相	单砂体规模(重点) 层内规模(重点)	高、特高含水>80%	提供单层顶底面构造图,构造幅度≤5m,构造面积<0.1km²,断层:断距≤5m,长度<100m	预测地质模型	三维网格100m×100m×(0.2~1.0)m
	三次采油阶段				层理规模孔隙规模				

3.1 早期油藏描述

(1)油田构造方面:搞清油藏的主要圈闭条件及圈闭形态、产状和三级—四级以上的断层系统,提交比例尺为1:25000~1:10000的油气层顶面及标准层顶面构造图和主断层的断面图。

(2)地层划分和对比:从油田开发的角度看,含油地层可以划分为含油层系、油层组(可再分亚组或上、中、下油组)、砂层组、小层、流动单元等。不同阶段的油藏描述虽都以小层作为基本单元进行研究,但重点不同,早期油藏描述重点是划分对比好砂层组。

(3)沉积相研究:一般沉积相可划分为沉积体系、沉积相、沉积亚相、沉积微相(微相还可再细分)、成因单元、岩石相等级别。虽然在有取心的单井上能划分和定出任一级别甚至更细的相,但真正有意义且能在平面上确定其分布的相,各阶段的研究重点是有区别的。早期油藏描述重点是搞清亚相、物源和砂体的大致展布方向,建立相模式。适时开展储层微相分析,确定微相类型。

(4)储层的非均质性:早期油藏描述重点是搞清油藏和层系规模的储层非均质性;研究"四性"关系,确定各种测井解释方法及解释模型,划分储层和非储层界线,对储层进行分类分级,建立测井相标准;明确各类储层在平、剖面上的分布规律以及储量分布状况。预测各类储层成因单元几何形态及连通程度；进行储层综合评价。

（5）确定宏观的油气水系统、油气性质及其控制条件和油藏类型；编绘出各套油气水系统及油气水性质主要参数的平面和剖面图件。

（6）建立油藏地质模型[4]：早期油藏描述以建立概念地质模型为重点，重视研究储层的基本骨架模型。在油藏评价阶段，主要是建立初步的油藏地质概念模型，在描述构造、油气水系统及储层的基本面貌的基础上，为储量计算和开发可行性研究提供一个油藏整体地质模型和一些低级次的概念模型[5]，这是评价阶段油藏描述的最终综合，这一阶段的油藏地质模型只能是概念模型，且以砂层组为重点，特别是储层地质模型。

开发准备阶段，由于资料不足，可能部分关键性地质因素还不可能给出肯定的概念，这时应充分估计这些关键因素可能变化的范围，作出不同可信度的地质模型。即最大可能的模型，最小可能的模型及机遇率最高的模型，提供油藏模拟时进行必要的敏感性分析。

3.2　中期油藏描述

（1）油田构造方面：以钻井资料为主，参考地震成果，重新核实构造图，特别是通过地层、油层对比、逐井落实断点，组合断层，进一步落实一、二、三、四级断层，提交准确的构造图，并结合油气水系统等核实断块划分。

（2）地层划分和对比：全区每口井小层划分、对比及统层。

（3）沉积相研究：全区沉积微相分析并编制分层组（或重点小层）的微相图。

（4）油气水系统：根据测井解释结果确定每口井的油、气、水层分布，核实各个界面，按井点修正含油、气边界；作出分油层组（分单层）含油气边界图。

（5）储层描述：重点内容是搞清油层规模的层间和平面的非均质性；建立分井分层的储层参数数据库；在微相图控制下编制分层组、分单层的各种参数剖面图；分区块、分层组、分单层统计各项储层特性参数，重新作出储层分类评价。

（6）建立储层静态模型：利用大量开发井的测井资料和地质分层数据直接建立储层静态模型。三维模型的精度要求：$300m \times 300m \times （>1.0）m$。

3.3　精细油藏描述技术

油田进入开发后期，一方面各种资料极其丰富，另一方面地下油水关系复杂，剩余油分布零散，实施各种挖潜、提高采收率措施的难度越来越大，必须更加精细地描述油藏，因此考虑到该阶段的资料基础和确定剩余油分布的要求及未来的发展趋势，提出了精细油藏描述的概念和方法，认为精细油藏描述应该具有以下特点或达到的目标：

（1）精细程度高：应描述出幅度≤5m的构造；断距≤5m，长度<100m的断层；微构造图的等高线≤5m；建立的三维地质模型的网格精度应在$100m \times 100m \times （0.2 \sim 1.0）m$以内。

（2）基本单元小：该阶段研究的基本单元为流动单元。所谓流动单元[5]，系指一个油砂体及其内部因受边界限制、不连续薄隔挡层、各种沉积微界面、小断层及渗透率差异等造成的渗流特征相同、水淹特征一致的储层单元。流动单元划分的粗细与当时的技术水平和要解决的生产问题有关。

（3）与动态结合紧：精细油藏描述不是一个单一的地质静态描述，而必须与油田生产动态资料紧密结合。用动态的历史拟合修正静态的地质模型。

（4）预测性强：不仅能比较准确的预测井间砂体和物性的空间分布，而且要能预测剩余油的分布(包括定性的规律性研究和定量的指标研究)。

(5)计算机化程度高：有完整的油藏描述数据库；油藏描述和地质建模软件应用广泛，大多数(>80%)图件由计算机制作完成。

精细油藏描述的主要研究内容有：流动单元划分与对比及流动单元的空间结构；以微构造研究为主的微地质界面研究；以成因单元为单位进行精细沉积微相分析；注水开发过程中储层物性动态变化空间分布规律研究；水淹层测井解释及有关了解剩余油分布状况的生产测井及解释；层理、孔隙结构、黏土矿物等研究(三次采油阶段油藏描述更重视的内容)；储层预测模型建立；地质、油藏、数模一体化研究剩余油分布特征及规律。通过这些研究所要解决的关键问题是：建立储层预测模型，确定剩余油分布特征及规律。

4 结论

(1)油藏描述可划分为开发准备阶段的早期油藏描述、主体开发阶段的(中期)油藏描述和挖潜、提供采收率阶段的精细油藏描述三大阶段。

(2)每个阶段在构造、地层、沉积相、储层、地质模型等方面所描述的重点内容和精度要求都有明显差别。文中总结并提出的这些研究重点和精度要求，可以使研究人员在进行油藏描述时，在明确描述对象处在什么开发阶段、开发决策和开发技术方案所要依据的重点开发地质特征的基础上，就能根据每个阶段定量描述的精度要求和主要内容，选择合适的技术和方法，突出描述的重点，掌握好描述的精度，从而才能达到事半功倍的成效，才能体现现代油藏描述针对性、实用性和准确性都很强的特点。

参考文献

[1] 穆龙新，等．油藏描述新技术[A]．见：中国石油天然气总公司开发生产局．油气田开发新技术汇编(1991~1995)[C]．北京：石油工业出版社，1996：1~11.

[2] 穆龙新，等．不同开发阶段的油藏描述[M]．北京：石油工业出版社，1999.

[3] 裘怿楠，等．油藏描述手册[M]．北京：石油工业出版社，1996.

[4] 裘怿楠．储层地质模型[A]．见：中国石油天然气总公司科技发展部．储层评价研究进展(专辑)[C]．北京：石油工业出版社，1990.

[5] 穆龙新．建立定量储层地质模型的新方法[J]．石油勘探与开发，1994，21(8)：82-86.

薄层碳酸盐岩油藏水平井开发建模策略
——以阿曼 DL 油田为例

赵国良[1]　沈平平[1]　穆龙新[1]　周丽清[1]　李艳明[2]

（1. 中国石油勘探开发研究院；2. 中国石油东方地球物理公司）

摘　要： 利用水平井开发薄层油藏是目前油田开发的一项重要技术手段，在国内外得到了广泛应用。如何利用地震、地质、测井、试井等信息，采用最佳建模策略，建立能够满足薄层油藏水平井开发要求的高精度储集层地质模型成为一个具有挑战性的课题。以阿曼 DL 油田为例，针对研究区碳酸盐岩储集层沉积成因特点，根据多学科综合一体化原则，基于地质概念，集成多种数据进行综合建模研究，采用"三步建模法"（储集层沉积模式；沉积相模型；储集层参数模型），将确定性建模与随机建模相结合，建模过程中充分利用多分支水平井资料，提高了模型的精度。通过模型统计对比及油藏数值模拟检验证实了所建模型的正确性。

关键词： 薄层；碳酸盐岩；水平井；建模策略；三步建模法

　　利用水平井开发薄层油藏是目前油田开发的一项重要技术手段，并已在国内外得到了广泛应用。针对薄层碳酸盐岩油藏进行大规模水平井开发，关键之一是要保证钻探的水平井尽可能地在有利储集层中穿行，因此，对该类油藏的储集层地质建模精度要求更高。如何综合利用多种资料，尤其是已钻水平井的信息，采用最佳建模策略，建立能够满足薄层油藏水平井开发要求的高精度储集层地质模型成为一个具有挑战性的课题。

1　建模策略

　　本文以阿曼 DL 油田为例，根据多学科综合一体化原则，针对油田储集层沉积成因特点，充分利用已知地质信息，最大程度地集成多种数据进行综合建模研究。笔者采用了"三步建模法"（图 1），将确定性建模与随机建模相结合，强调了沉积模式对整个建模过程的指导作用。首先，从基础地质研究入手，进行储集层沉积成因分析，通过高分辨率层序地层学和沉积微相研究建立储集层沉积模式；第二步，在沉积模式的指导控制下，利用地震储集层预测成果作为约束条件建立沉积相模型；最后，进行储集层建模参数统计分析及研究，利用水平井资料及地震反演数据求取变差函数，根据不同沉积相的分布规律分别进行随机模拟，建立储集层参数模型。在建立沉积相模型和储集层参数模型的过程中，用地震储集层预测成果进行约束，实现确定性建模与随机性建模相结合，充分利用地震储集层横向预测的优势，使所建模型更符合地质实际[1-5]。在建模过程中充分利

基金项目： 中国石油天然气集团公司科技攻关项目"阿曼 DL 油田多分支水平井注水开发配套技术"（03b60105）。

作者简介： 赵国良（1972—），男，黑龙江穆棱人，博士，主要从事石油开发地质研究工作。地址：北京市海淀区学院路 20 号，中国石油勘探开发研究院海外研究中心，邮政编码：100083。E-mail：zhguli@petrochina.com.cn.

用多分支水平井资料，利用水平井井轨迹对构造层面进行约束和校正，提高了构造模型的精度，同时利用水平井测井解释数据进行井间储集层物性参数预测，这样可以大大降低井间储集层预测的不确定性。

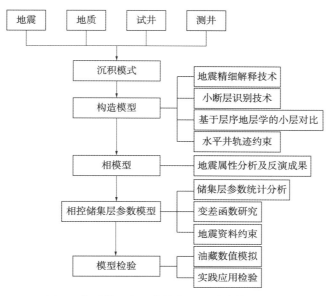

图 1　水平井开发油藏储集层地质建模流程图

2　油田概况

阿曼 DL 油田所在的阿曼五区位于阿曼盆地西北部，距首都 Muscat 市西南 450 km，区块面积 992 km²。DL 油田是阿曼五区的主力油田，发现于 1986 年。油田总体上为发育在西南高、东北低的单斜构造背景下的断块—岩性油藏。油田近北东—南西向展布，长 15 km，宽 5 km，面积约 75 km²，探明石油地质储量 5 257×10⁴ t。油田北西—南东向断层较发育，且均为正断层，断距 10~70 m，最大 120 m；断层倾向可分为两组：北东向和南西向，形成了地垒与地堑相间断块构造。西北及东南为岩性尖灭，东北和西南为断层分割封堵。DL 油田主要储集层是上 Shuaiba 组的碳酸盐岩，纵向上从下而上又可分为 A、B、C、D、E 5 个小层，其中 D、E 小层为主要储集层。储集层厚度 10~20 m，岩性为生物碎屑泥粒灰岩和粒泥灰岩，属基质孔隙型储集层，孔隙以粒间孔和晶间孔为主。储集层孔隙度主要为 15%~35%，平均 29%，渗透率一般为 4×10⁻³~20×10⁻³ μm²，属高孔低渗储集层。

3　DL 油田沉积模式

本区在早白垩纪时期位于特提斯海东缘的开阔台地边缘，白垩纪早 Aptian 期在阿曼北部和阿联酋发育了台地之间的 Bab 盆地，Shuaiba 组沉积时期，阿曼北部的陆架和阿联酋的 Bab 盆地之间是一个在广延陆架上的微缓斜坡，由于本区的陆架边缘并不发育典型的高能珊瑚礁，也不发育典型的高能鲕粒滩，总体为一套以中—较高能量为主的区域浅海沉积，因此区域沉积环境为广延陆架浅水开阔台地的微缓斜坡环境。研究区处于东部台地和西部 Bab 盆地之间的过渡地带，根据 James L Wilson 和 Clif Jordan 关于碳酸盐岩沉积环境中陆架沉积环境和沉积模式的理论，本区 Shuaiba 组沉积时期的沉积环境与 Wilson 沉积环境和沉积模式中的沉积环境Ⅶ（开阔台地）相当，中—晚 Aptian 期沉积的上 Shuaiba 段储集层属于区域浅海开阔台地沉积背景上的障壁碳酸盐岩滩间洼地沉积，偶有陆源碎屑物质供应，在台地内浅滩和洼地之间的过渡带以及浅滩与浅滩之间的低能洼地发育了低能细粒生物碎屑泥粒灰岩和粒泥灰岩沉积组合。

区域沉积研究表明，上 Shuaiba 段沉积时期 DL 油田及其北部的 S 油田等油田的海岸线呈北西西—南东东走向，古季风的方向也呈北西西—南东东向，两者方向相同，加之本区波浪能量总体偏弱，主要受潮汐作用控制，因而形成了与海岸线垂直或斜交的沉积格局。综合考虑区域沉积背景、邻区油田沉积环境、研究区古地貌和沉积微相特征，建立了本区上 Shuaiba 段的沉积相模式：发育于区域浅海开阔台地背景上的障壁碳酸盐岩滩间洼地沉积模式（图 2）。

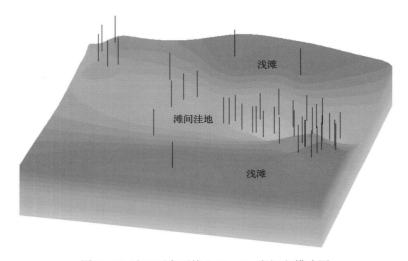

图 2　DL 油田下白垩统上 Shuaiba 段沉积模式图

4　构造模型的建立

构造模型的建立是建立储集层地质模型的基础和关键步骤之一，特别是对于层状油藏而言。构造模型是指能够反映地层在三维空间展布、组合配置关系及其变化规律的构造层面及断层体系的组合。构造模型的建立具有 3 个显著特点：一是强调三维整体性，二是综合性，三是强调精确性。在油田开发中后期，尤其是针对薄储集层采用水平井开发的油藏，必须建立高精度的构造模型。要做到这一点，需要多学科综合，利用各种先进的技术，集成多种数据。其中，一定数量的钻井及高质量的三维地震数据是前提，综合地质分析、准确的地质分层及沉积相研究是基础，高精度的地震解释、小断层识别技术及合理的小层对比方法是保障。

建立阿曼 DL 油田碳酸盐岩储集层地质模型的主要目的是为水平井注水开发服务，根据所建地质模型进行水平井轨迹设计。该油田虽然钻井比较多，但由于工区大，井距稀疏，只用井分层数据建立的构造模型显然是不准确的。通过井震结合的方法虽然可以建立比较准确的构造模型，但其精度仍不能满足在薄油层中准确设计井轨迹的要求。所幸的是，DL 油田水平钻井已形成规模，且具有分支多，水平段长的特点，很多分支水平段长度都在 1 000 m 左右。因此，在建立构造模型过程中，充分利用已钻水平井轨迹进行准确控制，便可建立非常精确的构造模型。

考虑到研究区范围较大、井网密度较小、垂向上地震资料数据点的采样密度稀疏等限制，本次建模设定平面网格大小为 50 m×50 m，垂向上共分为 104 个网格，单个网格平均厚度为 0.3 m。首先由三维地震资料解释的断层数据建立本区的断层骨架，用井和地震资料解释的层位对断层进行检查和校正，查明各断层间的交切关系，并进行组合形成断层模型。在断层模型的基础上搭建层面，将地震解释的层位数据和断层模型在地质分层数据的控制下进行网格化，从而形成构造格架，利用小层分层数据计算小层地层厚度，并以此为根据，用地震解释层位约束生成小层的顶底面构造。由于水平井轨迹不仅在不同储集层中穿行，有时也可能穿入穿出同一储集层，因此本次构造建模过程中，解释出所有水平井轨迹与各个构造顶面的交点，联合直井的分层数据，对构造层面进行共同控制，并在水平井轨迹的约束下进行控制点间的微构造调整，从而大大提高了构造模型的精度，建立了准确的三维地质构造模型（图 3）。

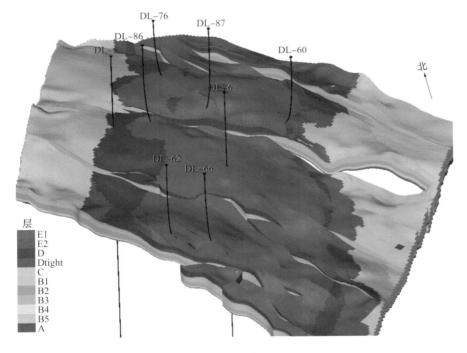

图 3   DL 油田构造模型

5   相模型的建立

沉积相的分布具有其内在规律，相的空间分布与层序地层之间、相与相之间、相内部的沉积层之间均有一定联系，因此，在相建模时，为了建立尽量符合地质实际的储集层相模型，应充分利用这些联系，而不仅仅是利用井点数据的数学统计关系。在相建模时，不论是确定性建模还是随机建模，均应充分应用层序地层学原理及沉积相模式来约束建模过程，即应用层序地层学原理确定等时界面及等时地层格架，并在由等时界面限制的模拟单元层内，依据一定的相模式（如相序规律、砂体叠加规律、微相组合方式以及各相几何学特征）选取建模参数，进行沉积相的三维建模研究[6-8]。

通过对阿曼 DL 油田上 Shuaiba 段高分辨率层序地层学及沉积微相研究、综合地震储集层预测，证实其储集层具有类型简单，厚度较薄，边界有突变的特征，并在横向上一定范围内分布稳定。在垂向上小层划分已达到单储集层的级别，每个单储集层在垂向上非均质性不强，净毛比几乎为百分之百，因此，在相建模时只将地层分为储集层相和非储集层相两相。就研究区储集层特点而言，确定储集层边界是成功建立相模型的关键所在，为解决这一难题，在建模过程中充分利用地震储集层预测研究成果，通过地震相分析技术，建立地震相、各种地震属性与本区碳酸盐岩储集层之间的关系，结合直井、水平井分析，确定有利储集层的分布边界，利用人机交互方法建立工区的相模型（图 4）。

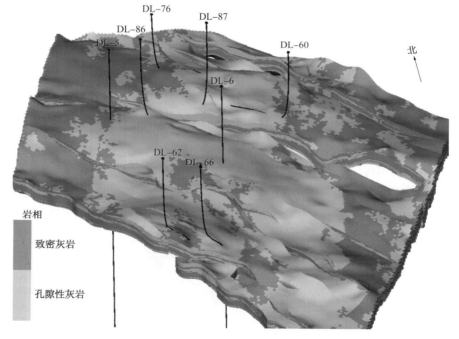

图 4　DL 油田相模型

6　储集层物性参数建模

6.1　储集层物性参数统计分析

对储集层物性参数进行统计，可了解其宏观分布规律，而连续的储集层物性参数粗化到三维网格块过程中会产生误差，使井模型的物性参数分布规律与原始数据不吻合，需要统计和校正。本文只对有效储集层的物性参数（孔隙度和渗透率）逐层进行统计分析和校正（图5），经过计算，校正后的井模型储集层参数分布基本与原始数据保持一致，保证了建模的准确性。

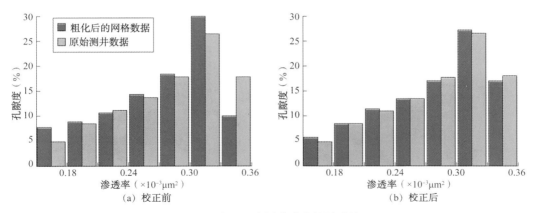

图 5   DL 油田 D 小层孔隙度统计及校正

地震资料的优势在于能够提供远离井身的储集层信息，但该数据体是否能用于约束储集层参数建模，还需要进一步分析其与储集层物性参数的相关性，只有两者相关性好，方可用地震资料反演约束建模[9]。

通过对反演波阻抗和储集层孔隙度进行相关性分析，发现 DL 油田储集层孔隙度与地震反演数据体的相关程度不高，在进行地震资料反演的范围内两者的相关系数为−0.44。分析其原因在于，在储集层和非储集层之间，由于岩性及孔隙度的影响，存在较大的密度差，所以储集层与非储集层在地震反演上有明显的区别；但在储集层范围内，由于孔隙度分布比较集中，主要为 25%～35%，对岩层密度影响不明显，所以在密度与声波测井曲线上变化不大，导致孔隙度与地震反演波阻抗相关性不好。因此，本次储集层物性参数建模不宜直接使用地震反演约束。然而，波阻抗反演属性在储集层与非储集层之间的反映比较明显，储集层的波阻抗主要集中在 17 000～35 000 g/（cm² · s），并且，储集层孔隙度与波阻抗之间仍有一定的相关性，总体趋势是随着孔隙度的增大波阻抗减小。因此可以利用波阻抗反演数据进行变差函数的求取。

在随机模拟时，需要用垂向变差函数和平面变差函数进行控制。垂向变差函数是储集层属性在垂向上相关性的度量，其模型用于随后的随机模拟，控制随机模型中属性在垂向上的变化。平面变差函数是储集层属性区域相关性的度量，分为各向同性和各向异性[10]。本文针对该区储集层及其属性在空间分布上的不均一性，使用各向异性变差函数。

6.2 储集层物性参数模型

首先将井点测井曲线的连续点数据粗化到相应的三维网格上，形成单井模型。通过数据分析，对孔隙度、渗透率等参数进行相应的数据变换，求取各参数的变差函数，利用序贯高斯模拟法（SGS）在相模型约束下建立孔渗模型，定量、直观地表达不同层系、不同微相储集层参数的空间变化，为储集层的非均质性研究提供参数模型（图 6）。在建立储集层属性模型的过程中，直井测井解释数据在储集层中横向上起点的控制作用，而利用水平井测井解释数据进行井间储集层物性预测具有特别的优势，因为水平井在储集层中横向上可以延伸几百米甚至上千米，众多数据点同时起控制作用，并且水平井有多个分支交错分布，在储集层中形成网状结构，这样在有一定数量水平钻井的前提下可以大大降低井间储集层预测的不确定性，提高了储集层参数模型的准确性。

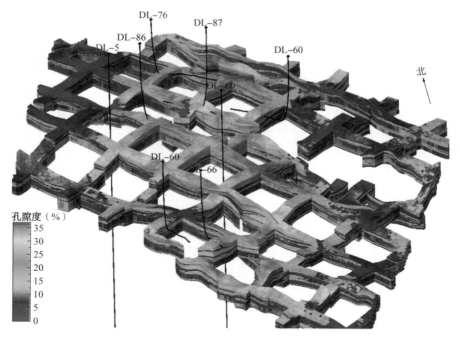

图 6　DL 油田每小层孔隙度模型

　　从整个孔隙度模型统计来看，模拟的孔隙度分布与输入数据分布基本一致，并且每个小层，尤其主力油层 DL 及 E1 小层模拟的孔隙度与输入孔隙度分布吻合较好，说明储集层参数模型是合理的(图7)。此外，油藏数值模拟日产油量和日产气量，都与实际生产结果很接近，而预测的累计产油量和累计产气量与实际产量的符合率分别达到了 99.7% 和 99.3%，拟合效果较好。

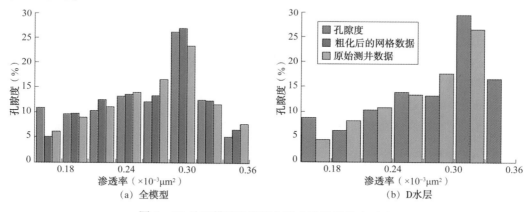

图 7　DL 油田模型孔隙度与输入孔隙度分布对比

7　结论

　　在高精度地震解释约束及水平井轨迹控制下建立了阿曼 DL 油田的构造模型，依据钻井及地震储集层预测结果确定了储集层分布。属性模型统计及数值模拟结果证实了所建模型的准确性。提出的建模方法可为类似油藏的建模工作提供借鉴。

参考文献

[1] 穆龙新，贾爱林，陈亮，等. 储集层精细研究方法[M]. 北京：石油工业出版社，2000.

[2] 黄昌武. 数字油田成功的关键[J]. 石油勘探与开发，2008，35(4)：436.

[3] 赵国良，穆龙新，周丽清，等. 油田早期评价阶段建模策略研究[J]. 石油学报，2007，28(4)：73-76.

[4] 张淑品，陈福利，金勇. 塔河油田奥陶系缝洞型碳酸盐岩储集层三维地质建模[J]. 石油勘探与开发，2007，34(2)：175-180.

[5] 陈烨菲，蔡冬梅，范子菲，等. 哈萨克斯坦盐下油藏双重介质三维地质建模[J]. 石油勘探与开发，2008，35(4)：492-497，508.

[6] 周丽清，赵丽敏，赵国良，等. 高分辨率地震约束相建模[J]. 石油勘探与开发，2002，29(3)：56-58.

[7] 周灿灿，王拥军，周凤鸣. 近源砂岩原生孔隙储集层岩石相控建模及其应用[J]. 石油勘探与开发，2006，33(5)：553-557.

[8] 任殿星，李凡华，李保柱. 多条件约束油藏地质建模技术[J]. 石油勘探与开发，2008，35(2)：205-214.

[9] 李玉君，邓宏文，田文，等. 波阻抗约束下的测井信息在储集层岩相随机建模中的应用[J]. 石油勘探与开发，2006，33(5)：569-571.

[10] 王根久，赵丽敏，李薇，等. 随机建模中变差函数的敏感性研究[J]. 石油勘探与开发，2005，32(1)：72-75.

改进的 PICKETT 法在 Y 油田低阻油层识别中的应用

田中元

(中国石油勘探开发研究院)

摘　要：通过对 Y 油田低阻油层岩心资料(孔隙度、渗透率、颗粒密度、毛管压力曲线、电性参数、相对渗透率实验、薄片分析、X 衍射、扫描电镜、黏土矿物)、录井、测井以及试油资料的分析，可以看出低阻油层主要由下列因素引起：(1)复杂的孔隙结构，尤其是微孔隙较发育，导致了高的束缚水饱和度；(2)黏土含量高(主要黏土矿物为高岭石，其次是伊利石)，吸附了大量的束缚水，导致了含水饱和度的增高；(3)黏土矿物的附加导电性(高 Q_v 值)；(4)咸水钻井泥浆条件下泥浆滤液的侵入。PICKETT 法在储层评价中起到了重要的作用，主要是根据测井资料和岩心资料建立的深探测电阻率与孔隙度的交绘图，而改进的 PICKETT 法是在原方法的基础上，通过毛细管压力曲线将自由水界面之上的高度集成到 PICKETT 图中。通过该方法在 Y 油田低阻油层中的应用，取得了满意的效果，从而拓宽了该方法的应用范围。

关键词：低阻油层；成因；改进的 PICKETT 法；测井响应；孔隙度；电阻率；自由水界面

从测井解释以及油层的成因角度讲[1-4]，将低阻油层(即低电阻率油层)定义为相同测井环境下，同一沉积时期内油层的电阻率与相邻水层电阻率(即电阻增大率)之比小于等于 2 的油层。与低阻油层相对，低对比油层也是一个重要的概念，它是指相同测井环境下，同一沉积时期内油层的电阻率与邻近泥岩的电阻率差别不大。由于低阻油层的成因复杂，识别手段有限，加上测井系列的缺陷和测井解释方法的不完善，在油田的勘探和开发初期往往被遗漏掉。直到近年来，低阻油层作为老油田挖潜和新增储量的目标之一倍受人们的关注。由于目前还没有成熟的直接识别低阻油气层的测井仪器，加上低阻油气层的成因因地区而异和多种复杂的因素交织在一起，造成低阻油气层的漏失率仍然较高。所以，低阻油气层的评价仍然是一个当前测井解释领域中普遍关注的难题。

PICKETT 法在储层评价中起到了重要的作用[3]，它主要是根据测井资料和试油资料建立深探测电阻率与孔隙度的交绘图，在没有岩电实验结果的条件下，可以达到评价储层流体性质的目的。在没有取心资料和地层水分析资料的情况下，利用该方法可估算地层水电阻率和含水饱和度。本文介绍的改进 PICKETT 法是在原方法的基础上，通过毛细管压力曲线将自由水界面之上的高度集成到 PICKETT 图中，从而提高了该方法的应用范围和精度，尤其体现在低阻油层的识别上。

基金项目：中国石油天然气集团公司重点科技攻关项目"苏丹 Melut 盆地北部成藏条件研究与有利目标评价(03B60201)"部分成果。

作者简介：田中元，男，1965 年 08 月生，2003 年 7 月毕业于中国石油勘探开发研究院，获油气田开发工程博士学位，目前在中国石油勘探开发研究院工作。E-mail：tianzy@petrochina.com.cn。

1 Y油田低阻油层特点及成因

1.1 低阻油层的特点

Y油田位于梅卢特盆地北部凹陷中部向凹陷方向的第三个断阶带，在此断阶带发育一系列同向断块、反向断块及滚动背斜。构造西侧边界断层自白垩系一直继承性发育，Adar组后期沉积时再次强烈活动，并派生出一系列与之呈对调的分支断层，其后断层停止活动，对油藏保存非常有利。油田面积40km²，地势较为平坦，地面平均海拔395m。油田的主要目的层位为下第三系，油层埋深1150~1350m，油层主要分布在Yabus地层中。根据对Y油田测井资料和试油资料分析可知，电阻率大于20Ω·m油层较少（称为高阻油层），大部分油层电阻率为7~10Ω·m，水层的电阻率一般小于5Ω·m，而邻近泥岩的电阻率约为10Ω·m，可见，该油田的油层多数为低阻、低对比油层。

1.2 低阻油层的成因

通过对该油田低阻油层岩心资料（孔隙度、渗透率、颗粒密度、毛管压力、压汞曲线、电性参数、相对渗透率实验、薄片分析、X衍射、扫描电镜、黏土矿物）、录井、测井以及试油资料的分析，可以看出低阻油层主要由下列因素引起：（1）复杂的孔隙结构，尤其是微孔隙较发育，导致了高束缚水饱和度，使油层的电阻率较低；（2）黏土含量高（主要黏土矿物为高岭石，其次是伊利石），吸附了大量的束缚水，导致了含水饱和度的增高；（3）黏土矿物的附加导电性（高Q_v值）；（4）咸水钻井泥浆条件下泥浆滤液的侵入。

1.3 低阻油层的测井响应特征

根据对测井资料与试油资料的分析可知，该油田低阻油层的测井响应特征为：

（1）低孔隙度、低渗透率对应的低阻油层：测井响应特征为高密度（2.4g/cm³）和高中子孔隙度、低电阻率（约为8Ω·m）。

（2）高黏土含量对应的低阻油层：测井响应特征为油田南部G砂岩油层的电阻率较高，约为20~90Ω·m，GR（自然伽玛）值较低；而在油田北部，G砂岩油层的GR值增高，电阻率明显降低，约为6~15Ω·m。

（3）坏井眼造成的低阻油层：测井响应特征为高井径、高中子孔隙度和高声波时差，但是密度值和深侧向电阻率较低。主要是由于钻井泥浆的性能差和储层的稳定性差，在钻井过程中容易造成井眼的跨塌，加上咸水泥浆滤液的侵入，导致了油层电阻率明显降低。

（4）咸水泥浆滤液侵入造成的低阻油层：测井响应特征为油层的深测向电阻率（LLD）和浅侧向电阻率（LLS）均降低，且二者间的差值较大。根据文献[6]可知，由于咸水泥浆滤液的侵入可造成某些油层的电阻率下降30%~50%。

2 PICKETT法

该方法主要理论基础如下[5]：

根据Archie方程有：

$$R_t = a\Phi^{-m}R_wI = a\Phi^{-m}R_wS_w^{-n} \tag{1}$$

式中，R_t 为电阻率，$\Omega \cdot m$；Φ 为孔隙度，f；R_w 为地层水电阻率，$\Omega \cdot m$；I 为电阻增大率；S_w 为含水饱和度，f；m 为孔隙度指数；n 为饱和度指数；a 为系数。

将(1)式两边取对数得：

$$\lg(R_t) = -m \times \lg(\Phi) + \lg(aR_w) + \lg(I) \tag{2}$$

上式表明：当 aR_w 和 I 为常数时，R_t 与 Φ 在双对数坐标系中呈线性关系，斜率为 m。这就是著名的 PICKETT 法。理论关系图如图 1 所示。

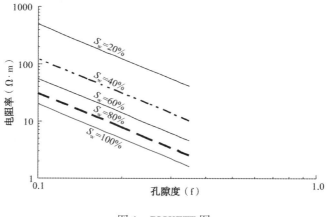

图 1　PICKETT 图

3　改进的 PICKETT 法

3.1　渗透率与 PICKETT 法

Morris and Biggs(1967)得出了一种估算渗透率的经验公式为：

$$K^{\frac{1}{2}} = \frac{250\Phi^3}{S_{wi}} \tag{3}$$

式中，K 为渗透率，$10^{-3}\mu m^2$；S_{wi} 为束缚水饱和度，f。

将式(3)代入式(1)整理得：

$$R_t = a\Phi^{-3n-m}R_w\left(\frac{250}{K^{\frac{1}{2}}}\right)^{-n} \tag{4}$$

将上式两边取对数整理得：

$$\lg(R_t) = (-3n - m) \times \lg(\Phi) + \lg\left[(aR_w)\left(\frac{250}{K^{\frac{1}{2}}}\right)^{-n}\right] \tag{5}$$

上式表明：对于 aR_w 和渗透率 K 为常数的纯油层段，R_t 与 Φ 在双对数坐标系中呈线性关系，斜率为 $-3n - m$。当 $m = n$ 时，斜率等于 $-4m$。将直线外推到当孔隙度为 100% 时，对应的电阻率为 $aR_w\left(\frac{250}{\sqrt{K}}\right)^{-n}$。

3.2 毛细管压力与 PICKETT 法[6,7]

Kwon 和 Pichett（1975）得出下列毛细管压力方程：

$$P_c = A \left[\frac{k}{100\Phi} \right]^{-B} \tag{6}$$

式中，P_c 为汞—空气毛细管压力，B 近似于 0.45，常数 A 与含水饱和度存在下列近似关系：

$$A = 19.5 S_w^{-1.7} \tag{7}$$

将式（3）和式（7）式代入式（6）得：

$$P_c = (S_{wi}^{-0.8} \Phi^{-2.25}) / 0.929 \tag{8}$$

将上式中的含水饱和度代入（1）整理得：

$$\lg(R_t) = (-m + 2.8125n) \lg(\Phi) + \lg[aR_w (1.0961 P_c^{-1.25})^{-n}] \tag{9}$$

上式表明：对于 aR_w 和毛细管压力 P_c 为常数的纯油层段，R_t 与 Φ 在双对数坐标中呈线性关系，斜率为 $-m + 2.8125n$。将直线外推到当孔隙度为 100% 时，对应的电阻率为 aR_w $(1.0961 P_c^{-1.25})^{-n}$。如果 $m = n = 2$，则直线在电阻率坐标轴上的截距为 3.625。

3.3 自由水界面以上的高度与 PICKETT 法[8]

自由水面以上的高度可由下列方程求得：

$$P_c = -0.433 H(\rho_w - \rho_o) \frac{\sigma \cos\theta}{\sigma_o \cos\theta_o} \tag{10}$$

式中，σ_o 和 θ_o 分别表示的是油水界面张力和接触角。

将式（10）代入式（9），整理得：

$$\lg(R_t) = (-m + 2.8125n) \lg\Phi + \log\left\{ aR_w \left[1.0961 \times \left(\frac{-0.433 H(\rho_w - \rho_o)\sigma\cos\theta}{\sigma_o\cos\theta_o} \right)^{-1.25} \right]^{-n} \right\} \tag{11}$$

上式表明，对于 aR_w、ρ_o、ρ_w 和自由水界面以上的高度 H 为常数时的纯油层段，R_t 与 Φ 在双对数坐标中呈线性关系，斜率为 $-m + 2.8125n$。将直线外推到当孔隙度为 100% 时，对应的电阻率为：$\left\{ aR_w \left[1.0961 \times \left(\frac{-0.433 H(\rho_w - \rho_o)\sigma\cos\theta}{\sigma_o\cos\theta_o} \right)^{-1.25} \right]^{-n} \right\}$。

将式（1）和式（11）组合，不仅可得到不同含水饱和度时 R_t 与孔隙度间的关系，同时可得到不同自由水界面以上高度处的 R_t 与孔隙度间的关系。所以，式（11）称为改进的 PICKETT 法。理论关系图如图 2 所示。

4 改进的 PICKETT 法在低阻油层识别中的应用

根据 Y 油田岩心的毛细管压力曲线、孔渗关系以及流体特征参数，经多元统计得到下列经验方程：

$$\lg R_t = 3.28125 \lg\Phi + \lg\{aR_w [32.4886 (-H)^{-1.25}]^{-n}\} \tag{12}$$

根据油田中高阻油层、低阻油层以及水层的电阻率、孔隙度数据可制作出图 3。图中，圆点表示油层数据，三角形表示水层数据。从图 3 中可以看出，油层电阻率的高低不仅取决于孔隙度的大小，而且取决于所处的自由水界面以上的高度。如果一个油层所处的位置距自由水界面越高，且孔隙度越高，油的充满度越高，电阻率就越大。在油藏的同一油柱高度上，油层的物性越差，油的充满度越小，此时油层的电阻率越低。图3(改进的PICKETT法)不仅可用于Y油田油、水层的定性识别，而且可用于定量估算得到含水饱和度的大小。因此拓宽了目前PICKETT法的应用范围。

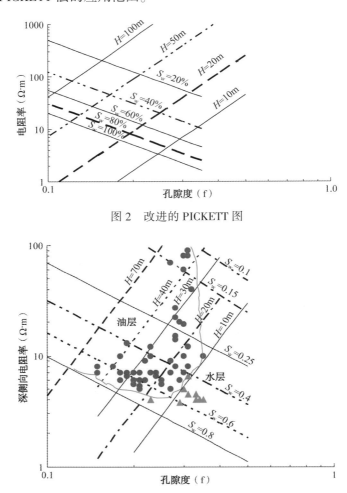

图2　改进的 PICKETT 图

图3　Y 油田改进的 PICKETT 图

5　结论

（1）通过对该油田低阻油层岩心资料(孔隙度、渗透率、颗粒密度、毛管压力、压汞曲线、电性参数、相对渗透率实验、薄片分析、X衍射、扫描电镜、黏土矿物)、录井、测井以及试油资料的分析，可以看出低阻油层主要由下列因素引起：①复杂的孔隙结构，尤其是微孔隙较发育，导致了高的束缚水饱和度；②黏土含量高(主要黏土矿物为高岭石，其次是伊利石)，吸附了大量的束缚水，导致了含水饱和度的增高；③黏土矿物的附加导电性(高 Q_v 值)；④咸水钻井泥浆条件下泥浆滤液的侵入。

（2）该油田低阻油层的测井响应特征为：①低孔隙度、低渗透率对应的低阻油层的测井响应特征为高密度和高中子孔隙度、低电阻率；②高黏土含量对应的低阻油层的测井响应特征中高 GR 值，电阻率较低；③坏井眼造成的低阻油层的测井响应特征为高井径、高中子孔隙度和高声波时差，但是密度值和深侧向电阻率较低；④咸水泥浆滤液侵入造成的低阻油层的测井响应特征为油层的深、浅侧向电阻率均降低，且二者间的差值较大。

（3）改进的 PICKETT 法将油层所处的自由水界面以上的高度集成到目前的 PICKETT 交绘图（深探测电阻率与孔隙度）中，拓宽了 PICKETT 法的应用范围。通过该方法在 Y 油田低阻油层识别中的应用，取得了满意的效果。

参考文献

［1］穆龙新，田中元，赵立敏. A 油田低电阻率油层的机理研究［J］. 石油学报，2004，25（2）：69-73.

［2］孙建孟，陈钢花，杨玉征，等. 低阻油气层评价方法［J］. 石油学报，1998，19（3）：83-88.

［3］欧阳健，王贵文，吴继余，等. 测井地质分析与油气层定量评价［M］. 北京：石油工业出版社，1999.

［4］J. Zemanek. Low-Resistivity Hydrocarbon-Bearing Sand Reservoirs［C］. SPE 15713，1987：1-10.

［5］Aguilera，R. Extensions of Pickett plots for analysis of shaly formation by well logs：The Log analysis，1990a，31（6）：304~313.

［6］Aguilera，R. The integration of capillary pressure and Pickett plots for determination of flow units and reservoir containers：Society of Petroleum Engineers Annual Technical Conference and Exhibition，SPE 71725.

［7］Aguilera，R. The integration of capillary pressure and Pickett plots for determination of flow units and reservoir containers：Society of Petroleum Engineers Annual Technical Conference and Exhibition，SPE 71725.

［8］章成广，秦瑞宝. 用毛管压力曲线解释原始含水饱和度. 江汉石油学院学报，1999，（4）：18-25.

委内瑞拉 MPE3 区块和加拿大麦凯河区块油藏储层特征与评价技术

黄继新 穆龙新 陈和平 刘尚奇

（中国石油勘探开发研究院）

摘 要：通过对委内瑞拉重油带 MPE3 区块和加拿大油砂麦凯河区块储层特征和成藏条件进行分析，认为两个区块储层成因有如下相似：第一，丰富的烃源岩是形成重油和油砂的物质基础；第二，良好的烃类运移通道和充足的烃类运移驱动力，影响了重油和油砂成藏规模和分布位置；第三，地下水对烃类的水洗作用和生物的降解作用使烃类稠化，黏度升高，密度加大，是形成重油和油砂的关键；第四，盆地斜坡区三角洲相、滨岸相及河流相砂体发育，为大规模重油和油砂的成藏提供了储集空间；第五，区域分布的泥岩作为盖层，促进了烃类横向运移充满砂体，并提供良好的保存条件。鉴于两个区块储层同为盆地斜坡区海陆过渡相多期叠置砂体，同样具有高孔隙度、高渗透率的特点，在评价过程中采用了高分辨率小层划分和对比技术、井震联合地震反演技术、分层次多控制地质建模技术和适用于开发方式的储量评价技术四项关键技术。为进一步研究委内瑞拉重油带 MPE3 区块和加拿大油砂麦凯河区块储层在地下的分布特征和后续开发方案设计和调整提供了重要地质依据。

关键词：委内瑞拉；加拿大；重油；油砂；储层特征；评价技术

1 概况

1.1 委内瑞拉奥里诺科重油带 MPE3 区块

委内瑞拉奥里诺科重油带 MPE3 区块位于东委内瑞拉盆地南缘（图 1），东委内瑞拉盆地位于 Sierra Orientate 山山前，盆地中心到重油带的距离为 200~300km，盆地靠山一侧发育逆冲断层和走滑断层，浅部垂向主应力为中间主应力[1]。向斜轴部大致呈东西走向，向南尖灭于 Guyana 地盾的火山岩中。

MPE3 区块南北长约 16km，东西宽约 10km，面积约 150km^2。MPE3 区块为一北倾单斜构造，倾角 2°~3°。区块主要含油层段 Morichal 段储集层是一套以下三角洲平原的辫状河道砂为主的沉积，岩性以中粒石英砂岩为主，岩性疏松，储油物性好，为高孔隙度、高渗透率砂岩。油层孔隙度一般在 30% 以上，渗透率一般在 10000mD 以上，含油饱和度一般在 80% 以上。

1.2 加拿大阿尔伯达油砂麦凯河区块

麦凯河油砂区块位于加拿大阿尔伯达省阿萨巴斯卡油砂区域东部，位于西加拿大盆地东缘（图 2）。西加拿大盆地位于落基山山前，是典型的前陆盆地。盆地中心到 Faja 重油带的

作者简介：黄继新，男，出生于 1977 年，毕业于中国石油大学（北京）地质资源与地质工程专业，博士，高级工程师，从事储层沉积学和开发地质研究工作。现任中国石油勘探开发研究院美洲研究所室副主任，硕士生导师。地址：北京市海淀区学院路 20 号；邮编：100083；电话：010-83593149/13810305978；邮箱：huangjixin@petrochina.com.cn

距离为 500~700km。盆地西南部为逆冲断层边界,在山前的浅部垂向主应力为最小主应力。盆地轴部位于距山前最近的主断层 50 km,埋深大、厚度大。盆地向东北方向逐渐变薄,尖灭于加拿大地盾的火山岩之中[1]。

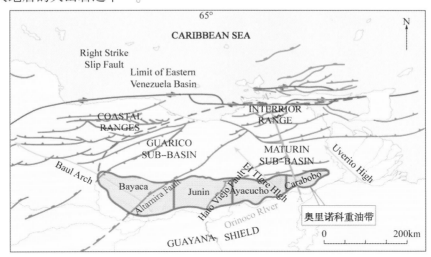

图 1 奥里诺科重油带位置及断裂发育特征

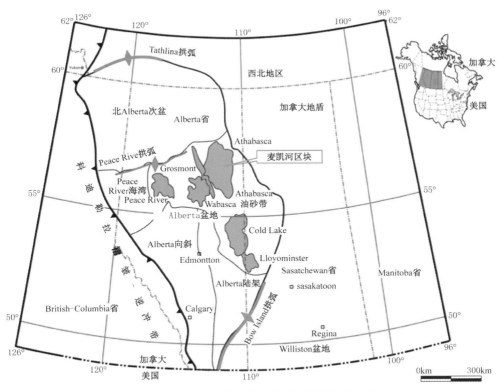

图 2 加拿大阿尔伯达油砂位置及断裂发育特征

麦凯河油砂区块地面海拔 450~530m,相对高程差 80m,区块包括南、北两部分,总计 294 个 Section(1 个 Section 面积 1mile^2),总面积约 752km^2,油砂产层为白垩系 McMurray(MC-MR)组。这一地区的平均孔隙率为 34%,平均沥青饱和度为 80%,平均有效厚度为 21m。

113

2 目标区块储层成因分析

2.1 有利的烃源岩

丰富的烃源岩是形成重油和油砂成藏的物质基础。委内瑞拉 MPE3 区块重油的油源为上白垩统海相生油岩，包括马拉开波盆地的 La Luna 层和东委内瑞拉盆地 Guayuta 组的 Quereeual 层等，这些生油岩是在厌氧或近厌氧条件下沉积的[3]。石油形成始于古新世晚期加勒比板块向南美板块仰冲期，广泛分布在 100 公里以外的 Maturin 和 Guarico 两个次盆的沉积中心。地球化学证据（Deroo，McCrossan 等）表明加拿大麦凯河油砂区块的烃源岩同样为富有机质的自垩系页岩，该页岩的 TOC 值为 1%~2%。

2.2 烃类运移通道及动力机制

不整合面是委内瑞拉盆地 MPE3 区块烃类运移形成重油的主要通道。其运移通道主要分布于南翼的早渐新世不整合面。当源岩埋深加大，开始生烃，烃类在压力梯度的作用下，向浅部运移，形成了目前的奥里诺科重油带。烃类从北部海相生油岩运移了 100~190km 到达南部的奥里诺科地区[3]（图 3）。

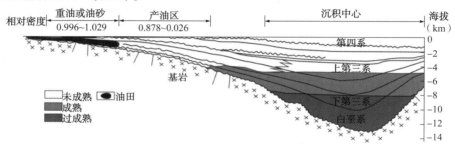

图 3　东委内瑞拉盆地综合剖面图（据 Roaclifer 修改，1986 年）

加拿大麦凯河区块油砂形成的运移通道类型和动力机制与委内瑞拉 MPE3 区块相似。白垩纪落基山山前挤压形成了大量的不整合面，并且使泥盆系灰岩发生强烈的岩溶化作用，为烃类的运移提供了良好的运移通道[4]。其运移动力主要来源于落基山山前挤压，流体压力场出现差异。使烃类从源岩通过不整合面和河道砂体运移至少 360km 到达 Athabasca（图 4）。

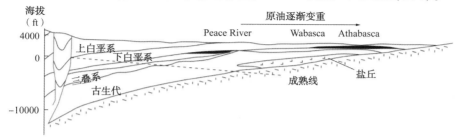

图 4　西加拿大盆地综合剖面图（据 Jardine，1974 年）

2.3 降解稠化

委内瑞拉 MPE3 区块原油来自北部海相生油岩，烃类在运移过程中，轻组分 HC 首先被分离，当烃类运移到浅部时，受到雨水带入的细菌降解，原油黏度及密度升高。原油和油砂遭受了严重的生物降解，重油随着生物降解程度增加去甲基三萜烷和菲的分布发生变化。

加拿大麦凯河区块油砂的形成，首先是烃源岩生烃之后，烃类在长距离运用过程中重量较轻的 HC 物质逐渐散失。运用到浅部时，在生物降解的作用下导致原油黏度及密度进一步升高，并使烃类不能移动，区块原油的 API 重度为 8[5]。

2.4 储集条件

位于烃类运移方向上的砂体分布规模，控制了委内瑞拉重油和加拿大油砂的资源规模。盆地斜坡区三角洲相、滨岸相及河流相等砂体，具有高孔隙度、高渗透率的特点，有利于形成大型重油和油砂油藏。

委内瑞拉重油带 MPE3 区块主要发育于前陆斜坡区新近系三角洲环境沉积的砂体。Oficina 组为南北向展布的受潮汐和海浪影响的加积三角洲砂体，构成该区良好的储集体[6]。如图 5 所示，在南部基本无沉积，仅有若干河流向北穿过，后期被滨岸和点坝砂岩所覆盖。再向北，为大面积三角洲平原沉积，其间由河道相砂岩分隔，砂岩沉积向北变宽，构成为广阔的砂岩分布带。

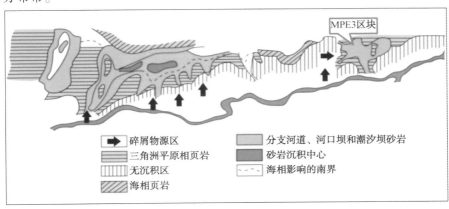

图 5　地层单元 I 进积层三角洲体系展布特征(据 Latreille 等，1983 年)

加拿大麦凯河油砂区块储层主要分布于下白垩统 Mannville 地层的 McMurray 组。McMurray 组是 Boreal 海从北部开始向陆地涌入而形成的三角洲和海湾沉积。到了 Clearwater 沉积时期，海侵已遍布全区，形成了海相泥岩，局部地区沉积了滨岸砂岩。McMurray 本身分为上、中、下三段。下段在研究区缺失；中段 55～65m，底部为 20～30m 厚向上粒度变细的河道砂体，顶部为离岸页岩夹砂岩透镜体；上段为向上变粗的海相砂坝沉积。

2.5 圈闭特征

委内瑞拉重油带 MPE3 区块主要为地层和构造复合圈闭。中新统的 Oficina 组等砂岩上倾尖灭，以及砂岩向南超覆在基底之上，或由沥青堵塞上倾出口而形成圈闭。上覆盖层为中新统区域厚层泥岩和层间泥岩。由于断层断距较小，厚层的泥页岩盖层条件很好。圈闭形成始于渐新—中新世至今。

加拿大麦凯河油砂区块主要圈闭类型为地层圈闭。其原因是：(1)作为一个大型而简单的不对称向斜，其巨大的缓坡单斜翼向东延伸至加拿大地盾；(2)盆地局部受隐伏内部构造的影响；(3)缺乏重要基底卷入构造活动。盆地内主要发育泥岩盖层，最主要的区域性盖层为 Mannville 储层之上的 Joli Fou 组泥岩及 Colorado 群泥岩。这些盖层总体说来分布面积大，封盖能力良好，并且受构造破坏较小[7]。

3 储层特征

委内瑞拉重油带 MPE3 区块和加拿大油砂麦凯河区块在储层特征同为盆地斜坡区三角洲相、滨岸相及河流相等砂体，具有高孔隙度、高渗透率的特点，详细储层特征见表1。

表 1 委内瑞拉 MPE3 区块和麦凯河油砂区块储层特征参数对比表

内容	委内瑞拉 MPE3 区块	麦凯河油砂区块
储层时代	新近系	白垩系
沉积环境	河流—三角洲	河流—三角洲—滨海
储层岩性	中细砂岩	中细砂岩
沉积构造	（1）块状层理； （2）板状交错层理； （3）水平层理； （4）透镜状层理和包卷层理； （5）不对称波状层理	（1）平行层理； （2）板状交错层理； （3）流水沙纹层理； （4）潮汐层理； （5）斜杂岩性层理
自生矿物	黄铁矿	海绿石、燧石
成分成熟度和结构成熟度	高	高
储层厚度（m）	20~100	20~40
单层平均厚度（m）	20	20
产层顶部深度（m）	600~1300	150~400
孔隙度（%）	28~35	30~35
含油饱和度（%）	>80	>75
渗透率（D）	0.5~10	0.5~10
岩石固结程度	差	差
非均质性	强	强

3.1 储层沉积背景

MPE3 区块位于南委内瑞拉前陆盆地斜坡带，研究区地层覆盖于前寒武基底之上，自下而上发育古生代、白垩系和新近系，随着北缘推覆负载的增加，盆地南部沉降范围逐渐扩大，导致由北向南，地层沉积范围不断扩大，形成不断向南超覆的地层沉积格局。新近系沉积体正是基于以上沉积背景下而形成的一套具有海侵背景的河流-三角洲沉积建造。

加拿大麦凯河油砂区块下白垩统 McMurray 组硅质碎屑岩沉积发生在海侵期，北海（Boreal Sea）从 NW 方向侵入阿尔伯达盆地。随着海平面的上升，北海自西北方向侵入，迫使河流相沉积向东南后退，留下大片三角洲、河口湾以及临滨砂坝沉积[13]。

3.2 储层岩石学特征

通过薄片鉴定，MPE3 区块 Oficina 组岩性主要为中砂岩、细砂岩、粉砂岩和泥岩组成，砂体主要由厚块状或层状含粉砂质砂岩组成，含少量黄铁矿及缺少植物化石。颗粒主要以石英为主并占97%以上，岩屑和长石之和只有3%左右，余下矿物含量很低，几乎不到1%。砂岩颗粒磨圆度为次圆状—圆状，分选中等到好，整体结构成熟度较高，砂岩为颗粒支撑，具层状结构，透镜状层理。Morichal段砂岩成分中颗粒占主要部分基本在60%以上，填隙物基本上都是泥质且所占百分比大小不一，这可能与当时水动力较强有关。

　　加拿大麦凯河油砂区块总体以石英砂岩为主。主要颗粒组分主要为次圆-次棱角状石英砂岩，石英含量为75.8%，长石含量为5.65%，岩屑5.2%，燧石含量6.85%，海绿石5.7%，重矿物0.8%。其中燧石和海绿石是海洋沉积环境的指示矿物，说明和奥里诺科重油带MPE3区块相比，麦凯河油砂区块更靠近海洋沉积环境。同时发现少量火成岩屑、变质岩屑、化石碎片，残骸以及碳质植物碎屑。海绿石主要存在于局部致密泥岩中。

3.3　储层沉积相标志

　　MPE3区块主要存在五种层理构造：（1）块状层理；（2）板状交错层理；（3）水平层理；（4）透镜状层理和包卷层理；（5）不对称波状层理。MPE3区块的生物化石不太发育，生物种群主要为水上环境。一般来看，泥岩和粉砂质泥岩中，局部可见炭屑、植物叶片及植物根系化石，未见其他化石及生物遗迹(图6)。

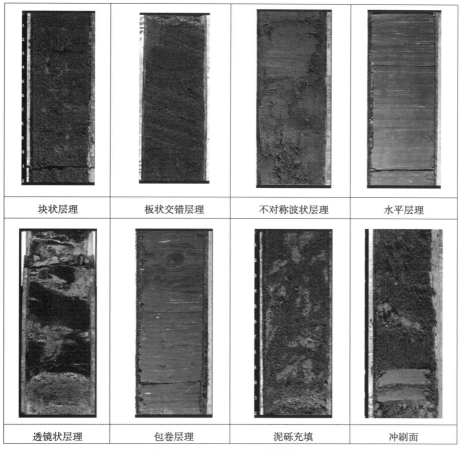

图6　MPE3区块典型沉积构造

　　麦凯河油砂区块McMurray组主要发育三角洲河口砂坝沉积、滨海等沉积，其典型特征如下：加拿大油砂区块主要发育多种成因类型的沉积构造包括平行层理、潮汐层理、流水沙纹层理、板状交错层理、斜杂岩性层理（Inclined Heterolithic Stratification，简称 IHS）和冲刷面等沉积构造，生物化石非常发育，生物种群主要为水下环境（图 7）。岩心上见有明显的强烈生物扰动现象，特别是垂向虫孔较多，包括 Rosselia、Gyrolithes、Diplocraterion、Thalassinoides、Scolicia、Arenicolites、Zoophycos、Gyrolithes 等虫孔构造和生物扰动构造等生物遗迹构造。研究区发现的自生矿物海绿石也反映了海洋沉积环境。

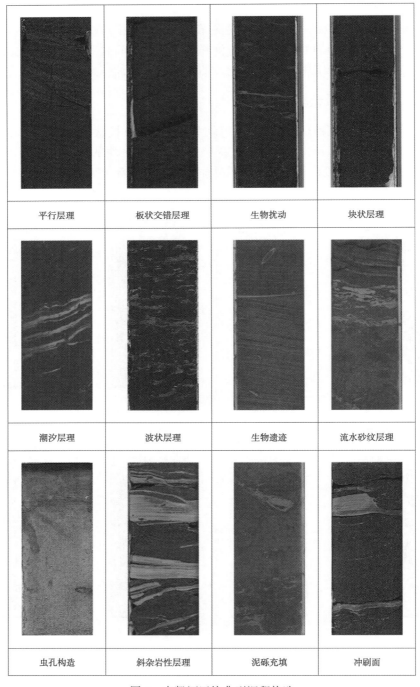

图 7　麦凯河区块典型沉积构造

3.4 储层沉积体系分析

MPE3 区块 Oficina 组早期沉积物源丰富，河流带着大量的近源沉积物在工区内沉积。沉积中期受到海平面上升的影响，物源量相对减少也使得辫状河沉积减弱。晚期，随着海平面上升的加剧，工区内大部分沉积体均表现出水下沉积特征。主力层 Morichal 段沉积类型属于三角洲平原上的辫状河沉积。其特点是河道形成于坡降大，河道侵蚀强度大，河岸抗蚀性差，河载推移质/悬移质比很大的环境。河道一般宽而浅，河道易被心滩分割，水流成多河道绕着众多心滩不断分叉和重新汇合，河水主流摆动不定，河道移动变化大，河床地貌形态变化快。典型沉积相模式如图 8 所示。

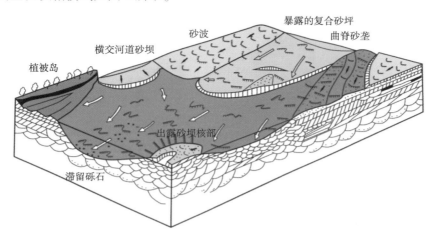

图 8　MPE3 区块辫状河沉积相模式图(修改自沃克和坎特，1979)

麦凯河油砂区块 McMurray 组沉积于一个长轴向 NNW、地势南高北低的盆地中，北部与海相连。主要沉积类型为河流、三角洲和滨海相。三角洲主要为潮控性，可有分流河道，砂坝等微相。滨海主要为潮坪、海湾泥等微相。McMurray 组总体呈海平面相对上升变化。纵向上中下部层序以曲流河为主，沉积物多为来自盆地周边的近物源。上部层序受西北方向海侵的影响增大，自北向南可发育滨海—河口湾—三角洲相。典型沉积相模式如图 9 所示。

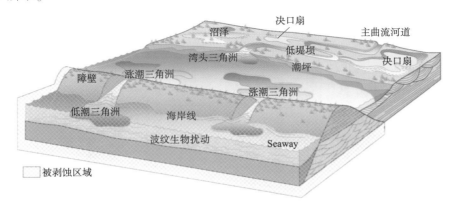

图 9　麦凯河区块 Upper McMurray Formation 沉积相模式图(修改自海恩，2000)

4 评价方法

由于两个区块储层成因类型相似，同样为盆地斜坡区三角洲相、滨岸相及河流相等砂体，同样为多期砂岩叠加而成，同样具有具有高孔隙度、高渗透率的特点，因此，在评价过程中采用了相似的关键技术。(1)高分辨率小层划分和对比技术；(2)井震结合井震联合地震反演技术；(3)分层次多控制地质建模技术；(4)适用于开发方式的储量评价技术，如图10所示。

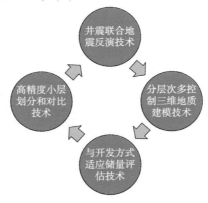

图10　委内瑞拉 MPE3 区块和加拿大麦凯河油砂区块评价关键技术

4.1　高精度小层划分和对比技术

首先建立地震层序界面和单井层序界面的对应关系，在统一的大的层序格架的基础上开展内部小层的对比划分；进而通过岩心观察，利用取心井段建立的测井响应模型，划分测井曲线旋回并确定其基准面，然后再利用到非取心井中，最终建立测井层序地层格架[8]。

在 MPE3 区块系统运用层序地层学理论与技术方法，采用地质、地震协同一体化研究方法，在四级层序约束下，结合地震、测井响应特征和岩心观察，确立了层序对比依据，应用多级次基准面旋回划分对比技术，细分沉积旋回，建立了 MPE3 区块辫状河五级层序地层格架，如图11所示。

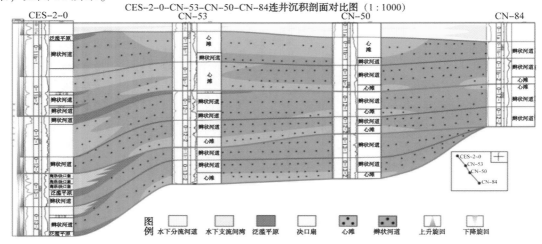

图11　委内瑞拉 MPE3 区块地层格架剖面

在麦凯河油砂区块识别 McMurray 不同沉积环境下的准层序和准层序组及其叠加方式，包括进积式和退积式准层序组，从而建立准层序级的精细层序地层格架。下部准层序 1~6 反映了向北部陆棚进积过程，上部准层序 7~11 反映了向北部陆棚退积过程，如图 12 所示。

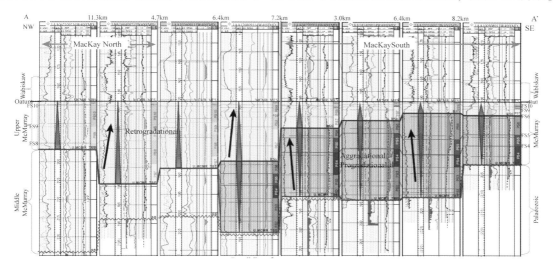

图 12　加拿大麦凯河油砂区块地层格架剖面

4.2　井震联合地震反演技术

通过测井与地震相结合，补偿地震信息欠缺的高频成分，根据测井数据纵向分辨率高的有利条件，对井旁地震资料进行约束反演，并在此基础上对井间地震资料进行反演，推断储层岩性在平面上的变化情况，这样就把具有高纵向分辨率的已知测井资料与连续观测的地震资料联系起来，实行优势互补，提高三维地震资料的纵、横向分辨率和对地下地质体的描述精度[9]。

在 MPE3 区块利用了大量水平井信息，测井与地震相结合，通过声波重构和倾角叠加合成地震记录技术，成功将水平井段信息应用于地震反演，创新形成了直井与水平井联合地震反演技术。明显提高地震反演精度和可靠性，有效解决了井间、井外和储层内部的储层预测不确定性问题，为储层特征和隔夹层特征研究提供了坚实的基础，如图 13 所示。

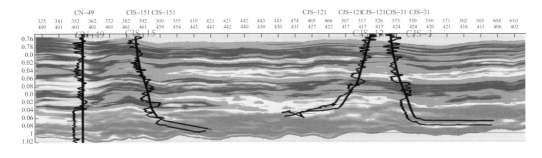

图 13　委内瑞拉 MPE3 区块储层反演剖面

在麦凯河油砂区块基于研究区 3C3D 地震数据，利用不同炮检距道集数据及横波、纵波、密度等测井资料，联合反演出与岩性、含油气性相关的多种弹性参数模型，进行储层建模，综合判别储层物性及含油气性。而使反演获得的岩性、物性信息更加丰富、可靠，如图14 所示。

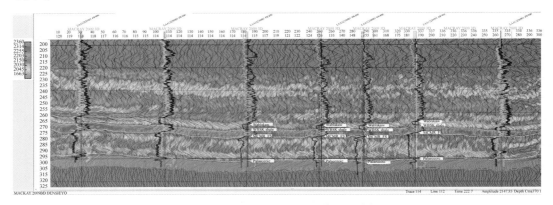

图 14　加拿大麦凯河油砂区块储层反演剖面

4.3　分层次多控制三维地质建模技术

采用分层次多约束建模一体化方法开展三维地质建模研究，基于地震、地质、测井、沉积等多信息约束，建模过程中依据研究区沉积模式、应用多属性体约束，结合流动单元研究成果，改进地质建模流程，显著提高了模型的精度[10,11]。有利于精细刻画研究区储层特征，从而为后续重油和油砂资源的客观评价奠定基础。

在 MPE3 区块以辫状河储层概念模型为指导，基于地震、地质、测井、沉积等多信息约束，应用多点地质统计学方法，在流动单元控制下，改进地质建模流程，改以往沉积微相控制物性建模的"二步法"流程为沉积微相控制的基础上，以流动单元作为约束进行物性建模的"三步法"流程，提高了模型的精度，如图 15 所示。

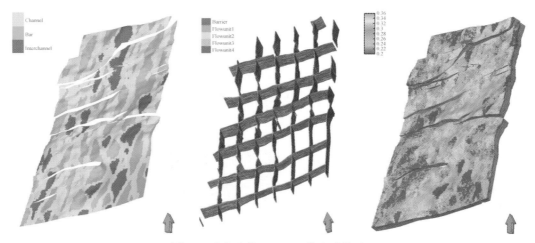

图 15　委内瑞拉 MPE3 区块地质模型

在麦凯河油砂区块同样采用多信息约束的建模方法，在建模过程中首先建立沉积体系模型，进而建立岩相模型，并且在进行储层参数建模时充分考虑游离气顶和过渡带的分布情况，确定性建模和随机建模相结合。客观精确的刻画了研究区的储层的空间分布，如图 16 所示。

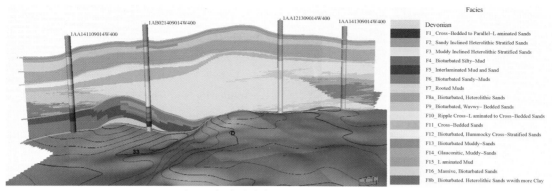

图 16　加拿大麦凯河油砂区块地质模型

4.4　与开发方式适应储量评估技术

为了适应不同开发方式对油层的不同要求，有针对性的进行了储量分类评价[12]。

MPE3 区块针对超重油采出程度受到开发方式制约的特点，并结合测井、地球物理等储层评价方法，针对开发方式的需求对储量进行了分级和评价。将储量划分为原始储量、经济储量、水平井开发储量、蒸汽驱/吞吐开发储量、SAGD 开发储量等。

在麦凯河油砂区块通过单井定义连续油层、建立流体分布模型、基于油层 cutoff 计算 NTG、根据厚度确定含油面积、基于模型计算适用 SAGD 开发资源量。

5　结论与认识

（1）通过对委内瑞拉重油带 MPE3 区块和加拿大麦凯河油砂区块的储层特征和成藏条件进行分析，认为两个区块储层成因有如下相似条件，同样具有丰富的烃源岩物质基础；良好的烃类运移通道和充足的烃类运移驱动力，同样发生了地下水对烃类的水洗作用和生物的降解作用使烃类稠化，黏度升高，密度加大，形成重油和油砂；同样的海陆过渡盆地斜坡区三角洲相、滨岸相及河流相砂体发育，为大型重油和油砂的成藏提供了储集空间，同样具备区域分布的泥岩作为盖层，促进了烃类横向运移，充满砂体。

（2）两个区块储层特征的相似性表现在：同为盆地斜坡区三角洲相、滨岸相及河流相等砂体，多期砂岩叠加而成，同样为疏松砂岩，具有高孔隙度、高渗透率的特点。储层特征的差异性主要体现在委内瑞拉重油埋藏相对较深，沉积部位相对偏陆地方向，沉积厚度相对较大，而加拿大油砂埋藏相对较浅、沉积范围相对较宽，从曲流河、三角洲到滨海沉积环境均有发育。

（3）由于两个区块在储层成因特征等诸多相似特点，在评价过程中采用了相似的关键技术。为进一步研究奥里诺科重油带和加拿大油砂在地下储层中分布特征和后续开发方案设计提供了重要地质依据。

参考文献

［1］　DUSSEAULT M B. Comparing venezuelan and canadian heavy oil and tar sands［J］. Petroleum Society，2001（61）：1-19.

[2] FLACH P D. Oil sands geology-Athabasca deposit north[M]. Geological Survey Department, Alberta Research Council Edmonton, Alberta, Canada, 1984

[3] 瓦尔特·吕尔. 焦油(超重油)砂和油页岩[M]. 周明鉴, 牟相欣, 译. 北京: 地质出版社, 1986.

[4] GUY PLINT A, PAUI J, MCCARTHY, et a1. Nonmarine sequence stratigraphy: Updip expression of sequence boundaries and systems tracts in a highresolution framework, Cenomanian Dunvegan Formation, A1berta foreland basin, Canada[J]. AAPG Bulletin, 2001, 85(11): 1967 2001.

[5] STEVE LARTER, HAIPING HUANG, JENNIFER ADAM S, et a1. The controls on the composition of biodegraded oils in the deep subsurface: Part II—Geological controls on subsurface biodegradation fluxes and constraints on reservoir-fluid property prediction [J]. AAPG Bulletin, 2006, 90(6): 921 938.

[6] 穆龙新, 韩国庆, 徐宝军. 委内瑞拉奥里诺科重油带地质与油气资源储量[J]. 石油勘探与开发, 2009, 36(6): 784-789.

[7] 穆龙新. 委内瑞拉奥里诺科重油带开发现状与特点[J]. 石油勘探与开发, 2010, 37(3):338-343.

[8] 裘怿楠, 薛叔浩, 应凤祥. 中国陆相油气储集层[M]. 北京: 石油工业出版社, 1997.

[9] 贾爱林, 穆龙新, 陈亮. 扇三角洲储层露头精细研究方法[J].. 石油学报, 2000, 21(4): 105-108.

[10] 穆龙新. 油藏描述的阶段性及特点[J].. 石油学报. 2000, 21(5): 103-108.

[11] 王德发, 陈建文, 李长山. 中国陆相储层表征与成藏型式[J]. 地学前缘, 2000, 7(4): 363-368.

[12] 徐安娜, 穆龙新, 裘怿楠. 我国不同沉积类型储集层中的储量和可动剩余油分布规律[J]. 石油勘探与开发, 1998, 25 (5): 41-44.

伊拉克艾哈代布油田白垩系生物碎屑灰岩储集层特征及主控因素

韩海英　穆龙新　郭睿　赵丽敏　苏海洋

（中国石油勘探开发研究院）

摘　要：利用岩心、铸体薄片、扫描电镜、物性分析、压汞等资料研究伊拉克中南部艾哈代布地区中上白垩统生物碎屑灰岩储集层的基本特征及主控因素，识别出两类储集层：中高孔渗储层和中高孔低渗储集层。两类储集层的形成环境、储集空间、孔隙结构及孔渗性能等均不同。中高孔渗储层主要发育在台内滩中的颗粒灰岩类储集层中，以铸模孔、非组构选择性溶孔、粒内溶孔和粒间孔为主，具有良好的孔喉配置关系，储渗性能较好，为本区最优质的储集层。中高孔低渗储集层主要发育在能量较低的泥晶灰岩类中，以体腔孔和晶间孔等孔隙为主，孔喉配置稍差，渗透性能较差。储集层的主控因素表明：储集层受到沉积相和建设性成岩作用的控制，台地内台内滩是最有利的沉积相带，溶蚀作用、新生变形作用和白云石化作用导致了本区绝大多数次生孔隙的形成，同生期溶蚀作用和表生期溶蚀作用是本区有利储层形成的关键。

关键词：艾哈代布；伊拉克；生物碎屑灰岩；碳酸盐岩储集层；溶蚀作用；主控因素

艾哈代布（Ahdeb）油田是伊拉克中南部的重要石油生产区，纵向上具有多个含油层系。勘探表明该地区在白垩系发育了厚度较大的生物碎屑灰岩储集层[1]，勘探开发潜力大。碳酸盐岩储集层成因机理及主控因素一直被国内外学者所重视，现普遍认为碳酸盐岩储集层的发育演化主要受沉积、成岩和构造三大地质因素的综合控制[2]。伊拉克白垩系储层，如东南部的赛诺曼阶Mishrif组的礁滩相储层、南部的土仑阶Khasib组的白垩质灰岩储层及东北部的阿尔布阶Mauddud组的白云岩和裂缝孔洞型储层等，前人已对它们进行了沉积和储层特征的研究[3-9]，认为有利的沉积相带及多样化的成岩改造作用对储层的形成起重要作用。但对艾哈代布油田白垩系孔隙型生物碎屑灰岩储集层尚未进行研究，储集层的特征及主控因素尚不清楚，严重制约了该地区勘探和开发的进程。本文在对3口取心井岩心观察和薄片分析、扫描电镜、物性分析和压汞分析的基础上，分析艾哈代布油田生物碎屑灰岩的储集层特征，探讨储集层形成的主控因素，旨在于为油田下步勘探开发的部署提供参考依据。

1　研究区地质概况

艾哈代布油田位于伊拉克中南部的瓦西特省内（图1），距离西北方的巴格达约180km，油田面积约150km²。该油田处于北西—南东走向的窄条状的低幅度背斜构造之上，在构造区划上处于波斯湾盆地北部美索不达米亚带。二叠纪末期，在早阿尔卑斯构造运动左右下，美索不达米亚带发生沉降，随后研究区经历了侏罗纪末期的隆升阶段、阿普第期地貌剥蚀夷

作者简介：韩海英，男，1983年生，高级工程师，博士；主要从事油气藏开发地质方面研究工作。地址：北京市海淀区学院路20号。电话：（010）83592842，邮箱：hhying@petrochina.com.cn。

平阶段、土仑期的构造活化阶段和渐新世—上新世前陆盆地的演化阶段，形成现今的构造形态[1,10,11]。美索不达米亚带在白垩纪的大部分时间内继承了侏罗纪期的沉积格架，以浅海碳酸盐岩沉积为主。根据不整合面及区域暴露面，研究区目的层可以划分出两个二级层序[12]，再按岩性、电性、古生物及沉积旋回，可将研究区阿尔比阶—土仑阶地层划分为四个三级层序(图2)。研究区在三级层序的控制之下，发育了多期碳酸盐岩缓坡、局限台地、台间洼地、开阔台地的沉积相的垂向组合序列，台地内发育台内滩亚相。研究区内无断层发育，自上而下发育7套储盖组合，烃源岩主要为下白垩统贝利阿斯阶Sulaiy组页岩，储集层主要分布在SQ1~SQ4四个层序中，储集层岩性以生屑灰岩、绿藻灰岩、砂屑灰岩、泥晶灰岩和有孔虫灰岩为主，另见少量的白云质灰岩和抱球虫灰岩，钻厚约780m，储层以孔隙型储层为主，可见少量的裂缝及溶洞。

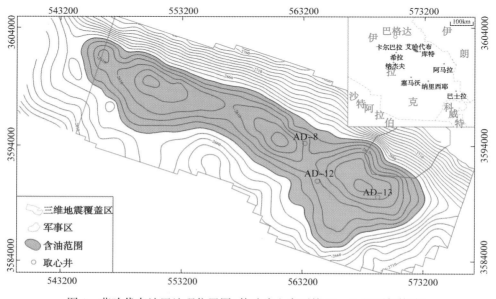

图1　艾哈代布油田地理位置图(构造为上白垩统Khasib组顶部构造)

2　储集层特征

2.1　储集层岩性

对艾哈代布油田3口取心井235m岩心段观察及339块岩心样品的薄片统计分析表明，储层以颗粒灰岩类为主，其次为泥晶灰岩。颗粒灰岩类包括亮晶颗粒灰岩、微亮晶颗粒灰岩和泥晶颗粒灰岩，其骨屑颗粒包括有孔虫、绿藻、圆笠虫、双壳类、棘皮类、厚壳蛤等，非骨屑颗粒包括似球粒，砂屑及少量砾屑。在镜下观察到的灰泥大多数是微泥晶，但在孔隙度高的灰岩中灰泥容易发生新生变形变为微亮晶，形成微亮晶灰岩，发育较多的晶间孔和晶间溶孔。胶结物为亮晶方解石、微亮晶方解石和白云石。亮晶颗粒灰岩的颗粒间常见等厚环边的方解石的世代胶结；微亮晶颗粒灰岩中可见围绕颗粒边缘的马牙状方解石，晶体大小仅4~10μm；在局限台地滩相沉积中颗粒间还存在白云石。

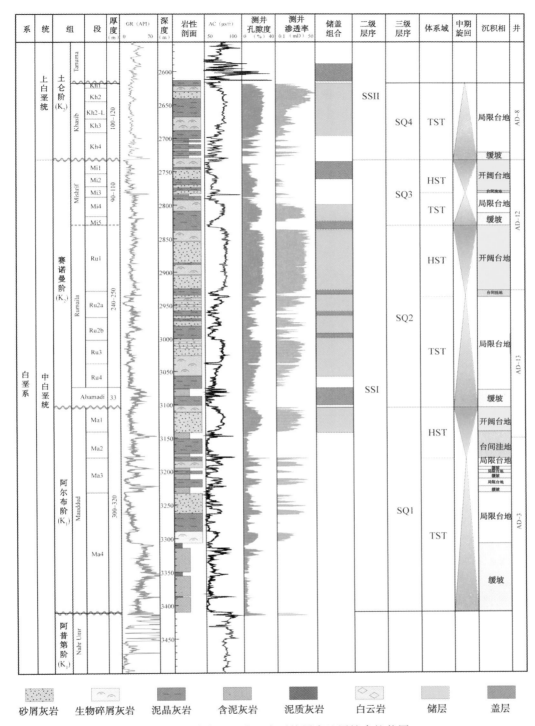

图2　艾哈代布油田中上白垩统层序地层综合柱状图

2.2　孔隙类型

通过统计328块有孔薄片的面孔率，认为艾哈代布地区储集层的储集空间以铸模孔、非组构选择性溶孔和体腔孔为主，孔隙空间百分比分别为28.1%、20.8%和16.7%（表1），其次为晶间孔，此外还发育粒内溶孔、粒间孔、裂缝等。（1）铸模孔：文石质壳屑或砂屑颗粒全部被溶蚀形成的孔隙，保留颗粒的外部形态，为台内滩中颗粒灰岩类储集层的主要孔隙类型之一[图3(a)]。（2）非组构选择性溶孔：在储层中广泛发育，主要发生在大气淡水渗流带和埋藏环境中。在大气淡水渗流带中形成溶孔或溶洞均较大，而埋藏环境下的非组构选择性溶孔较小[图3(b)]。（3）体腔孔：沉积之后生物体腔中有机组织的腐烂而形成，以浮游有孔虫和圆笠虫的体腔孔最为发育[图3(c)]。（4）晶间微孔：粒泥灰岩和泥粒灰岩中的灰泥广泛发生新生变形作用形成的微亮晶方解石，使泥晶基质中具有大量晶间微孔[图3(d)]。此外，白云石重结晶作用形成的晶间孔[图3(e)]、颗粒间的粒间孔[图3(f)]也少量存在。

表1　艾哈代布地区储层孔隙空间贡献百分比图

空隙类型			孔隙						裂缝
			铸模孔	非选择性溶孔	体腔孔	晶间孔	粒间孔	粒内溶孔	其他孔隙	
样品数 N=328	储集空间（%）	最小值	1	0.5	0.1	0.1	1	0.1	0.1	0.1
		最大值	20	17	26	10	15	5	5	3.3
		平均值	8.5	5	3.6	3.6	7.1	1.9	2.1	1.9
	有孔薄片数		187	236	263	220	54	164	129	98
	有孔薄片比例（%）		57.0	71.9	80.2	66.9	16.5	50.0	39.3	29.8
	面孔率（%）		28.1	20.8	16.7	14.0	6.8	5.5	4.8	3.3

2.3　孔隙结构特征

碳酸盐岩储集层的渗透性能是由储集层的孔喉结构特征决定的[13]。研究区储集层喉道类型主要有管状喉道及片状喉道两类[14]。管状喉道其横断面近于圆形，平均喉径$2\sim50\mu m$，喉道连通性较好，渗透率较高，主要发育于藻模孔之间及粒间溶孔之间[图4(a)]。而片状喉道主要发育于晶粒之间，多连接晶间微孔及晶间微孔和体腔孔，平均喉径$0.1\sim2\mu m$，连通性较差[图4(b)]。颗粒灰岩类岩石孔喉配位数整体高于泥晶灰岩类岩石。颗粒灰岩类岩石孔喉配位数为$2\sim6$，平均值为3.55；泥晶灰岩类岩石孔喉配位数为$2\sim4$，平均值为3。孔喉配位数越高，孔隙与喉道的连通性越好。

压汞曲线能够反映储层孔隙结构参数，从而能够反映储层的好坏。依据压汞曲线可将储层分为两类：I类储层进汞曲线具有较低的排驱压力和饱和度中值压力，形态为中—粗歪度，最大进汞饱和度可达90%以上，孔喉半径大于$0.1\mu m$的孔喉体积百分数大于85%，反映较多的粗—中等孔喉特征；孔喉分布曲线以双峰为主，比重较少的大孔喉对渗透率起主要贡献作用（图5），这部分样品的主要出现在颗粒灰岩类储集层中，泥晶灰岩类储集层也偶有出现。II类储层进汞曲线具有较高的排驱压力和饱和度中值压力，形态为细歪度，排驱压力一般大于1MPa，饱和度中值压力大于8MPa，孔喉半径大于$0.1\mu m$孔喉体积百分数大于25%，反映较多的细孔喉特征，孔喉分布以单峰为主，细孔喉对渗透率起主要贡献作用，这部分样品主要出现在泥晶灰岩类储集层中，孔隙之间的连通性稍差，虽具有较高的孔隙度，渗透率却较低。

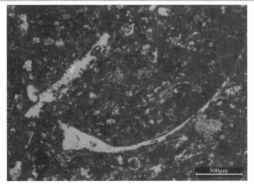

（a）泥晶颗粒灰岩，双壳类和粗枝藻的铸模孔，AD13井2629.31m，土伦阶Khasib组Kh2段，单偏光

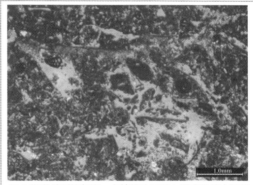

（b）微亮晶颗粒灰岩，在铸模孔基础上形成的扩大性溶蚀孔，AD13井3091.77m，阿尔布阶Mauddud组Ma1段，单偏光

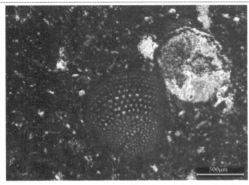

（c）泥晶颗粒灰岩，圆笠虫体腔内器官腐烂后形成大量体腔孔，AD13井3096.42m，阿尔布阶Mauddud组Ma1段，单偏光

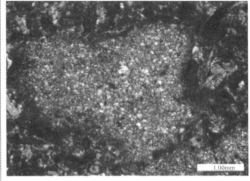

（d）微亮晶颗粒灰岩，砂屑内发生新生变形作用形成方解石晶间孔，AD12井2850.72m，赛诺曼阶Rumaila组Ru1段，单偏光

（e）细晶—中晶白云岩，白云石晶体间为晶间孔，中间为粗晶方解石溶解形成的溶孔，AD13井2950.25m，赛诺曼阶Rumaila组Ru2b段，单偏光

（f）亮晶颗粒灰岩，砂屑间残留少量粒间孔，可见白云石在粒间沉淀，赛诺曼阶Rumaila组Ru2a段，AD13井2924.86m，单偏光

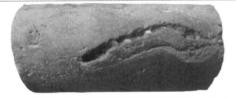

（g）颗粒灰岩，可见近似垂向延伸的溶沟，AD13井2980.75m，赛诺曼阶Rumaila组Ru3段，岩心

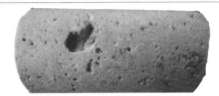

（h）颗粒灰岩，表面可见大小不等的溶洞及溶孔，AD13井2988.6m，赛诺曼阶Rumaila组Ru3段，岩心

图3　艾哈代布地区白垩系储层主要孔隙类型及建设性成岩作用类型

 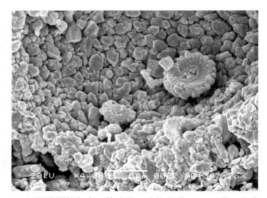

（a）泥晶颗粒灰岩，铸模孔并有溶蚀，管状喉道发育，
AD13井土仑阶Khasib组Kh2段，2621.81m，扫描
电镜1000×

（b）泥晶颗粒灰岩，体腔孔，片状喉道，AD13井土仑阶
Khasib组Kh2段，2621.84m，扫描电镜4000×

图4　管状喉道和片状喉道

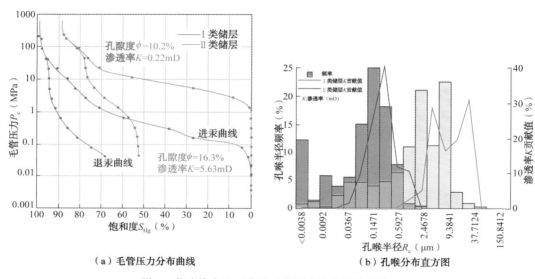

（a）毛管压力分布曲线　　　　　　　　（b）孔喉分布直方图

图5　艾哈代布油田典型毛管压力曲线及孔喉分布

2.4　孔渗关系

研究区储集层整体上为中高孔隙、低渗透率的特征，但两类灰岩储集层的孔渗关系存在一定差异(图6)。颗粒灰岩类储层的孔隙度(Φ)与渗透率(K)均相对较高，泥晶灰岩类储层的孔隙度相对较高，渗透率却明显变差，说明颗粒灰岩类与泥晶灰岩类的储集性能相当，但前者的渗透性要好于后者。孔隙度与渗透率均存在一定的正相关性，颗粒灰岩类孔隙度与渗透率的正相关程度要好于泥晶灰岩类，其相关系数(r)分别为0.69和0.47，但相关性也不高。微观实验分析表明，镜下观察颗粒灰岩类储层以铸模孔、非组构选择性溶孔、粒内溶孔和粒间孔为主，孔喉配置关系好，而泥晶灰岩中体腔孔和晶间孔居多，孔喉配置关系差，孔隙间连通性差，渗透率稍差。由此可见，本地区两类储集层储集条件良好，但存在一定程度的非均质性。

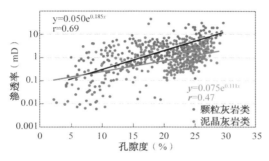

图 6 艾哈代布油田储集层孔渗关系图

3 储集层主控因素

3.1 沉积微相

3.1.1 沉积微相对孔隙结构参数的控制

沉积微相控制了岩相的分布，不同类型的岩石的孔隙结构存在着差异，因而不同微相间微观孔隙结构也存在差异。

研究区以台内滩发育为主，根据岩石颗粒组成不同可以划分为藻屑滩、砂屑滩、生屑滩、厚壳蛤滩及滩间五种微相。从取心井 87 块岩心样品的压汞资料分析可以看出（表2），不同微相间的岩石孔隙结构不同，进而物性存在差异。能量相对较强以砂屑颗粒灰岩为主的藻屑滩及砂屑滩岩石孔隙结构要好于以生屑颗粒灰岩为主的生屑滩和厚壳蛤滩；而后两者的岩石孔隙结构整体上好于能量相对较弱的以泥晶灰岩和颗粒泥晶灰岩为主的滩间微相；五种微相的物性依次变差。

表2 台内滩中沉积微相孔隙结构参数特征统计表

沉积微相	物性参数		曲线特征参数							取心井
	孔隙度（%）	渗透率（mD）	P_{c10}（MPa）	P_{c50}（MPa）	R_{c10}（μm）	R_{c50}（μm）	S_{min}（%）	退出效率（%）	样品数（个）	
藻屑滩	24.76	15.28	0.32	1.72	2.92	0.50	9.14	54.12	24	
砂屑滩	22.36	10.11	0.32	2.22	3.37	0.49	9.49	50.49	26	AD8 AD12 AD13
生屑滩	18.85	5.06	0.52	3.31	2.16	0.39	4.66	43.75	20	
厚壳蛤滩	14.02	3.36	1.92	6.08	0.82	0.14	9.78	39.69	5	
滩间	18.18	1.14	1.22	4.19	1.04	0.24	8.81	38.63	12	

注：P_{c50}为饱和度中值毛管压力；R_{c50}为喉道中值半径；P_{c10}为排驱压力；R_{c10}为最大连通孔喉半径；S_{min}为最小润湿相饱和度。

3.1.2 沉积微相对孔喉分布的的控制

不同沉积微相内岩石类型和经历的成岩作用的差异性，致使不同微相间孔喉分布亦存在差异。从孔喉分布曲线（图7）分析得知，砂屑滩和滩间储层孔隙结构间具有明显差异，砂屑滩储层主要以孔径大于 0.6μm 的孔喉为主[图7（a）]，而滩间储层则主要以孔径小于 0.6μm 的孔喉为主[图7（b）]。尽管两者的孔隙度差别不大，但渗透率贡献值的分布差别较大，致使渗透率之间具有较大的差异。图中所示砂屑滩相中占少部分的溶孔、微裂缝等大孔喉对渗流起主要作用，而滩间主要是小孔喉起到主导作用，因此前者的渗透率要高于后者。结合扫描电镜（SEM）资料分析（图8）来验证沉积微相之间的差异，滩相沉积其岩石颗粒为中晶、微晶及集合体，呈粒状分布，结构较为疏松，主要以溶孔、晶间孔发育，且孔隙之间连通性好；而滩间沉积其岩石颗粒为微晶结构，晶间微孔发育，见少量溶孔，连通性相对较差一些。

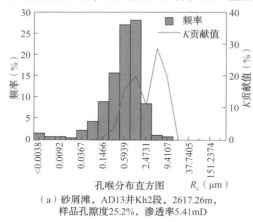 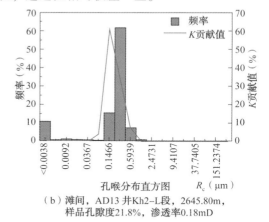

（a）砂屑滩，AD13井Kh2段，2617.26m，
样品孔隙度25.2%，渗透率5.41mD

（b）滩间，AD13井Kh2-L段，2645.80m，
样品孔隙度21.8%，渗透率0.18mD

图7　砂屑滩与滩间孔喉分布曲线

（a）岩石结构疏松，方解石晶体晶间微孔隙及溶孔
发育，连通性良好。藻屑滩，400×，AD13井
Kh2段，2627.21m

（b）岩石结构疏松，方解石晶体呈微晶结构，晶间
微孔隙发育。滩间，2200×，AD13井Kh2-L，
2649.08m

图8　藻屑滩与滩间扫描电镜照片

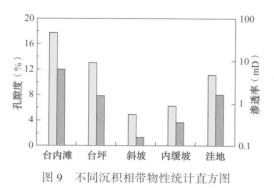

图9　不同沉积相带物性统计直方图

3.1.3　沉积相对物性的控制

有利的沉积相带是碳酸盐岩孔隙型储层分布的物质基础[15-16]。岩心分析资料统计表明，艾哈代布地区白垩系生物碎屑灰岩储集层的储层质量受到沉积相的控制，不同沉积亚相带储集层物性发育由好至差的顺序为台内滩、台坪、洼地、内缓坡及斜坡（图9）。其中，台内滩是最有利于储集层发育的沉积相带，平均孔隙度为18%，平均渗透率为7.52mD，其次是台坪沉积亚相，斜坡亚相物性相对最差。

3.2 溶蚀作用

对于碳酸盐岩储集层来说，溶蚀作用形成次生孔隙，从而提高孔渗性能，是一种建设性成岩作用。通过对研究区岩心及镜下薄片的观察，溶蚀作用是艾哈代布地区生物碎屑灰岩储集层形成的关键因素。研究区储集层主要经历了三期溶蚀作用：同生期溶蚀、表生期溶蚀及埋藏溶蚀，其中对储集层改善作用最大的是同生期溶蚀和表生期溶蚀，形成了绝大多数的有效孔隙，是研究区储集层的形成主要原因。

3.2.1 同生期溶蚀

同生期溶蚀主要形成了大量的铸模孔、粒内溶孔以及少量的溶蚀孔洞，但这一时期的溶蚀结果常被后期成岩作用所改造。藻屑滩、生屑滩、砂屑滩往往发育在构造的高部位，随着海平面的周期性变化及构造作用，时而出露海面或处于淡水透镜体内，在潮湿多雨的气候条件下，受到富含 CO_2 的大气淡水的淋溶，形成大小不一、形态多样的各种孔隙。在大气淡水潜流带内，发生以组构选择性溶蚀为主的溶蚀作用。绿藻、双壳类骨屑颗粒的存在常能够形成大量铸模孔[图 3(a)]，部分溶蚀的骨屑颗粒或内碎屑中可见粒内溶孔、粒间溶孔。在大气淡水渗流带内，发生非组构选择性溶蚀[图 3(b)]，形成及少量溶蚀孔洞，但这类孔洞在浅埋藏阶段部分被方解石胶结。

3.2.2 表生期岩溶

表生岩溶是研究区储层形成的关键成岩作用。研究区阿尔布阶 Mauddud 组、赛诺曼阶 Mishrif 组的顶界为区域性不整合界面，赛诺曼阶 Rumaila 组顶界为局部暴露面，受这几个不整合面及局部暴露面的控制，艾哈代布油田在 Mauddud 组、Rumaila 组和 Mishrif 组均发育古岩溶作用。碳酸盐岩被埋藏成岩之后，在构造作用下被抬升至近地表，受到大气淡水作用影响，原有的孔隙进一步扩大，同时形成溶沟、溶缝和溶洞[图 3(g)，图 3(h)]。通过地震方法对岩溶古地貌进行恢复，可以识别出岩溶高地、斜坡、斜坡洼地及浅台等岩溶地貌单元(图 10)。通过物性统计认为，岩溶程度受到古地貌的控制，岩溶斜坡的岩石物性最好，溶蚀强度较大，对储集性能的改善最大。

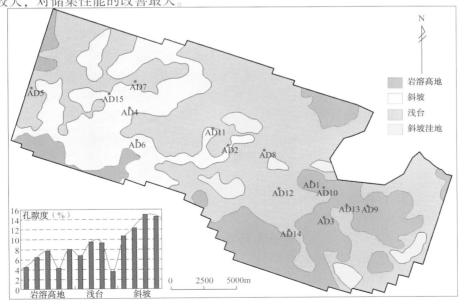

图 10 伊拉克白垩系赛诺曼阶 Mishrif 组岩溶古地貌示意图

3.3 新生变形作用

在淡水潜流带中，流动潜水经常使孔隙水更新，碳酸钙处于不饱和状态，文石和高镁方解石会发生新生变形作用[17]。新生变形作用可以形成大量次生孔隙，是艾哈代布地区储集层形成的重要成岩作用之一。前人研究认为新生变形作用在赛诺曼阶 Mishrif 组内泥质支撑的微相中发育[9]，研究区大量灰泥、灰泥质内碎屑内均可见新生变形作用形成的微晶—亮晶方解石[图3(d)]，这些细小的方解石晶体边缘在弱酸性水的溶蚀下不能产生大量晶间溶孔，为流体的流动提供了通道，溶蚀的扩大导致连通性好的次生孔隙网络[18]，使储集层的物性得到改善。

3.4 白云石化作用

白云石化是形成优质碳酸盐岩储层的一种建设性成岩作用[19]，白云石化作用不仅可以形成晶间孔，而且能够提高孔隙网络的连通性[20]。国外研究表明伊拉克赛诺曼阶 Mishrif 组和阿尔布阶 Mauddud 组经历了广泛的白云岩化作用[7,21,22]，通过研究认为本区对储层改造有利的主要是同生成岩阶段的混合水白云石化作用。研究区内较高的构造部位，如浅滩，在周期性的海退和暴露下，在淡水透镜体以下的半咸水带内，会发生混合水白云石化作用，形成具有雾心亮边的粉晶白云石[图3(e)]，可增加孔隙度，并容易被溶蚀扩大，从而进一步提高了岩石本身的储渗能力。

4 结论

伊拉克艾哈代布油田中上白垩统碳酸盐岩储层为孔隙型生物碎屑灰岩储层，储集层岩性以颗粒灰岩类和泥晶灰岩为主，孔隙度差别不大，而渗透率及孔隙结构存在区别，可划分为两类储层：一类是中高孔渗储层，主要发育在颗粒灰岩类储集层中，孔隙类型以铸模孔、非组构选择性溶孔、粒内溶孔和粒间孔为主，具有良好的孔喉配置关系，储渗性能较好；一类为中高孔低渗储层，主要发育在能量较低的泥晶灰岩类中，以体腔孔和晶间孔等孔隙为主，孔喉配置稍差，渗透性能较差。储层质量受到沉积相和溶蚀作用、新生变形作用和白云岩化等建设性成岩作用的控制。台地内部的台内滩相是有利的储集层。对储集层改善作用最大的是同生期溶蚀和表生期溶蚀，形成了绝大多数的有效孔隙，是研究区储集层的形成主要成因。同生期溶蚀形成组构选择性为主的溶蚀孔隙，而表生期溶蚀则将原有的孔隙扩大溶蚀，形成非组构溶蚀孔隙及溶沟、溶缝和溶洞，进一步改善了储层的储渗能力。

参考文献

[1] Aqrawi A A M, Goff J C, Horbury A D, et al. The petroleum geology of Iraq[M]. Beaconsfield: Scientific Press, 2010.

[2] 陈景山，李忠，王振宇，等. 塔里木盆地奥陶系碳酸盐岩古岩溶作用与储层分布[J]. 沉积学报，2007，25(6)：858-868.

[3] Gaddo J H. The Mishrif formation paleoenviroment in the Rumaila/Tuba/Zubair region of S. Iraq[J]. Jour. Geol. Soc. Iraq, 1971, 4: 1-12.

［4］ Sadooni F N，Aqrawi A A M. Cretaceous Sequence Stratigraphy and Petroleum Potential of the Mesopotamian Basin，Iraq［J］. Society for sedimentary Geology，2000，69：315-334.

［5］ Alkersan H. Depositional environments and geological history of the Mishrif formation in southern Iraq［C］. 9th Arab Petroleum Congress，Dubai，United Arab Emirates，1975，121（B-3）：1-18.

［6］ Sadooni F N. Stratigraphy，depositional setting and reservoir characteristics of Turonian-Campanian carbonates in Central Iraq［J］. Journal of Petroleum Geology，2004，27（4）：357-371.

［7］ Sadooni F N，Alsharhan A S. Stratigraphy microfacies and petroleum potential of the Middle Cretaceous Mauddud Formation in the Arabian Gulf Basin［J］. AAPG Bulletin，2003，87（10）：1635-1680.

［8］ Salin Y，Sadooni F N. Application of capillary curves in the analysis of the Mauddud Formation ［J］. Petroleum Research Journal，1987，6：1-16.

［9］ Aqrawi A A M，Thehni G A，Sherwani G H，et al. Mid-Cretaceous rudist-bearing carbonates of the Mishrif Formation：an important reservoir sequence in the Mesopotamian Basin，Iraq［J］ . Journal of Petroleum Geology，1998，21（1）：57-82.

［10］ 贾小乐，何登发，童晓光，等. 波斯湾盆地大气田的形成条件与分布规律［J］. 中国石油勘探，2011，（3）：8-22.

［11］ 白国平. 中东油气区油气地质特征［M］. 北京市：中国石化出版社，2007.

［12］ Sharland P R，Archer R，Casey D M，et al. Arabian plate Sequence Stratigraphy［M］. Manama：Gulf Petrolink，2001.

［13］ 强子同. 碳酸盐岩储层地质学［M］. 东营：石油大学出版社，2007.

［14］ Zhao L，Liu H，Guo R，et al. Integrated Formation Evaluation for Cretaceous Carbonate Khasib II of AD Oilfield. SPE 158870，2012.

［15］ 刘宏，谭秀成，李凌，等. 孔隙型碳酸盐岩储集层特征及主控因素——以川西南嘉陵江组嘉₅段为例［J］. 石油勘探与开发，2011，38（3）：275-281.

［16］ 王琪，史基安，陈国俊，等. 塔里木盆地西部碳酸盐岩成岩环境特征及其对储层物性的控制作用［J］. 沉积学报，2001，19（4）：548-555.

［17］ 黄思静. 碳酸盐岩的成岩作用［M］. 北京：地质出版社，2010.

［18］ 吴熙纯，王权锋. 碳酸盐岩白垩状结构成岩环境及成因［J］. 古地理学报，2010，12（1）：1-16.

［19］ 张宝民，刘静江，边立曾，等. 礁滩体与建设性成岩作用［J］. 地学前缘，2009，16（1）：270-289.

［20］ 高林. 碳酸盐岩成岩史及其对储层的控制作用—以普光气田为例［J］. 石油与天然气地质，2008，29（6）：733-739.

［21］ Aqrawi A A M. Paleozoic stratigraphy and petroleum systems of the western and southwestern deserts of Iraq［J］. GeoArabia，1998，3（2）：229-248.

［22］ Aqrawi A A M，Khaiwka M H. Microfacies analysis of the Rumaila Formation and equivalents （Cenomanian）in the Mesopotamian Basin，a statistical approach［J］. Journ. Univ. of Kuwait（Science），1989，16：143-153.

多信息关联的辫状河储层夹层预测方法研究
——以南苏丹 P 油田 Fal 块为例

王敏　穆龙新　赵国良　客伟利　邹荃

（中国石油勘探开发研究院）

摘　要：辫状河储层的夹层预测是其油藏描述的重点内容。目前夹层的预测主要集中于夹层发育模式研究和心滩坝体的构型单元解剖，且多运用单一的预测方法。南苏丹 P 油田辫状河储层夹层类型多、规模差异大、分布复杂，定量表征难度较大，本文在文献调研的基础上，从夹层的沉积成因入手，依据不同沉积方式形成的沉积砂体及其内部泥质夹层形态与结构不同的特点，综合岩心、测井与地震等多种资料，提出多信息关联的辫状河储层夹层预测方法。在密井网区建立骨架剖面与三角网小剖面，运用测井资料的垂向高分辨率与地震资料的横向强连续性特征确定不同类型夹层的井间发育规模；在建立岩相模型的基础上，以隔层厚度分布图为约束条件，采用确定性建模方法建立稳定性泥岩隔层分布模型；以沉积微相研究结果和夹层规模预测结果为约束条件，采用随机建模方法分别在砂岩相和泥岩非隔层相中模拟心滩坝、河道和各类型夹层的分布；最终确定了研究区主要存在四种成因类型的夹层，并在多信息关联的基础上建立反映多类型夹层空间分布的辫状河储层精细地质模型。研究发现对于厚度大于 2 m 的夹层可以通过井震结合的方法验证其井间规模，定量确定不同层位、不同类型夹层顺物源与切物源的发育规模，为夹层模型的建立奠定基础；基于克里金插值方法建立的岩相概率模型增加岩相模型准确率至 94%；以隔层厚度平面分布图为约束条件的确定性建模方法可准确建立砂组及小层间隔层分布模型；在各成因类型夹层井间规模预测的基础上，基于目标的随机模拟方法可以针对不同成因类型夹层的发育形态、数量、规模和趋势分别设定模拟参数，确定性与随机性相结合，实现了辫状河储层精细地质模型的建立。同时，对相关储层的夹层预测具有一定的指导作用。

关键词：辫状河；夹层；成因类型；井震结合；夹层预测

　　辫状河储层夹层的分布是造成储层非均质性的主要原因[1,2]，夹层的存在降低了注入水波及系数，是层内剩余油大量富集的关键因素[3-6]，因而夹层的预测是辫状河储层油藏描述的重点内容。Lynds[7]等依据现代辫状河沉积研究提出一种基于过程的辫状河储层泥岩分布的概念模式；吴胜和[8]等提出"层次约束，模式拟合和多维互动"的储层构型解剖思路研究储层内夹层的分布与规模；于兴河[9,10]等详细剖析了山西省大同市晋华宫辫状河露头剖面中泥质夹层的成因类型与发育规模；孙天建[11]等运用经验公式和密井网解剖等方法对苏丹 Hegli 油田辫状河储层夹层进行预测。大量的预测方法主要集中于夹层发育模式的研究[12-14]或密井网解剖心滩坝体的构型单元[15-17]，且多运用单一预测方法[18-20]。然而，由于夹层分布的不稳定性，使得人们对夹层规模的认识存在诸多的不确定性，因此应充分运用多种信息资料，系统、多途径的预测夹层规模并互相验证，提高预测准确度。笔者以南苏丹 P 油田 Fal 块为例，以沉积学理论为指导，提出多信息关联的夹层预测方

作者简介：王敏，女，生于 1981 年，毕业于中国石油勘探开发研究院油气田开发专业，博士，工程师。现在中国石油勘探开发研究院非洲研究所，主要从事开发地质研究工作。地址：北京市海淀区学院路 20 号南教楼 317，邮编 100083；电话 010-83598225/18910229368；邮箱：wangmin1604@petrochina.com.cn。

法。通过关联岩心、测井与地震多种信息资料，确定研究区夹层发育的主要类型、位置与规模，以此为基础运用地质统计学理论，最终建立能够反映多种类型夹层分布的精细地质模型，实现夹层的合理预测。

1 油田概况

P 油田 Fal 块位于南苏丹北部的上尼罗省，构造上位于 Melut 盆地北部西断东超的箕状凹陷内，整体为受断层控制的背斜构造带，主要由 4 个断块组成(图 1)。研究区自下而上发育前寒武纪、白垩纪、古近纪、新近纪和第四纪地层，主力储层为古近系 Yabus 砂组；其中，Yabus 砂组自上而下可以分为 Yabus Ⅰ—Yabus Ⅷ共 8 段、23 小层，发育层状边底水油藏。据前人研究成果可知[14]，Yabus Ⅴ—Yabus Ⅷ段为辫状河沉积，是研究的主要目的层(以下简称 YⅤ–YⅧ段)。截至 2015 年底，研究区已有 223 口井，平均井距为 220~334 m，最小井距为 80 m。自 2006 年投产以来，研究区综合含水率逐年上升，已进入中高含水期。油田内部 70% 的油井实施多层合采，各层采出程度差异较大，夹层分布对边底水的运移、剩余油分布具有强烈的影响作用。

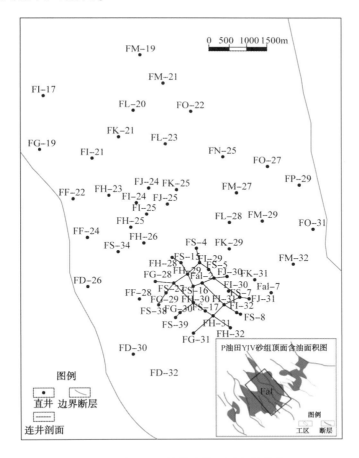

图 1 P 油田 Fal 块构造位置及井位分布

2 夹层的成因类型

对于碎屑岩的沉积方式，裘亦楠等[2]将其归纳为8种类型，分别为侧积、垂积、前积、填积、悬积、浊积、漫积和筛积，不同沉积方式形成沉积砂体的形态、结构不同，砂体内部泥质夹层产状亦差别较大，目前还未形成统一的夹层成因分类方案。笔者通过分析辫状河沉积作用机理，观察岩心发育的沉积特征，认为依据夹层发育位置及形态的不同，研究区主要发育四种不同成因类型的夹层，分别为泛滥夹层、废弃河道夹层、落淤夹层和底部滞留夹层（图2）。

| Fal-2井 | Fenti-1井 | Fal-2井 |
| 1222.5~1223.0m | 1366.0~1366.5m | 1218.2~1218.7m |

图2 研究区不同成因类型夹层的岩心照片

（1）泛滥夹层沉积是河水漫过堤岸，远离河道后流速下降，悬移质卸载而成，即主要为漫积成因[2]。其沉积物以粉砂岩和泥岩为主，具有波状层理和块状层理，可见泥裂和植物根系，偶有古土壤。

（2）废弃河道夹层主要包括泥质充填或泥质半充填废弃河道和串沟细粒沉积充填，相当于Lynds等称为的泥塞，主要为河道废弃后水动力变弱，悬浮细粒沉积物垂积或填积作用而成[7]。快速废弃时以沉积悬移质为主，间歇性慢速废弃时可夹杂一些砂屑沉积物。其岩性主要为含粉砂泥岩和含泥粉砂岩，具有波状层理和水平层理。

（3）落淤夹层为洪泛衰落期在心滩坝顶部、边部、背水面尾部经垂积作用形成的近平行或倾斜的细粒沉积物[7]。其发育若靠近心滩坝中部则近于水平，若靠近心滩坝边部则有一定倾角，但一般低于20°[9,10]；落淤夹层的岩性主要为含砂泥岩和含泥粉砂岩，无沉积构造或有波状层理、水平层理及低角度交错层理。

（4）底部滞留夹层发育于河道、心滩坝底部，代表河道侧向迁移过程中侵蚀泛滥平原沉积形成的滞留沉积物，呈透镜状产出。主要由砂岩和压扁泥砾碎屑组成，无层理构造。

3 夹层预测方法

夹层发育的不稳定性导致了人们对夹层分布与规模认识的不确定性，为了更加全面的认识夹层，建立完整系统的夹层预测方法，需要运用多种信息资料进行关联预测。首先，在沉积学指导下对夹层发育位置及其与砂体规模的关系进行研究，运用密井网解剖与井震结合的方法确定夹层的井间规模；其次，以地质建模软件为实现手段，运用克里金插值的方法得到砂泥岩相的概率模型，从而得到砂泥岩相模型；再次，利用地质统计学理论，以隔层厚度图为依据，运用确定性建模法建立泥岩隔层模型并嵌入岩相模型。在隔层间，以沉积微相研究结果和夹层规模预测结果为约束条件，运用随机建模法分别在砂岩相和泥岩非隔层相中建立心滩坝、河道及4种类型夹层模型，最终实现夹层精细地质模型的建立，直观准确的预测夹层。

3.1 夹层规模的预测

在沉积学指导下进行辫状河储层内夹层的研究是沉积成因过程预测的核心内容[21-22]。不同的沉积环境及沉积动力下，发育的夹层类型、规模和位置不尽相同[7-9]。废弃河道夹层、落淤夹层和底部滞留夹层都沉积在河道和河道带内，因此它们的几何规模受控于河道的几何规模（表1），其中，废弃河道夹层发育于废弃河道顶部，平面上呈条带状，剖面上呈透镜状，最大宽度为河道深泓宽度，最大延伸长度可达砂质辫状河道的整个流程；落淤夹层发育于辫状河心滩坝内部加积面下，具有明显的期次性，呈菱形或椭圆形薄片状，受心滩坝规模限制；底部滞留夹层分布于整个河道底部和心滩坝内部的垂向加积面上，呈透镜状，单一辫流带内全区分布。而泛滥夹层是单期河道沉积结束最终覆盖于河道之上的岩相单元，不沉积在活动河道内，平面上呈不规则片状，其几何规模受控于活动河道带的宽度，但与活动河道几何规模没有直接的比例关系。

表1 辫状河夹层分布规模表（据 Lynds 等[7]修改）

隔夹层成因类型	最大厚度	最大宽度	最大长度
河底滞留泥砾	最大冲刷深度	主流线河道宽度	主流线河道长度
废弃河道细粒沉积	最大冲刷深度	废弃河道宽度	废弃河道长度
落淤披覆泥	最大冲刷深度	心滩坝宽度	心滩坝长度
泛滥平原细粒沉积	其厚度、宽度和长度主要受控于活动河道带的宽度		

各类夹层的井间规模预测应在沉积学指导下，充分运用测井资料的垂向高分辨率与地震资料的横向强连续性开展研究。其中，地震资料主要采用地质统计学反演（GI 反演）的波阻

抗数据体。

研究区内夹层发育类型较多，厚度变化较大，垂向上厚度小于0.2m的夹层在测井曲线上的响应不明显。同时，厚度大于0.2m却小于2m的夹层在波阻抗数据体中几乎无响应，故井震结合研究仅限于厚度大于2m的夹层。如FI-31井YVI2小层发育两套厚约1m的落淤夹层(图3)，以波阻抗GI反演体为母体，提取沿YVI2顶面向下2m、3m、8m和9m的切片观察落淤夹层的发育，可见FI-31井一直处于波阻抗值小于6500 kPa·s/m的范围内，即主要发育砂岩相，无夹层反应(图4)。

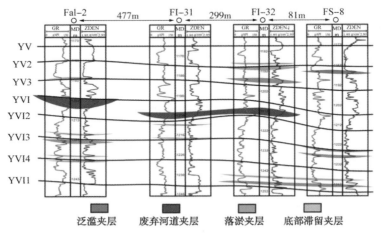

图3 顺物源方向夹层连井对比图

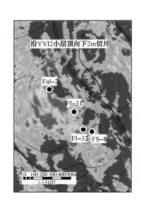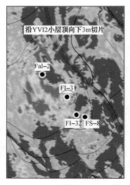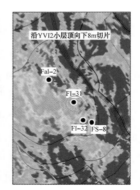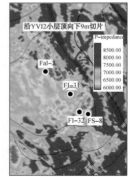

图4 落淤夹层的GI反演波阻抗显示

选择研究区南部井位相对密集区进行分析(图1)，平均井距约207m，以50m为单位，分析夹层在顺物源与切物源方向的连续性。从取心井Fal-2井出发，以过该井的纵横剖面开始，逐次完成6条骨架剖面的夹层对比，对于不在骨架剖面上的井，可与周围骨架剖面建立小剖面，采用三角网的对比方法进行夹层的井间对比。同时，运用波阻抗体沿层切片分析验证井间夹层规模。从连井剖面可见，FI-31井与FI-32井YVI1小层底部发育一套厚约5~6m的废弃河道泥岩(图3)。以波阻抗GI反演体为母体，提取沿YVI2顶面向上0m、2m、4m和6m的切片观察废弃河道泥岩处波阻抗值的变化(图5)，发现FI-31井与FI-32井间的废弃河道夹层沉积连续，向东南至FI-32井与FS-8井中间位置尖灭，向西北至距FI-31井约120m处尖灭，由此可知该废弃河道顺物源方向延伸450m。同理，其切物源方向延伸沿

200m。其他各层不同成因类型夹层顺物源与切物源延伸规模见表2。

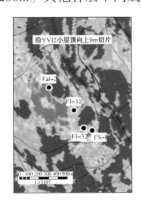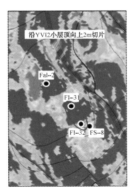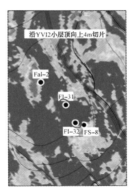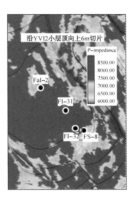

Fal-2 井号　○ 废弃河道夹层发育范围

图5　废弃河道夹层的 GI 反演波阻抗显示

表2　YⅤ-YⅧ砂组四种成因类型夹层的顺物源与切物源规模

夹层类型	顺物源规模（m）				切物源规模（m）			
	YⅤ	YⅥ	YⅦ	YⅧ	YⅤ	YⅥ	YⅦ	YⅧ
泛滥夹层	200~700	300~650	300~700	200~550	200~350	200~350	200~350	150~350
废弃河道夹层	250~550	250~450	200~450	150~300	200~300	150~250	150~300	150~200
落淤夹层	200~300	200~450	250~650	250~650	100~200	100~350	100~450	100~450
底部滞留夹层	200~350	200~400	200~400	200~400	100~300	100~300	100~350	100~350

3.2　夹层分布的预测

3.2.1　岩相模型的建立

岩相模型的建立虽为离散变量的模拟，但岩相发育的连续性决定了在一定范围内，某一种特定岩相的发育概率是连续变化的，故可通过建立岩相发育的概率模型预测井间岩相的变化。单井解释的砂泥岩相是整个预测过程中的硬数据，可运用此数据创建砂泥岩相的概率曲线。以 Fal-2 井为例，测井岩相解释为砂的井段发育砂岩的概率为100%，发育泥岩的概率为0，同样，测井岩相解释为泥的井段发育泥岩的概率为100%，发育砂岩的概率为0，由此生成每口井的概率曲线（图6）。粗化该类曲线至模型中，得到每个网格砂泥岩发育的概率值，并确保两者概率值之和为100%。运用克里金插值方法，以不同小层计算的波阻抗数据为平面趋势，岩相统计的垂向比例为垂向趋势，建立砂泥岩相的概率模型。以研究区165口直井钻遇的砂泥岩相为硬数据，岩相概率模型为体约束，采用序贯指示的方法建立岩相模型。运用5口保留井进行岩相模型验证，可见此岩相模型对砂泥岩相的反映准确率较高，达94%。

3.2.2　隔层模型的建立

隔层主要指砂组间和小层间分布面积大、相对稳定的泛滥平原沉积，在隔层厚度分布平面图的约束下，运用确定性建模方法进行砂组和小层间隔层建模，并将结果嵌入上述岩性模型，实现层间隔层模型的准确建立，然后在层间复合砂体内分别建立辫状河道与心滩坝模型以及夹层模型。

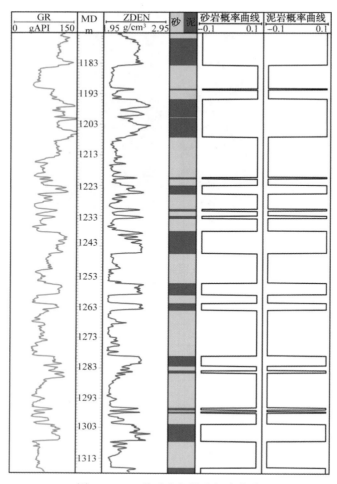

图6 Fal-2井砂岩与泥岩概率曲线

3.2.3 夹层模型的建立

以井震结合研究的各类型夹层规模数据为依据，在泥岩相中模拟四种类型的夹层。以落淤夹层的模拟为例，第一步，选择基于目标的模拟方法，相几何体选择椭圆形态，背景相为岩相模型。第二步，采用井上粗化后的落淤夹层百分数作为落淤夹层模拟输入百分数，为3.29%[图7(a)]；落淤夹层几何形态选择椭圆形，其几何参数方向与沉积相方向一致，最小值为120°，最大值为180°，平均值为150°；落淤夹层规模参数以表征结果为约束条件，其宽度最小值为300m，最大值为600m，平均值为450m，落淤夹层长宽比最小值为0.8，最大值为2.5，平均值为1.5；落淤夹层厚度最小值为0.5m，最大值为2m，平均值为1m[图7(b)]。采用该小层心滩坝平面分布图为其趋势约束面[图7(c)]，落淤夹层模拟计算过程中，能够替换背景相模型中的泥岩相[图7(d)]。第三步，采用上述方法，以各小层心滩坝平面分布图为约束条件，以岩相模型中泥岩相为背景相，对YV-YVIII砂组其他各小层进行模拟，建立各小层落淤夹层的地质模型。第四步，对泛滥夹层、底部滞留夹层、废弃河道夹层运用同样的方法，分别选取椭圆、下半部管状和下半部管状形态，以井上粗化的百分数作为模型中的夹层百分数，以前期规模预测的结果为依据，设定各类型夹层的模拟参数，在岩相模型的泥岩相中进行模拟，最终得到夹层的相模型。运用相同的方法建立心滩坝和河道砂体模型，建立的模型不仅能够与井上匹配，而且能够体现出各类夹层的形态与规模（图8）。

（a）YV2小层落淤夹层百分数设置　　　　　（b）YV2小层落淤夹层几何参数设置

（c）YV2小层落淤夹层趋势面设置　　　　　（d）YV2小层落淤夹层模拟规则设置

图 7　落淤夹层模拟过程中的参数设置

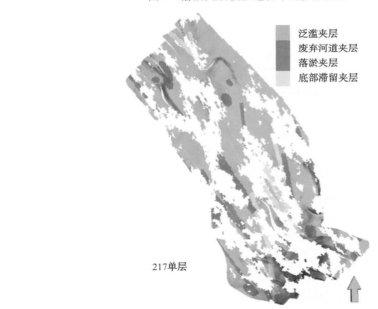

泛滥夹层
废弃河道夹层
落淤夹层
底部滞留夹层

217单层

（a）YVⅢ砂组217层夹层三维空间分布图

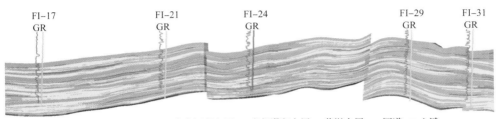

■ 泛滥夹层　■ 废弃河道夹层　■ 底部滞留夹层　■ 落淤夹层　■ 河道　■ 心滩

（b）顺物源方向隔夹层相模型过井剖面

图 8　Fal 块夹层相模型

4 结论

（1）研究区辫状河储层主要发育四种成因类型的夹层。其中，泛滥和落淤夹层为洪泛事件沉积而成，废弃河道夹层为静水环境下的填积作用形成，而底部滞留夹层是后期河流对前期泥质沉积物冲刷、改造的产物。

（2）从夹层沉积成因入手，在密井网区建立骨架剖面与三角网小剖面，完成夹层的井间精细对比。对于厚度大于 2 m 的夹层运用井震结合的方法验证夹层的井间规模。最终确定了四种不同成因类型夹层的发育规模。

（3）以隔层厚度图为依据，采用确定性建模法建立稳定性泥岩隔层分布模型。以沉积微相和夹层规模预测结果为约束条件，采用随机建模法分别在砂岩相和泥岩非隔层相中模拟心滩坝、河道和四种类型夹层分布，最终在多信息关联的基础上建立反映多类型夹层空间分布的辫状河储层精细地质模型。

参考文献

［1］吴胜和，翟瑞，李宇鹏．地下储层构型表征：现状与展望［J］．地学前缘，2012，19（2）：15-22.

［2］裘亦楠，许仕策，肖敬，等．沉积方式与碎屑岩储层的层内非均质性［J］．石油学报，1985，6（1）：41-48.

［3］陈程，孙义梅．厚油层内部夹层分布模式及对开发效果的影响［J］．大庆石油地质与开发，2003，22（2）：24-27.

［4］KJEMPERUD A V，SCHOMACKER E R，CROSS T A. Architecture and stratigraphy of alluvial deposits，MORRISON Formation（Upper Jurassic），Utah［J］．AAPG，2008，92（8）：1055-1076.

［5］王敏，穆龙新，赵国良，等．分汊与游荡型辫状河储层构型研究：以苏丹 FN 油田为例［J］．地学前缘，2017，24（2）：246-256.

［6］岳大力，赵俊威，温立峰．辫状河心滩内部夹层控制的剩余油分布物理模拟实验［J］．地学前缘，2012，19（2）：474-482.

［7］LYNDS R，HAJEK E. Conceptual model for predicting mudstone dimensions in sandy braided-river reservoirs［J］．AAPG，2006，90（8）：1273-1288.

［8］吴胜和，岳大力，刘建民，等．地下古河道储层构型的层次建模研究［J］．中国科学：D辑，2008，38（增刊）：157-161.

［9］于兴河，马兴祥，穆龙新，等．辫状河储层地质模式及层次界面分析［M］．北京：石油工业出版社，2004：173-183.

［10］于兴河．油田开发中后期储层面临的问题与基于沉积成因的地质表征方法［J］．地学前缘，2012，19（2）：1-14.

［11］孙天建，穆龙新，赵国良．砂质辫状河储集层隔夹层类型及其表征方法［J］．石油勘探与开发，2014，41（1）：112-120.

[12] 刘钰铭，侯家根，吴保全，等. 辫状河厚砂层内部夹层表征：以大庆喇嘛甸油田为例[J]. 石油学报，2011，32(5)：836-841.

[13] 杨丽莎，陈彬滔，李顺利，等. 基于成因类型的砂质辫状河泥岩分布模式[J]. 天然气地球科学，2013，24(1)：93-98.

[14] 袁新涛，吴向红，张新征，等. 苏丹 Fula 油田辫状河储层内夹层沉积成因及井间预测[J]. 中国石油大学学报(自然科学版)，2013，37(1)：8-12.

[15] 闫百泉，张鑫磊，于利民，等. 基于岩心及密井网的点坝构型与剩余油分析[J]. 石油勘探与开发，2014，41(5)：597-604.

[16] 白振强. 辫状河砂体三维构型地质建模研究[J]. 西南石油大学学报(自然科学版)，2010，32(6)：21-24.

[17] 李宇鹏，吴胜和，耿丽慧，等. 基于空间矢量的点坝砂体储层构型建模[J]. 石油学报，2013，34(1)：133-139.

[18] 贾爱林，何东博，何文祥，等. 应用露头知识库进行油田井间储层预测[J]. 石油学报，2003，24(6)：51-58.

[19] 王梓媛，潘懋，师永民，等. 塔里木盆地东河 1 油藏滨岸砂岩隔夹层识别及空间展布[J]. 石油学报，2015，36(8)：966-975.

[20] 陈文雄，胡治华，李超，等. 复杂河流相储层内夹层识别方法及其应用[J]. 中国海上油气，2015，27(5)：37-42.

[21] 穆龙新. 油藏描述技术的一些发展动向[J]. 石油勘探与开发，1999，26(6)：42-46.

[22] 吴胜和. 储层表征与建模[M]. 北京：石油工业出版社，2010：161-169.

北特鲁瓦油田石炭系碳酸盐岩储层孔喉结构特征及对孔渗关系的影响

李伟强[1,2]　穆龙新[2]　赵伦[2]　李建新[2]　王淑琴[2]　范子菲[2]　邵大力[1]

李长海[3]　单发超[2]　赵文琪[2]　孙猛[2]

（1. 中国石油杭州地质研究院；2. 中国石油勘探开发研究院；3. 北京大学地球与空间科学学院）

摘　要：滨里海盆地东缘石炭系碳酸盐岩储层经受了复杂的沉积、成岩和构造作用，发育孔、洞、缝多种储集空间且组合方式多样，孔喉结构复杂，导致储层孔渗关系复杂，严重制约储层分类评价和高效开发。综合岩心、薄片、扫描电镜、高压压汞、常规物性分析及各类测试资料，对孔洞缝型、孔洞型、裂缝—孔隙型和孔隙型储层的孔喉结构特征、主控因素及对孔渗关系的影响展开系统研究，取得了 3 项进展：(1)建立了一套适用于滨里海盆地东缘石炭系复杂碳酸盐岩的孔喉结构分类和描述方法，划分出多模态宽广型、双模态宽广型、单模态集中型和双模态高低不对称型 4 种孔喉结构类型，构建孔喉结构判别指数实现对孔喉结构类型的定量判别；(2)明确了孔隙型储层的微观非均质性最强，4 种孔喉结构均发育，其次是裂缝—孔隙型和孔洞缝型储层，孔洞型储层微观非均质性相对较弱，阐明了沉积、成岩和构造叠加改造作用形成的储集空间组合类型是孔喉结构差异的主控因素；(3)揭示了多种孔喉结构共同发育是导致各类储层孔渗相关性差的关键因素，细分孔喉结构类型建立各类储层孔渗关系是提高渗透率计算准确度的有效手段。上述研究成果加深了对复杂碳酸盐岩储层孔喉结构的认识，对碳酸盐岩储层分类评价、准确孔渗关系建立和高效开发具有较好的指导意义。

关键词：滨里海盆地；石炭系；碳酸盐岩储层；孔喉结构；主控因素；孔渗关系

全球超过 60% 的石油产量和 40% 的天然气产量产自碳酸盐岩，碳酸盐岩是非常重要的油气储层[1]，勘探开发潜力十分巨大。相比碎屑岩储层，碳酸盐岩储层经历了更加复杂的沉积、成岩和构造叠加改造作用，形成了多尺度和多类型的孔隙、溶蚀孔洞和裂缝等储集空间，及多样的组合方式[2,3]，发育了复杂的孔喉结构，非均质性极强。复杂的孔喉结构导致碳酸盐岩储层孔渗关系复杂化[4,5]，高孔低渗及孔隙度相近、渗透率相差多个数量级的现象普遍化[3,6]。复杂的孔喉结构给储层孔渗关系确定、储层储集和产油能力评价[7]及储层保护工作开展[8]带来诸多挑战，严重制约了储层综合评价和高效开发，深入开展孔喉结构的系统、定量研究，对于油气田勘探开发意义重大。

前人针对碳酸盐岩孔喉结构的研究主要集中在不同类型储层(孔隙型为主，孔洞型和孔洞缝型很少)和不同岩性(灰岩为主，白云岩很少)背景下发育的孔喉结构特征和差异的控制因素方面[3,7,9-11]，以及应用高压压汞、图像分析和分形维数等多种方法揭示孔喉结构对储

基金项目：国家科技重大专项(2017ZX05030-002)；中国石油天然气集团有限公司科学研究与技术开发项目"海外海域油气地质条件与关键评价技术研究"(2019D-4309)。

作者简介：李伟强，男，出生于 1990 年，毕业于中国石油勘探开发研究院油气田开发工程专业，博士，现为中国石油杭州地质研究院工程师，主要从事海外油气田开发地质和石油地质方面的研究工作。地址：浙江省杭州市西湖区西溪路 920 号；邮政编码：310023；电话：0571-85229302/18810685166；E-mail：liwq_hz@petrochina.com.cn。

层孔渗关系的影响[3, 6, 8, 10-12]，这些成果对于碳酸盐岩储层孔喉结构研究具有重要的推进作用，尤其是针对岩性以灰岩为主的孔隙型碳酸盐岩储层孔喉结构，前人已取得了较为深入的认识，但针对岩性以白云岩为主、灰岩及过渡岩性并存，并且孔隙、溶洞、裂缝等储集空间类型均发育的复杂碳酸盐岩孔喉结构而言，目前仍存在以下 3 个问题：(1)缺少一套针对该类碳酸盐岩孔喉结构的分类、描述和定量表征方法；(2)该类碳酸盐岩孔喉结构差异的主控因素尚待揭示；(3)复杂碳酸盐岩发育多种成因的储层，而针对不同类型储层的孔喉结构特征及对各类储层孔渗关系影响的研究十分匮乏。

本文以滨里海盆地东缘北特鲁瓦油田石炭系碳酸盐岩储层为例，综合 24 口取心井岩心的各项测试分析数据，在调研前人研究成果的基础上，围绕孔洞缝型、孔洞型、裂缝—孔隙型和孔隙型 4 类碳酸盐岩储层，开展薄片和扫描电镜观察等岩石学和储集空间类型分析，以及常规物性、高压压汞和各类地球化学测试分析等孔喉结构的系统、定量研究，探究碳酸盐岩储层微观孔喉结构的分类、描述和定量表征方法，分析孔喉结构差异的主控因素及其对不同类型储层孔渗关系的影响，以期为复杂碳酸盐岩储层分类评价和准确孔渗关系建立提供有效指导，进而优化开发方式，提出针对性的挖潜策略，最终提高油气田采收率。

1　研究背景

滨里海盆地是世界主要含油气盆地之一，具有"沉降速率快、沉积厚度大"的特征[13]，目前已在二叠系盐丘下部发现了阿斯特拉罕、田吉兹、卡莎甘、让那若尔、肯基亚克和北特鲁瓦等一系列大型、特大型碳酸盐岩油气田[14]。北特鲁瓦油田位于盆地东部的延别克—扎尔卡梅斯隆起带，石炭系发育浅海碳酸盐台地沉积，纵向上自上而下包括 KT-I 层和 KT-II 层两套含油层系，其中 KT-I 层包括 A_1—A_3、$Б_1$—$Б_2$、B_1—B_5 共 10 个小层，主要发育局限台地和开阔台地相，微相包括潟湖、云坪、粒屑滩、台内滩、滩间海等[3, 13]。盆地东缘整体为北东—南西走向的断背斜构造，在晚石炭世受到海西构造运动影响，导致 KT-I 层顶部碳酸盐岩地层整体抬升并遭受区域性暴露剥蚀，部分井缺失 A_1 和 A_2 小层。

研究区 KT-I 层岩性较为复杂，主要由晶粒云岩、颗粒云岩、颗粒灰岩、岩溶角砾灰(云)岩、云质灰岩、灰质云岩和泥灰岩等构成。储集空间类型多样，以晶间(溶)孔和体腔孔为主，粒间(溶)孔和铸模孔次之，其余孔隙类型较少[图 1(a)]；溶洞和裂缝也较为发育，其中裂缝主要为溶蚀缝[图 1(a)]。

依据储集空间的发育类型、组合方式和占比，将研究区储层划分为孔洞缝型、孔洞型、裂缝—孔隙型和孔隙型储层 4 大类，进而通过统计压汞柱塞对应薄片中的储集空间定量信息完成对压汞柱塞储层类型的细分。总体来说，孔洞缝型和孔洞型储层岩性以白云岩类为主，孔喉分布整体以大—中孔喉为主，孔隙型储层岩性以灰岩类为主，孔喉分布以中—小孔喉为主，裂缝—孔隙型储层各类岩性均发育，孔喉分布以小孔喉为主[图 1(b)]。但是由于碳酸盐岩储层受控于复杂的沉积、成岩和构造叠加改造作用，储集空间类型复杂，孔喉组合方式多样，导致每类储层微观非均质性极强。因此，对研究区碳酸盐岩储层进行细分后，虽然各类储层孔渗数据点呈明显分区性，但整体呈离散分布特征，孔渗相关性仍然较差[图 1(c)]。

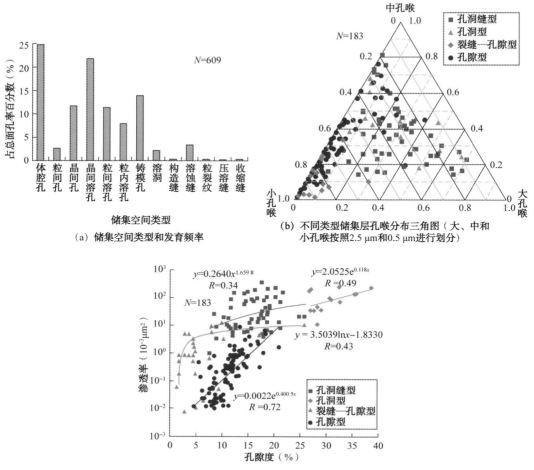

（a）储集空间类型和发育频率

（b）不同类型储集层孔喉分布三角图（大、中和小孔喉按照2.5 μm和0.5 μm进行划分）

图1　北特鲁瓦油田石炭系 KT-I 层储集层储集空间类型、孔喉分布和孔渗关系（ N —样品数，个）

2　孔喉结构分类及表征方法

　　由于渗透率主要受控于孔隙发育程度（即孔隙度）和孔喉结构，而对储层类型进行划分主要考虑了储集空间发育类型和组合方式，并未考虑孔喉结构的差异，从而导致同一类型储层孔渗相关性仍然较差。为了有效提高渗透率计算精度，必须对孔喉结构分类和表征展开深入分析。

2.1　孔喉结构分类及特征

　　深入分析北特鲁瓦油田石炭系 KT-I 层 4 类储层压汞资料，每类储层孔喉分布呈现多种规律（图2），依据孔喉半径频率分布曲线特征可将研究区孔喉结构划分为 4 种类型：多模态宽广型、双模态宽广型、单模态集中型和双模态高低不对称型（表1）。

　　多模态宽广型的孔喉半径频率峰值通常为 3~4 个，曲线形态呈现很强的不规则性，峰值分布频带较宽，孔喉半径平均值为 3.42 μm；双模态宽广型的孔喉半径频率峰值通常为 2个，主峰和次峰的峰值相差较小，曲线形态呈现较强的不规则性，峰值分布频带较宽，孔喉半径平均值为 3.52 μm；单模态集中型的孔喉半径频率峰值只有 1 个，曲线形态较为规则，峰值分布频带较窄，孔喉半径平均值为 0.9 μm；双模态高低不对称型的孔喉半径频率峰值通常为 2 个，但不同于双模态宽广型的是其主峰和次峰的峰值相差较大，通常具有一个峰值很高的优势主峰，对应的孔喉半径通常大于 0.14 μm，平均值为 0.32 μm，同时具有一个峰值很低的劣势次峰，对应的孔喉半径平均值为 98.78 μm。双模态高低不对称型的曲线形态呈现较弱的不规则性，峰值分布频带较宽。

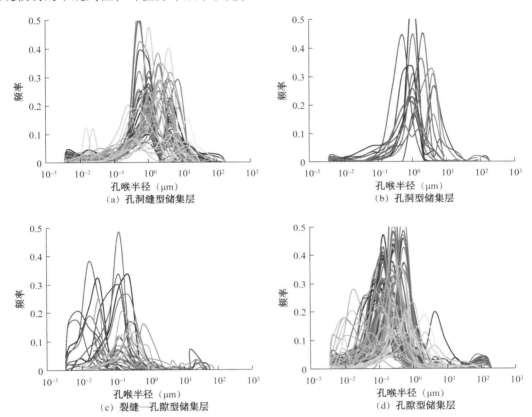

图 2　北特鲁瓦油田石炭系 KT-I 层不同储集层孔喉分布(不同颜色线条代表不同样品数据)

表 1　北特鲁瓦油田石炭系 KT-I 层孔喉结构类型和特征

孔喉结构类型	孔喉半径频率分布曲线形态	平均孔喉半径(μm)	分选系数	退汞效率(%)	孔隙度(%)	渗透率(10⁻³μm²)
多模态宽广型		0.3～10.92 (3.42)	1.58～3.86 (2.61)	16.4～62.5 (39.9)	1.18～25.4 (11.98)	0.07～198.9 (27.90)

孔喉结构类型	孔喉半径频率分布曲线形态	平均孔喉半径(μm)	分选系数	退汞效率（%）	孔隙度（%）	渗透率（$10^{-3}\mu m^2$）
双模态宽广型		0.03~11.1 (3.52)	1.41~3.87 (2.62)	6.3~59.1 (33.7)	4.5~35.7 (17.50)	0.01~209 (48.70)
单模态集中型		0.01~4.65 (0.90)	0.96~2.59 (1.75)	2.4~74.1 (33.0)	2.44~38.36 (13.3)	0.01~349 (26.70)
双模态高低不对称型		0.25~10.3 (4.10)	1.14~3.12 (2.17)	8.4~57.7 (27.4)	3~16.9 (10.90)	0.01~2.68 (0.56)

注：括号内为平均值；不同颜色线条代表不同样品数据。

　　4 种孔喉结构类型中，多模态宽广型和双模态宽广型孔喉半径较大、孔喉分选性较差、孔隙连通性和储层物性相对较好，而二者之中，双模态宽广型的储层物性要优于多模态宽广型，表明多模态宽广型孔喉结构非均质性极强，孔喉大小分布跨度大，不同大小的孔喉分布频率差异显著，2.5 μm 以上的大孔喉占比小于双模态宽广型孔喉结构（表 1），因此，纵使有大孔喉分布，但不同大小的孔喉配置极为不均，也一定程度影响了该类孔喉结构的物性。

单模态集中型具有较小的孔喉半径、较好的分选性、孔隙连通性和储层物性，而双模态高低不对称型则具有较大的孔喉半径、一般的孔喉分选性、较差的孔隙连通性和储层物性，为 4 类孔喉结构中储层物性最差的一类。

2.2　孔喉结构定量判别标准

不同类型孔喉结构的定量参数在表征孔喉结构信息上存在不同程度的重叠，因此采用单一孔喉结构参数无法进行区分和表征（表 1）。本文采取多信息融合技术，通过交会图法选取对 4 类孔喉结构敏感的定量参数（R_5、S_{kp}、D_r 和 V_{ma}）作为输入参数：R_5 与排驱压力意义近似，可代表水银进入孔隙空间时最先突破的孔喉大小，其值越大，表明储层物性越好；S_{kp} 用于度量孔喉大小分布频率曲线的不对称程度，反映孔喉众数的相对位置，众数偏向于粗孔喉即为粗歪度，代表较好的储层物性，反之为细歪度，物性相对较差；D_r 反映孔喉大小分布的均匀程度，相当于变异系数，其值越小，表明孔喉大小分布越均质；V_{ma} 即孔喉大小大于 2.5 μm 部分的体积占总孔喉体积的百分比，占比越高，表明大孔喉越发育，储层物性一般较好，但要结合孔隙连通性等参数综合判断。

依据主成分分析法对孔喉结构进行定量表征。主成分分析是一种基于降维思想、将多个指标转化为几个彼此不相关的综合指标的多元统计方法，其优势在于既可以使数据降维，同时又可以保留大部分原始数据的信息。通常最终确定的主成分个数（w）取决于其累计贡献率，一般累计贡献率需大于 85%，可保证 w 个主成分能代表大多数样本信息。本文对 4 个表征孔喉结构的敏感参数进行降维分析，选择了 2 个主成分 F_1 和 F_2（累计贡献率为 86%），相应表达式如下：

$$F_1 = 0.5R_5 - 0.055S_{kp} + 0.663D_r + 0.554V_{ma} \tag{1}$$

$$F_2 = -0.468R_5 + 0.771S_{kp} + 0.06D_r + 0.427V_{ma} \tag{2}$$

F_1、F_2 两个主成分的交会图中各类孔喉结构数据点质心分界明显，孔喉结构识别符合率达 80%，表明结合主成分分析法，利用孔喉结构定量参数可以较好地识别不同孔喉结构。最后首先求出所提取主成分的总特征值之和（S），然后以提取出的 F_1、F_2 两个主成分各自所对应的特征值分别占 S 的比例作为各主成分的权重，计算得到主成分综合得分模型，即不同孔喉结构定量判别指数（P），其函数如下：

$$P = 0.097R_5 + 0.289S_{kp} + 0.412D_r + 0.5V_{ma} \tag{3}$$

经计算，根据判别指数 P 可实现对多模态宽广型、双模态宽广型、单模态集中型和双模态高低不对称型 4 种孔喉结构的定量判别。

3　孔喉结构差异的主控因素

北特鲁瓦油田石炭系 KT-I 层不同类型碳酸盐岩储层孔喉结构存在明显差异，其主控因素与沉积作用、成岩作用和构造作用的叠加改造关系密切。

3.1　沉积作用

研究区石炭系 KT-I 层处于浅海碳酸盐台地环境，沉积作用控制了储层的岩石类型和原生孔隙的发育，为后期各类成岩作用的进行及次生孔隙演化提供了重要基础，直接影响了不同类型储层的形成和分布，最终在微观上导致储层孔喉结构产生较大差异（图 3）。图 3（a）

中，孔洞缝型和孔洞型等有利储层类型主要发育在云坪中(如 CT-4 井)，少部分位于粒屑滩(如 CT-59 井)，而台内滩、潟湖和膏盐坪中储层类型相对较少(如 CT-63 井)，主要以孔隙型储层为主，裂缝—孔隙型储层较少，整体物性相对较差。不同微相的孔喉结构类型发育情况方面[图 3(b)]，云坪中发育 3 种孔喉结构类型，其中多模态宽广型、双模态宽广型和物性较好的单模态集中型等有利孔喉结构类型较为发育；粒屑滩中的孔喉结构最复杂，4 种类型均发育(如 CT-59 井)，但有利孔喉结构逐渐减少；其他微相孔喉结构类型较为单一，以单模态集中型为主，说明沉积微相对孔喉结构存在一定的控制作用[图 3(b)]。

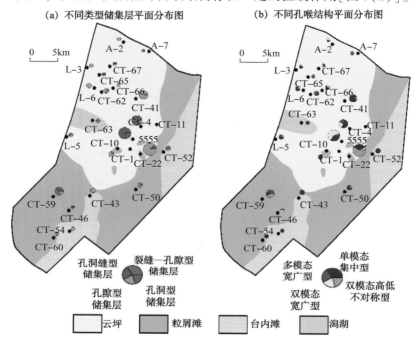

图 3　北特鲁瓦油田石炭系 KT-I 层不同储集层类型和孔喉结构类型平面分布
(气泡大小表示样本数目的多少)

同岩石类型在各类孔喉结构中的分布表明，从双模态宽广型→多模态宽广型→单模态集中型→双模态高低不对称型，白云岩类发育频率具有明显的降低趋势，而灰岩类发育频率具有明显的升高趋势，尤其是孔喉结构相对较差的双模态高低不对称型中灰岩类比例超过60%，说明白云岩类对有利孔喉结构的形成具有一定的建设性作用，体现了岩石类型对孔喉结构的控制作用。

研究区云坪主要发育晶粒云岩，占比为 77.6%，生物碎屑云岩等颗粒云岩含量相对较少，占比为 16.8%；其中晶粒云岩有 74% 的样品可见原岩残余颗粒，颗粒主要以生屑、有孔虫和蜓类为主，表明原岩形成于相对高能的浅滩环境(粒屑滩)和相对低能环境(潟湖)，粒间(溶)孔、生物体腔孔、铸模孔及各类溶蚀孔洞较为发育(图 4)，岩心上可见厘米级孔洞，而白云岩的形成将会继承这些孔隙，形成孔隙和溶蚀孔洞均发育的储集空间组合；同时，白云石交代方解石后一方面能够增加孔隙数量、形成部分晶间(微)孔并改善储层渗流特征[15][图 4(a)]，另一方面能够为后期晶间溶孔和溶蚀孔洞的形成[图 4(c),(d)]提供成岩流体运移通道[15]，进一步改善储层孔喉结构；更为重要的是，白云岩比灰岩抗压实压溶[15,16]，可以有效保护先存孔隙空间不受压实破坏。

（a）5555井，2 335.24 m，残余有孔虫泥晶云岩，
体腔孔和晶间微孔

（b）A-2井，2 887.88 m，亮晶铸模鲕粒灰岩，
鲕模孔和粒内溶孔

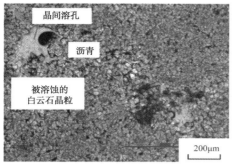

（c）A-7井，2 669.76 m，粉晶云岩，晶间（溶）孔，
白云石晶粒被溶蚀后残余晶粒外形，沥青半充
填孔隙

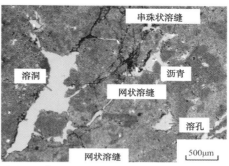

（d）CT-4井，2 341.66 m，生屑泥晶云岩，串珠状、
网状溶缝与溶洞、溶孔形成缝洞体系

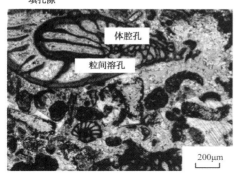

（e）CT-22-井，2 299.93 m，亮晶有孔虫灰岩，粒间
（溶）孔和体腔孔

（f）5555井，2 345.72 m，残余生屑泥、粉晶云岩，
构造缝断续状延伸，白云石半充填

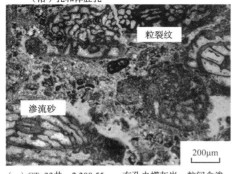

（g）CT-22井，2 300.55 m，有孔虫蟹灰岩，粒间含渗
流砂，粒裂纹发育

（h）CT-59井，2 383.09 m，岩溶垮塌角砾灰岩，角砾
呈尖棱角状，结构多样，杂乱堆积，砾间充填灰
泥，发育残余粒间孔和收缩缝

图 4　北特鲁瓦油田 KT-I 层储集空间微观特征

3.2 成岩作用

北特鲁瓦油田石炭系 KT-I 层碳酸盐岩储层经历了多种类型的成岩作用,其中早期白云石化作用、溶蚀作用、岩溶垮塌充填作用和胶结作用对储层孔喉结构的影响最大。

根据研究区白云岩岩石学和地球化学特征研究结果可知[13]:白云石晶粒较为细小,主要为泥晶、泥粉晶和粉晶,自形程度较低,为半自形-他形(图 4);有序度偏低,为 0.336~0.504(均值为 0.417);$\delta^{18}O$ 值为 -1.06‰~2.45‰(均值为 0.48‰),$\delta^{13}C$ 值为 3.36‰~5.94‰(均值为 5.11‰),$^{87}Sr/^{86}Sr$ 值为 0.70829~0.70875(均值为 0.70837);微量元素 Fe、Mn 含量均值分别为 447.52μg/g 和 92.57μg/g,阴极发光同时含强、中等—偏弱以及不发光情况;Na、K 含量均值分别为 198.80μg/g 和 5.89μg/g,且其在白云岩中的含量高于灰岩。综上分析表明研究区白云岩成因为回流—渗透白云石化。同时,采用 $\delta^{18}O$ 值对研究区石炭系 KT-I 层古温度进行了计算[17],由于存在"年代效应",即中生代以前的样品容易受成岩作用影响,需对目的层段样品进行"年代效应"校正;计算后发现,研究区 KT-I 层古地温为 3~16℃(平均值为 10℃),也证实研究区白云岩形成于早期低温近地表环境。早期白云石化能够继承并保护部分原岩孔隙[15],为后期各类溶蚀作用提供初始条件,对有利储层和有利孔喉结构的形成和保护具有重要的建设作用。

研究区 KT-I 层在表生期广泛发育岩溶作用,使 KT-I 层碳酸盐岩遭受区域性暴露、风化和剥蚀,大气淡水对风化壳中的白云岩和灰岩进行淋滤溶解,在原有孔隙空间的基础上发生扩溶[18],形成多种储集空间和组合方式,对有利孔喉结构的形成最为关键。石炭系 KT-I 层经历的浅埋藏成岩作用的持续时间不长[18],主要是中—深埋藏成岩作用对孔喉结构起控制作用:下二叠统暗色泥岩产生的酸性压实水、CO_2 以及其他酸性地层水进入 KT-I 层先期优势孔隙空间进行非组构选择性溶蚀,扩溶早期各类孔隙甚至溶解白云石晶粒形成溶蚀孔洞[图 4(c)],洞内可见黑色沥青[图 4(c),(d)],使储层孔喉结构进一步改善。

双模态高低不对称型孔喉结构主要分布于颗粒灰岩,蜓类、棘皮和砂屑等颗粒含量较高,体腔孔、粒内溶孔和铸模孔非常发育,平均面孔率占比达 69.2%,导致其有利孔隙类型如粒间溶孔和晶间溶孔等占比(仅为 15%)在 4 类孔喉结构中为最低(图 5)。表生岩溶作用通常也伴随较强的胶结充填作用,如棘屑次生加大、共轴增生胶结及方解石胶结物充填粒间(溶)孔[图 4(e)],造成有利孔隙类型面孔率占比进一步降低,破坏其与体腔孔和粒内孔等其他类型孔隙的连通性,导致孔喉结构变差[12],形成发育于孔隙型储层的双模态高低不对称型孔喉结构。

岩溶作用在强烈改造储层的同时,也容易发生垮塌作用,导致储层空隙被充填,使其物性变差[19][表 1,图 4(h)]。发育于裂缝—孔隙型储层的双模态高低不对称型孔喉结构即是如此,其岩性为岩溶垮塌角砾岩,充填作用使得岩溶作用产生的孔洞缝体系被角砾及灰泥堵塞,后期虽遭受压实和溶蚀作用产生少量收缩缝和溶蚀缝,但由于垮塌充填具有极强的非均质性,显著降低了有利孔洞缝体系与主体(微)孔隙的连通程度[图 4(h)],导致孔喉结构变差。

3.3 构造作用

晚石炭世的海西期构造运动使滨里海盆地东缘地层发生整体抬升,二叠纪末的乌拉尔造山运动等构造作用和深埋后的压实—压溶作用产生了多种类型的裂缝[20][图 4(d),(f),(g), (h)]，其中溶蚀缝发育程度最高[图1(a)]，在白云岩中分布较多，主要由于白云岩脆性较灰岩高，易发生破裂形成构造缝和破裂缝(粒裂纹)[图4(f)，(g)]，成岩流体可沿这些先期构造成因的裂缝进行溶蚀扩大形成溶蚀缝[图4(d)]。充填程度较低的溶蚀缝和构造缝不仅能够贡献更多储集空间，而且更重要的是能够沟通孔隙和溶蚀孔洞，显著改善储层物性和孔喉结构，比如双模态宽广型、多模态宽广型和单模态集中型孔喉结构中裂缝较为发育，物性相对较好，而双模态高低不对称型裂缝发育比例很低，物性相对较差(图5、表1)。

3.4 孔喉结构差异的主控因素

综合以上分析，沉积、成岩和构造作用共同导致了孔喉结构的差异性，有利沉积相带中的早期白云石化作用、古岩溶作用和构造破裂作用是改善孔喉结构的关键因素(图8)：局限台地中的粒屑滩和潟湖在发生早期白云石化后叠加了古岩溶作用，形成了双模态宽广型和多模态宽广型等有利孔喉结构，未发生白云石化的粒屑滩在经历古岩溶作用后形成了次有利孔喉结构(物性较好的单模态集中型)，而受到胶结充填作用和岩溶垮塌充填作用主控的粒屑滩则形成了双模态高低不对称型物性最差的孔喉结构，开阔台地的台内滩由于距离KT-I层顶部较远，未能接受古岩溶作用改造，主要形成物性较差的单模态集中型孔喉结构。

沉积、成岩和构造作用虽然对KT-I层碳酸盐岩储层的作用强度、作用期次和有效性存在显著差异(图8)，但最终作用结果均是形成了多种储集空间和多样的组合特征(图5)。因此，储集空间组合类型才是孔喉结构差异的主控因素，而不同类型储层由于储集空间发育类型和组合方式的差异，形成了差异化的孔喉结构组合类型(图6)，进而控制了不同类型储层的微观非均质性(图6、图7)：孔隙型储层非均质性最强，4种孔喉结构类型均发育；其次是孔洞缝型和裂缝—孔隙型储层，主要发育3种孔喉结构类型，其中前者有利孔喉结构类型多于后者(仅多模态宽广型)，但后者发育物性最差的孔喉结构类型；孔洞型储层非均质性相对较弱，主要发育两种孔喉结构类型。

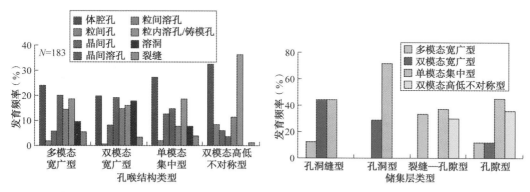

图5 北特鲁瓦油田石炭系 KT-I 层不同孔喉结构的 储集空间类型和组合方式

图6 北特鲁瓦油田石炭系 KT-I 层不同类型 储集层孔喉结构类型分布(N = 183)

4 孔喉结构对储层孔渗关系的影响

复杂的孔喉结构是控制碳酸盐岩储层物性的关键因素[3]，每类储层均发育多种孔喉结构类型(图6、图7)，细分孔喉结构后，明显可见各类储层中不同孔喉结构的毛管压力曲线和孔喉半径分布曲线呈现多种分布规律，具有较好的区分性(图7)。虽然研究区不同类型碳酸盐岩储层孔渗关系整体上具有较好的分区性，但复杂的孔喉结构导致各类储层孔渗关系复杂化[图1(c)]。因此需要进一步厘清孔喉结构对不同类型储层孔渗关系的控制作用，为建立准确的渗透率计算模型提供指导。

孔洞缝型储层孔隙、溶洞和裂缝均发育，复杂的储集空间配置关系导致该类储层孔喉结构非常复杂，孔渗数据点呈现较为离散的分布特征，孔渗相关性较差[图1(c)，$R=0.34$]。细分孔喉结构后，多模态宽广型的孔渗相关性得到提高($R=0.63$)(图8)，而双模态宽广型($R=0.14$)和单模态集中型($R=0.35$)的孔渗相关性仍不理想，这与孔洞缝型储层孔喉结构较强的非均质性关系密切，如双模态宽广型孔喉结构，由于晶间溶孔和溶洞等有利储集空间与体腔孔等较差储集空间均较发育(图5)，形成复杂的配置关系使孔喉结构大幅复杂化[图4(d)]，导致其孔渗关系最为复杂[图8(a)]。

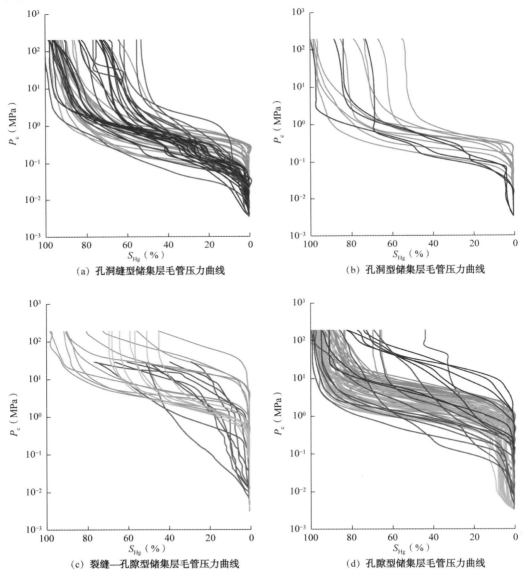

(a) 孔洞缝型储集层毛管压力曲线　　　　(b) 孔洞型储集层毛管压力曲线

(c) 裂缝—孔隙型储集层毛管压力曲线　　　　(d) 孔隙型储集层毛管压力曲线

图7　北特鲁瓦油田石炭系 KT-I 层不同类型储集层的毛管压力曲线和孔喉半径分布

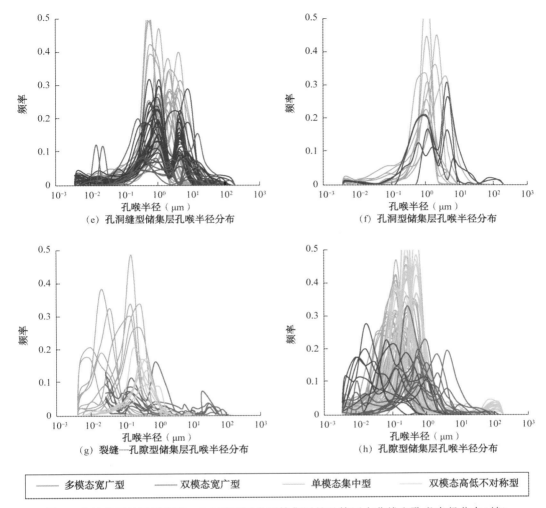

图7　北特鲁瓦油田石炭系 KT-I 层不同类型储集层的毛管压力曲线和孔喉半径分布(续)

孔洞型储层孔隙和溶洞发育，裂缝不发育，孔喉结构的复杂程度低于孔洞缝型储层，非均质性整体弱于孔洞缝型储层。该类储层整体孔渗相关性稍好于孔洞缝型储层[图 1(c)，$R=$ 0.49]，细分孔喉结构后，单模态集中型孔喉结构呈现相对较弱的复杂性，具有较好的孔渗关系($R=0.81$)，而双模态宽广型由于样本点较少，无法建立较好的孔渗关系[图 8(b)]。

裂缝—孔隙型储层孔隙和裂缝发育，不同类型裂缝的微观孔喉结构特征存在差异，如构造缝较为平直，而溶蚀缝较为曲折，其与孔隙组合产生复杂的空间配置关系，造成该类储层整体孔渗关系较差[图 1(c)，$R=0.43$]。细分孔喉结构后，多模态宽广型($R=0.85$)和单模态集中型($R=0.6$)的孔渗相关性都得到了提高，而发育于裂缝—孔隙型储层中的双模态高低不对称型孔喉结构，形成于岩溶垮塌作用产生的随机分布的储集空间组合类型[图 4(h)]，具有极强的非均质性，导致孔渗关系十分复杂，同时也表明并非每一类孔喉结构都能建立较好的孔渗关系[图 8(c)]。

孔隙型储层主要发育孔隙，虽然溶洞和裂缝均不发育，但其在 4 种储层中发育的孔喉结构类型最多，具有较强的微观非均质性。该类储层整体孔渗数据点分布较为集中，相关性较好($R=0.72$)。细分孔喉结构后，除双模态宽广型无法建立较好的孔渗关系之外，其余 3 类孔喉结构如多模态宽广型($R=0.6$)、单模态集中型($R=0.71$)和双模态高低不对称型($R=0.78$)都能建立相对较好的孔渗关系[图8(d)],这表面上似乎与"储层微观非均质性越强,孔渗关系越复杂"的认识相悖,但实际上这是由于储集空间组合类型是孔喉结构差异的主控因素,而且孔隙型储层的孔喉结构是由占多数的较差孔隙类型(如体腔孔、粒内溶孔等)和占少数的有利孔隙类型(如晶间溶孔、粒间溶孔等)构成,其复杂程度低于发育孔隙、溶蚀孔洞和裂缝等储集空间组合类型的孔洞缝型储层的孔喉结构(图5、图6),因此发育更加复杂孔喉结构的孔洞缝型储层孔渗关系更为复杂[图8(a)],给储层准确渗透率模型的建立带来挑战。

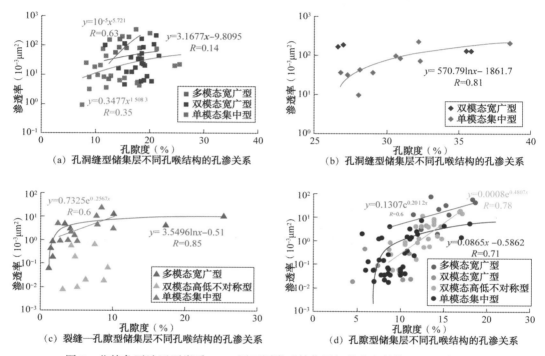

图8　北特鲁瓦油田石炭系 KT-I 层不同类型储集层细分孔喉结构后的孔渗关系

　　4 类储层细分孔喉结构后的孔渗关系研究可得到两点认识:(1)不同类型储层细分孔喉结构后,各类孔喉结构整体分布范围呈现分区特征,孔渗数据点的质心具有一定的区分性,体现了孔喉结构对储层孔渗关系的控制作用;(2)细分孔喉结构后,约 75% 的孔喉结构孔渗关系得到改善,少数孔喉结构孔渗关系改善效果不明显,这与海外油田资料相对不足的客观限制有关,可用于研究不同类型储层孔喉结构的压汞样品仅有 183 块。而根据国际碳酸盐岩储层专家 Lønøy 的研究成果[6],其整合了约 3 000 块样品,基于孔隙类型、孔隙大小和分选性,分别建立不同孔喉结构的孔渗关系,孔渗关系均得到明显改善,说明当样品数量足够时,细分孔喉结构建立储层孔渗关系是提高渗透率计算准确度的有效方法。

　　鉴于不同类型碳酸盐岩储层孔喉结构对孔渗关系的重要影响和复杂的控制作用,需进一步揭示不同孔喉结构对储层渗透率的影响作用。具体方法:首先通过单因素分析法,从各类储层分别表示储集性能(ϕ)、孔喉大小(R_{av}、D_{av}、R_{max}、R_5-R_{90}、V_{ma}、V_{me}、V_{ma+me} 等)、孔喉分选性(S_p、C、S_{kp}、K_p、α 等)和孔隙连通性特征(V_{pt}、W_e、S_{min} 等)的参数中优选出与储层渗透率相关性最好的参数,然后采取灰色关联分析法对影响各类储层渗透率的主控因素开展定量化分析，明确了不同孔喉结构参数对各类储层渗透率影响的优先次序，以期为提高不同储层渗透率的计算准确度提供技术指导。从分析结果可知：孔洞缝型储层渗透率主要受控于大孔喉占比、变异系数和视孔喉体积比，分别代表不同孔喉发育程度、孔喉分选性和孔隙连通性，表明强溶蚀作用可形成以大孔喉为主、不同大小喉道杂乱分布的孔喉网络体系，同时裂缝发育贯通溶蚀孔洞可大大提高孔洞缝型储层的渗透率。孔洞型储层渗透率主要受控于R_5、大孔喉占比和孔隙度，分别代表孔喉大小、不同孔喉发育程度以及储集性能，表明强溶蚀作用形成的众多大孔喉和较大的储集空间对孔洞型储层渗透率的贡献最大。裂缝—孔隙型储层渗透率主要受控于孔隙度、S_{min}和均质系数，分别代表储集性能、孔隙连通性和孔喉分选性，表明裂缝与基质孔隙空间相叠加能够明显提高裂缝—孔隙型储层连通性，改善储层渗流能力。孔隙型储层渗透率主要受控于孔喉均值、大—中孔喉占比和孔隙度，分别代表孔喉大小、不同孔喉发育程度和储集性能，表明大孔喉发育比例越高、储集空间越大，孔隙型储层的渗流能力越好。

5　结　论

基于对孔喉半径频率分布曲线特征的深入分析，建立了一套适用于滨里海盆地东缘石炭系碳酸盐岩的孔喉结构分类和描述方法，划分出复杂碳酸盐岩4种孔喉结构类型：多模态宽广型、双模态宽广型、单模态集中型和双模态高低不对称型。基于多信息融合技术，通过交会图法优选孔喉结构敏感参数，采取主成分分析法构建了孔喉结构判别指数，实现对4种孔喉结构的定量判别。

明确了沉积作用、成岩作用和构造作用对孔喉结构差异的控制作用：有利沉积相带叠加早期白云石化作用是有利孔喉结构形成的重要基础，表生期岩溶作用是有利孔喉结构形成的关键因素，构造破裂作用可进一步改善孔喉结构；而胶结作用和岩溶垮塌充填作用则是导致孔喉结构变差的决定性因素。揭示了沉积、成岩和构造叠加改造作用形成的储集空间组合类型是孔喉结构差异的主控因素，其中孔隙型储层微观非均质性最强，4种孔喉结构类型均发育，其次是裂缝—孔隙型和孔洞缝型储层，孔洞型储层微观非均质性相对较弱。

揭示了多种孔喉结构共同发育是导致各类储层孔渗相关性差的关键因素。细分孔喉结构类型建立各类储层孔渗关系是提高渗透率计算准确度的有效手段。综合单因素分析和灰色关联算法，明确了不同孔喉结构参数对各类型储层渗透率影响的优先次序，以期为提高不同碳酸盐岩储层渗透率的准确度提供技术指导。

符号注释：

C—变异系数，无因次；D_{av}—孔喉均值，μm；D_r—相对分选系数，无因次；F_1—第一主成分，无因次；F_2—第二主成分，无因次；K—渗透率，10^{-3} μm^2；K_p—孔喉峰态，无因次；P—不同孔喉结构定量判别指数，无因次；P_c—毛管压力，MPa；P_d—排驱压力，MPa；R_5，R_{10}，…，R_{35}，…，R_{90}—当进汞饱和度达到5%、10%、…、35%、…、90%时对应的孔喉半径值，μm；R_{av}—平均孔喉半径，μm；R_{max}—最大孔喉半径，μm；S—所提取主成分的总特征值之和，无因次；S_{Hg}—含汞饱和度，%；S_{kp}—孔喉歪度，无因次；S_{min}—最小非饱和孔喉体积百分比，%；S_p—分选系数，无因次；V_{pt}—视孔喉体积比，无因次；V_{ma}—大孔喉占比，%；V_{me}—中孔喉占比，%；V_{mi}—小孔喉占比，%；V_{ma+me}—大—中孔喉占比，%；w—主成分个数，个；W_e—退汞效率，%；α—均质系数，无因次；φ—孔隙度，%。

参考文献

[1] 穆龙新，陈亚强，许安著，等．中国石油海外油气田开发技术进展与发展方向[J]．石油勘探与开发，2020，47(1)：120-128．

[2] MOORE C H, WADE W J. Carbonate Reservoirs：Porosity and diagenesis in a sequence strati-graphic framework[M]. Amsterdam：Elsevier, 2013：51-65.

[3] 何伶，赵伦，李建新，等．碳酸盐岩储层复杂孔渗关系及影响因素：以滨里海盆地台地相为例[J]．石油勘探与开发，2014，41(2)：206-214．

[4] EHRENBERG S N, NADEAU P H. Sandstone vs. carbonate petroleum reservoirs：A global perspective on porosity-depth and porosity-permeability relationships[J]. AAPG Bulletin, 2005, 89(4)：435-445.

[5] WEGER R J, EBERLI G P, BAECHLE G T, et al. Quantification of pore structure and its effect on sonic velocity and permeability in carbonates[J]. AAPG Bulletin, 2009, 10(93)：1297-1317.

[6] LØNØY A. Making sense of carbonate pore systems[J]. AAPG Bulletin, 2006, 90(9)：1381-1405.

[7] 秦瑞宝，李雄炎，刘春成，等．碳酸盐岩储层孔隙结构的影响因素与储层参数的定量评价[J]．地学前缘，2015，22(1)：251-259．

[8] 万云，詹俊，陶卉．碳酸盐岩储层孔隙结构研究[J]．油气田地面工程，2008，27(12)：13-14．

[9] 王起琮，赵淑萍，魏钦廉，等．鄂尔多斯盆地中奥陶统马家沟组海相碳酸盐岩储层特征[J]．古地理学报，2012，14(2)：229-242．

[10] 邓虎成，周文，郭睿，等．伊拉克艾哈代布油田中—下白垩统碳酸盐岩储层孔隙结构及控制因素[J]．岩石学报，2014，30(3)：801-812．

[11] 金值民，谭秀成，郭睿，等．伊拉克哈法亚油田白垩系Mishrif组碳酸盐岩孔隙结构及控制因素[J]．沉积学报，2018，36(5)：981-994．

[12] NORBISRATH J H, EBERLI G P, LAURICH B, et al. Electrical and fluid flow properties of carbonate microporosity types from multiscale digital image analysis and mercury injection[J]. AAPG Bulletin, 2015, 99(11)：2077-2098.

[13] WANG S, LUN Z, CHENG X, et al. Geochemical characteristics and genetic model of dolomite reservoirs in the eastern margin of the Pre-Caspian Basin[J]. Petroleum Science, 2012, 9(2)：161-169.

[14] 赵伦，陈烨菲，宁正福，等．异常高压碳酸盐岩油藏应力敏感实验评价：以滨里海盆地肯基亚克裂缝—孔隙型低渗透碳酸盐岩油藏为例[J]．石油勘探与开发，2013，40(2)：194-200．

[15] 赵文智，沈安江，乔占峰，等．白云岩成因类型、识别特征及储集空间成因[J]．石油勘探与开发，2018，45(4)：1-13．

[16] LUCIA F J. Carbonate reservoir characterization：An integrated approach[M]．New York：

Springer Berlin Heidelberg, 2007: 148-156.

[17] CRAIG H. The measurement of oxygen isotope paleotemperatures[M]//TONGIORGI E. Stable isotopes in oceanographic studies and paleotemperatures. Pisa: Consiglio Nazionale delle Richerche, Laboratorio di Geologia Nucleare, 1965: 161-182.

[18] 徐可强. 滨里海盆地东缘中区块油气成藏特征和勘探实践[M]. 北京: 石油工业出版社, 2011: 91-105.

[19] LOUCKS R G. Paleocave carbonate reservoirs: origins, burial-depth modifications, spatial complexity, and reservoir implications[J]. AAPG Bulletin, 1999, 83(11): 1795.

[20] 赵伦, 李建新, 李孔绸, 等. 复杂碳酸盐岩储层裂缝发育特征及形成机制: 以哈萨克斯坦让纳若尔油田为例[J]. 石油勘探与开发, 2010, 37(3): 304-309.

致密气藏储量评价方法

李陈[1]　夏朝辉[2]　汪萍[2]　刘玲莉[2]　王玉华[3]

(1. 中联煤层气有限责任公司；2. 中国石油勘探开发研究院；3. 中国石油辽河油田分公司)

摘　要：针对致密气藏圈闭界限不明显及采收率无法确定的问题，运用特征曲线法对致密气藏储量进行评价，利用致密气藏的渗流特征和面积外推法来标定生产井的控制面积，利用产量递减曲线标定生产井的产能，结合储量的 PRMS 划分标准，提出了适合致密气藏储量评价的新方法，达到了准确快速评价致密气藏储量的目的，得到了一套适合于致密气藏储量评价的方法，为国内致密气田及国际合作中涉及计算致密气藏储量资产提供了依据。

关键词：致密气；储量评价；典型曲线；西加盆地

致密气是指存在于低渗透致密储集层中的非常规天然气[1-3]，几乎存在于所有的含油气区，但除美国加拿大外其他的含油盆地并未开展致密气藏的勘探开发研究。现在的研究资料主要来自 AAPG、SPE 等文献，由于缺少基础资料，导致了储量评价研究较难深入开展，所以现在致密气藏储量的评价尚无现成的模式可循，缺乏成熟的体系和统一的标准[4]。对西加盆地某致密气藏现有的资料进行了分析研究，在此基础上初步形成了一套在理论和实践上均能满足快速评价致密气储量的理论和方法，希望对国内外致密气藏储量早期评价提供参考。

1　致密气藏水平井开发特征

1.1　单井控制面积

对于致密气藏来说，由于其低渗低孔特性，自然条件下气体基本不流动，渗流的区域局限于通过压裂改造的区域，所以单井的控制半径为人工裂缝半长，通过井下微地震监测技术可以获得裂缝的方位、半长、高度、产状等参数，定量表征人工裂缝空间分布。通过现场的生产数据分析，发现一般的致密气藏压裂水平井控制区域的渗流将长期（10 年以上）处于一维线性渗流，可以把致密气藏人工裂缝控制面积近似为一个长宽分别为缝长和缝间距的矩形，每条裂缝的控制面积为：

$$S = 2 X_e Y_e \tag{1}$$

式中：S 为每条裂缝的控制面积，km^2；X_e 为裂缝半长，km；Y_e 为裂缝间距，km。

1.2　致密气藏产量特征曲线

由于没有钻井，C 级次商业储量的计算方法一般采用特征曲线法。基于致密气田的生产

作者简介：李陈，男，出生于 1986 年，毕业于西南石油大学石油工程专业，博士，工程师。一直从事非常规油气田的渗流机理及开发研究工作。现在为中联煤层气有限责任公司研究院气藏工程师。地址：北京市朝阳区酒仙桥路乙 21 号国宾大厦；邮编：100081；电话：18601088050；邮箱：lichen17@cnooc.com.cn。

动态分析，形成一条符合实际生产情况的、符合各区块储层特征的代表性单井单段生产特征曲线（Type Curve），该曲线的预测结果即为单井单段的可采储量计算结果。

每口井开井时间和水平井压裂段数不同，对分段压裂水平井进行时间和压力的归一化，得到每个区块单井单段生产曲线和平均产气曲线，根据该区块平均产气曲线确定该区块 type curve 的高峰产气量、递减曲线递减参数，在此基础上进行各区块单井单段 Type curve 预测。

2 致密气藏可采储量计算

2.1 P 级商业储量计算

对于渗透率极低的致密砂岩气而言，实际生产数据和渗流规律证明了单井控制面积或体积深受水平段长度、压裂段数、缝长和缝高控制，有别于常规气藏单井控制面积或者体积的确定，导致无法准确的标定致密砂岩气的采收率，所以一般不采用采收率标定法来计算致密砂岩气的可采储量，而是采用特征曲线法。

递减方式的选取需根据致密气的递减特征来决定，常规的 Arps[5] 递减遵循晚期的拟稳态渗流规律，递减速度过慢，不适用于致密气长期处于非稳态渗流这一特点。通过对西加盆地 363 口致密气井递减规律的研究发现致密气产量前期符合递减指数 $b > 1$ 的非常规 Arps 递减（图 1），后期符合指数递减，一般情况当气藏年递减率降为为 5% 时由 $b > 1$ 的非常规 Arps 递减转为指数递减（式 2）。

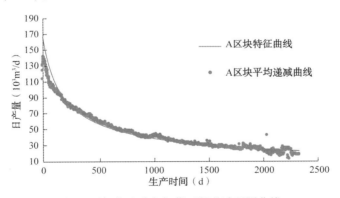

图 1　西加盆地致密气藏两段递减预测曲线

$$q = \begin{cases} q_i \left(1 + bD_i t\right)^{-\frac{1}{b}} & D > 5\% \\ q_i e^{-D_i t} & D < 5\% \end{cases} \tag{2}$$

式中，q 为气井产量，$10^3 m^3/d$；q_i 为初始产气速率，$10^3 m^3/d$；b 为递减指数；D_i 为初始递减率，%/d；t 为生产时间，d。

选取不同的递减率预测产量，根据气田的实际情况确定废弃产量，以废弃产量为约束进行递减预测，确定最终可采储量：（1）在每口井实际生产数据的基础上，利用 Arps 两段递减预测气井未来的产量，考虑谨慎保守的初始递减率 D_{1p}，调整递减指数使预测产量与实际产量达到拟合精度，得到 1P 预测曲线（图 2 中紫线），1P 预测曲线到达经济极限产量时的累计产量即为该井1P可采储量；（2）根据国际惯例，考虑到未来的不确定性，选取较乐观的初始递减率 D_{2p} 进行预测，预测结果作为该井2P可采储量（图2淡蓝色线）；（3）选取更乐观的初始递减率 D_{3p} 进行预测，预测结果作为该井3P可采储量（图2深蓝色线）；（4）项目区块内每口已钻井的1P、2P和3P可采储量之和即为该项目区块的1P、2P和3P可采储量。

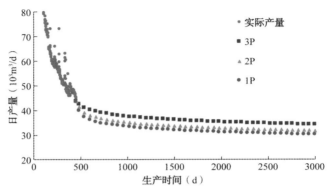

图2　递减曲线法计算不同级别P级储量

2.2　C级地质储量计算

根据PRMS对C级储量的划分原则，C级储量一共分为三个级别：1C、2C、3C；对于致密气藏来说，由于其自身的超低渗透率，导致其单井的控制面积基本上就是裂缝能波及的范围，所以，以一个长宽分别为裂缝长度和压裂间距的矩形作为一条裂缝的控制面积，也作为1C储量的控制面积，在1C控制面积的基础上外推一个裂缝长度作为2C储量的控制面积，在2C控制面积的基础上外推至矿权区边界内的已证明储层边界为3C储量的控制面积，而各个控制面积中的储量即为C级控制储量。

由于区块内钻井较少，C级储量的计算方法一般采用前文所述的特征曲线法，通过特征曲线和废弃产量可以得到单井单段的最终产量，采用以下公式计算该区块的C级储量：

$$Q_t = Q_c S_t / S_o \tag{3}$$

式中，Q_t 为该区块中对应C级储量，$10^8 m^3$；S_c 为该区块中对应的C级储量控制面积，km^2；S_d 为单井单段控制面积，km^2；Q_d 为该区块分段压裂水平井单井单段最终产量，$10^8 m^3$。

根据 type curve，可以预测该区域分段压裂水平井单井单段最终产量 Q_d，单井单段控制面积 S_d 可以通过（1）试求得，该区块中对应的C级储量控制面积 S_c 通过每口井的外推面积相加求得。

3　实例

某公司2012年在海外购买获得某致密气藏的部分权益。该气藏分为四个区块，现有生产井363口，几乎覆盖了整个气藏，中方掌握了所有生产井的压裂参数、钻井参数及产量数据，应用上述评估方法对其储量进行评估：

（1）以气藏内每口井的生产数据为基础，运用两段递减法，以实际初始产量为预测曲线初始产量 q_i，选用不同的年初始递减率（$D_{1P} = 70\%$，$D_{2P} = 67\%$，$D_{3P} = 65\%$）逐井进行产量递减分析，调整递减指数（分析发现致密气的递减指数一般介于 1 到 2 之间），使预测的产量递减曲线尽可能的拟合实际产量，最终整个区块拟合率 R^2 平均值达到 91%；

（2）三种初始递减率下预测的产量递减曲线递减至经济极限 $4000m^3/d$ 时的累计产气量即为生产井的 1P、2P、3P 可采储量，整个区块所有井的 1P、2P、3P 可采储量之和即为该区块的 1P、2P、3P 可采储量，1P、2P、3P 的不确定性依次增加；最终结果（表 1）与国际专业储量评估公司评价结果基本一致。

表 1　某致密气藏可采储量评价结果（国际专业储量评估公司/本文）

可采储量（$10^8 m^3$）	区块 A	区块 B	区块 C	区块 D
1P	112/113	12/12	9/10	22/23
2P	142/141	16/15	12/12	28/27
3P	164/165	20/18	13/14	34/33

（3）通过时间归一和压裂段数归一递减曲线，得到各个区块单井单段平均递减曲线（图 3），根据平均递减曲线峰值、形态，选取两段递减法拟合平均递减曲线，得到各个区块的特征曲线，特征曲线是一个区块整体递减的具体表现，其参数能反映区块的产能特征（表 2）。

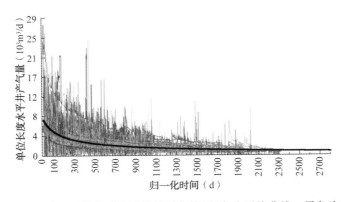

图 3　A 区块单井单段平均递减曲线及特征曲线（红色为平均曲线，黑色为特征曲线）

表 2　某致密气藏特征曲线参数

参数	区块 A	区块 B	区块 C	区块 D
q_i（$10^3 m^3/d$）	76	71	57	51
b	1.5	1.2	1.8	2
D_i（%/a）	60	59.5	65	70

（4）根据公式 $Q_t = Q_c S_t / S_0$ 计算 C 级储量，外推 1 个井距的 1C 控制面积为 $61.7km^2$；外推 2 个井距的 2C 控制面积为 $133.92km^2$；外推至矿权区边界内的已证明储层边界的 3C 控制面积为 $634.4km^2$（图 4），单井控制面积 S_0 为 $0.54km^2$；单井特征曲线最终可采储量 Q_c 为 $2.5×10^8 m^3$；最终计算 $1C = 286×10^8 m^3$，$2C = 620×10^8 m^3$，$3C = 2973×10^8 m^3$（国外专业储量评估公司评估结果 $1C = 292×10^8 m^3$，$2C = 630×10^8 m^3$，$3C = 2995×10^8 m^3$）。

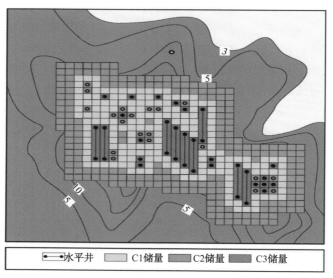

图 4　外推法确定 3 种地质储量控制面积

4　结论

(1)致密气藏无法准确标定采收率，采用递减曲线法预测其 P 级可采储量可以避免这个问题并准确计算可采储量；对于刚刚开发区块开发井相对较少，采用常规计算方式会产生较大误差，采用特征曲线和单井控制面积相结合方法计算 C 级地质储量，计算精度较高。

(2)传统 Arps 递减不适合致密气藏产量预测，本文提出的两段递减能很好地拟合生产曲线，得到合理的单井 EUR。

(3)通过生产数据规律的研究发现致密气藏中的渗流主要发生在裂缝波及到区域，采用一个长宽分别为裂缝长度和压裂间距的矩形来刻画单井控制区域比较准确。

参考文献

[1] Spencer C. W. Review of characteristics of low permeability gas reservoir in Western United States [J]. AAPG Bulletin, 1989, 73(5): 613-629.

[2] Masters J. A. Deep basin gas trap, Western Canada [J]. AAPG Bulletin, 1979, 63(2): 152-181.

[3] Rose P. R. Possible basin centered gas accumulation, Roton Basin, Sourthern Colorad [J]. Oil&Gas Journal, 1981, 82(10): 190-197.

[4] 徐海霞，王建君，齐梅. 加拿大致密气资产储量评价方法及应用[J]. 石油天然气学报，2012, 34(8): 57-61.

[5] J. J. Arps. Analysis of decline curves [J]. Transactions of the AIME, 1945, 160(1): 228-247.

[6] 熊健，曾山，王绍平. 不对称垂直裂缝井产量递减规律[J]. 西安石油大学学报，2014,

21（1）：74-77.

［7］牛宝荣，陈慧，李润梅，等．致密砂岩气藏特征及关键技术展望［J］．油气地质与采收率，2014，21（5）：94-97.

［8］雷刚，董平川，杨书，等．致密砂岩气藏拟稳态流动阶段气井产能分析［J］．吐哈油气，2014，21（5）：300-307.

［9］张百灵．致密气藏产能分析方法研究［D］．成都：西南石油学院，2004.

［10］位云生，贾爱林，何东博，等．致密气藏分段压裂水平井产能评价新思路［J］．钻采工艺，2012，35（1）：32-34.

［11］马静．致密气藏压裂水平井产能评价及井网优化方法研究［D］．青岛：中国石油大学（华东），2011.

［12］陈汾君，汤勇，刘世铎，等．低渗致密气藏水平井分段压裂优化研究［J］．特种油气藏，2012，19（6）：85-87.

［13］王京舰，王一妃，李彦军，等．鄂尔多斯盆地子洲低渗透气藏动储量评价方法优选［J］．石油天然气学报，2012，34（11）：114-117.

［14］王少军，李宁，邱红枫，等．累积产量图版法预测致密气藏动态储量［J］．石油天然气学报，2013，35（5）：83-87.

［15］位云生，贾爱林，何东博，等．苏里格气田致密气藏水平井指标分类评价及思考［J］．天然气工业，2013，33（7）：47-51.

三、油气田开发

海外油气田开发理念及技术对策

穆龙新　范子菲　许安著

（中国石油勘探开发研究院）

摘　要：基于中国石油公司 20 多年来从事海外油气田开发的经验，本文全面总结了海外油气田开发的十大特点：项目资源的非己性、合同模式的多样性、合作方式的复杂性、油气田开发的时效性、项目运作的国际性、项目经营的风险性、作业窗口和条件的限制性、合同区范围及资料的有限性、项目产量的权益性、项目追求的经济性。适应海外特殊经营环境，提出了以追求有限合同期内产量和效益最大化为目标的海外油气田开发理念，建立了早期优先利用天然能量开发、规模建产、快速上产、高速开采、快速回收的海外油气田开发模式。根据海外合同模式特点，确定了适应不同合同模式要求的海外油气田开发方案设计策略，矿税制合同方案设计策略是采用先肥后瘦、先易后难，依据合同规定的矿费变化确定早期投资进度、上产速度、开发工作量和产量；产品分成合同方案设计策略是高速开发，稀井高产，加快投资回收；服务合同方案设计策略是根据投资回报率确定方案的合理产量目标和工作量，确保高峰期产量和稳产期达到合同要求。这些海外油气田开发理念、开发模式和开发技术对策支撑中国油公司在全球油气田开发取得辉煌业绩。

关键词：开发理念；技术对策；开发模式；合同类型；开发方案设计

中国石油公司自 20 世纪 90 年代初起，积极实施走出去战略，到中国以外的国家和地区（本文称海外）进行油气勘探开发，20 多年来取得了巨大成绩，海外油气资产分布于全球五大油气合作区，共 120 多个项目分布在 50 个国家的 100 多个盆地，总面积约为 $150 \times 10^4 km^2$，拥有剩余可采储量 $130 \times 10^8 t$ 油当量，海外的油气作业产量超过 $2 \times 10^8 t$，积累了在海外从事油气勘探开发的丰富经验和技术[1-2]。与国内相比，海外的油气勘探开发有着自身独有的特点，这些特点决定了海外油气勘探开发不能照搬国内已有模式，必须开拓创新，走出一条适合海外特点和具有中国石油公司特色的海外油气田勘探开发之路。本文基于作者 20 年来海外油气田开发技术研究和方案设计的经验和知识积累，全面总结了海外油气田开发的特殊性，首次系统提出了适应这种特殊性要求的海外油气田开发理念、开发模式和针对不同合同模式的开发方案设计对策，以期为今后更好的做好海外油气开发业务提供指导。

1　海外油气田特殊性

与中国国内油气田开发相比，海外油气田开发在资源的拥有性、合同模式、合作方式、投资环境、开发时效性、项目经济性、国际惯例等等方面都不一样，具有很多特殊性。

1.1　项目资源的非己性

所谓资源的非己性主要是指海外油气业务所勘探开发的资源都是他国资源，油气资源归

基金项目：国家科技重大专项（2017ZX05030）。

资源国所有，跨国公司只是一定期限内的油气勘探开发的经营者，并不真正拥有地下油气资源。而国内石油公司的勘探开发既是资源开发者也是资源拥有者，可以无限期的拥有和开发地下资源。

1.2 合同模式的多样性

石油勘探开发合作主要是通过资源国政府（或国家石油公司为代表）和外国石油公司之间签订的国际石油合同来实施和完成的。因此国际石油合同是指资源国政府（或国家石油公司为代表）同外国石油公司合作开采本国油气资源[2]，依法订立的包括油气勘探、开发、生产和销售在内的一种国际合作合同。石油合同模式主要有产品分成、矿税制、服务合同（包括回购合同）三种合同模式，另外还有在以上合同基础上形成的合资经营以及各种混合合同模式。以中国石油海外项目为例，产品分成合同占36%，矿税制合同占51%，服务合同占13%。同一国家可能具有不同的合同类型，同一项目不同区块具有不同的"篱笆圈"，投资回收和分成比例具有较大差异，投资风险大小各异[2]。近年来石油合同呈现出控制性、限制性等特点，合同条款愈加苛刻，服务合同渐成主流，矿税、暴利税和红利税不断提高[3]。

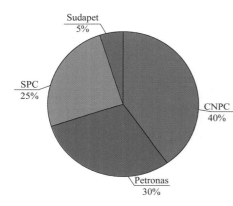

图1 苏丹项目各油公司股份占比

1.3 合作方式的复杂性

海外油气田勘探开发在签订合同后都要在资源国成立公司经营项目，合作方式复杂多样，有独资经营、联合作业、控股主导和参股等。独资经营和控股项目具有主导作业权，但权限受资源国政府和合作伙伴制约；联合作业为多家伙伴组成联合作业公司，共同实施生产作业，任何一方均不具有独立决策权，如中国石油苏丹项目，中国石油（CNPC）占股40%，马来西亚国家石油公司（Petronas）占股30%，加拿大SPC公司占股25%，苏丹国家石油公司（Sudapet）有5%干股（图1）。而参股项目没有决策权，只在股东会上具有建议权。

1.4 油气田开发的时效性

勘探开发合同期限短、时限性强。勘探期一般3~5年、最多可延长1~2次，可供勘探的时间短，必须在有限的时间内尽快找到规模油气发现，才能进入开发期，实现投资回收。而开发项目一般为25~35年（图2），油气开发技术的应用受项目效益和时间的制约。由于合同期有限，往往无法按照国内常规的程序开展勘探开发工作。

1.5 项目运作的国际性

海外项目经营是一种国际化经营，由两家或两家以上的公司按股份制形式开展合作经营，合作伙伴来自不同国家。勘探开发部署不仅需要合作伙伴的批准，还需要资源国政府的最终批准，方能开展实际操作或作业。勘探开发区块选择既要基于其开发潜力，还需考虑其投资环境。勘探开发活动必须符合国际惯例和规则，符合资源国的相关规定。

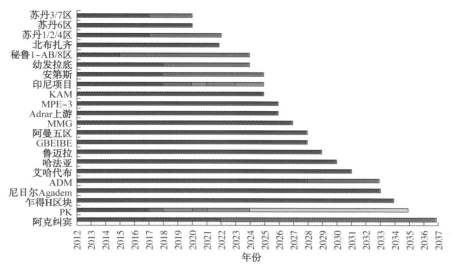

图 2　海外开发项目许可证期限图

1.6　项目经营的风险性

海外项目经营因受到内外部等多种因素的影响，具有高投入、高风险的特点，决策正确可以获得丰厚的回报，相反则会带来较大损失。主要风险有：政治风险，如国家政权的更迭可能导致合同的流产；政策风险，如国家实施国有化政策；金融风险，如跨国金融体系、汇率变化等；油价风险，如国际油价的不可预测性对油气田开发经营效益的巨大影响；环境安保风险，如环保条件严苛、劫匪及恐怖袭击存在等；技术风险，如对油藏地质情况认识的不确定性；经济风险，如合同条款变更导致投资难以回收等风险。

1.7　作业窗口和条件的限制性

许多国家的油气作业窗口期很短，如乍得地区旱季可作业期仅半年；作业环境差，如尼日尔地处撒哈拉沙漠腹地、安第斯的热带丛林以及苏丹的疾病肆虐；后勤条件差，如苏丹、乍得、尼日尔都是世界上贫穷落后的国家，地处内陆，无石油工业基础；运输难度大，如尼日尔项目，需要通过 3 个月海陆联运才到达多哥洛美港或贝宁科图努港，再经过跨三个国家2400 多千米陆路运输至迪法，然后换成沙漠运输车辆在沙漠行驶 400km 才能最后到达作业区。

1.8　合同区范围及资料的有限性

跨国油公司获取的合同区范围空间有限，经常是盆地中的一个局部区块，难以从区域上开展研究。收集和采集的资料也十分有限，前期往往只有本区块的少量资料，区块投入勘探开发后，由于合作伙伴追求经济效益的最大化，都会尽量减少资料的采集，特别是岩性、流体的 PVT 特性、压力测试、产液剖面测试等非常重要的资料严重不足，可能造成对油藏认识无法弥补的损失。

1.9　项目产量的权益性

由于是与资源国、伙伴按股份开展合作经营，因此海外项目的产量具有作业产量、权益产量之分(图3),合同者之间存在不同的投资比例,以及资源国政府各种税费和干股权益的存在,合同者所能获得的实际份额油比例和收入比例要小于实际的投资比例。

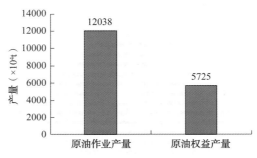

图3　海外原油作业产量和权益产量对比

1.10　项目追求的经济性

跨国油气勘探开发以效益最大化和规避投资风险为原则,以最小投入获取最大利润,实现经济效益最大化。总体遵循"少投入、多产出,提高经济效益"的原则。

2　海外油气田开发理念和模式

海外油气田开发的最大特点就是资源归属资源国政府所有,跨国公司只是规定时期内的开发经营者,而国内油气田开发,资源拥有者与经营者是同一主体。由于受合同模式、政治、经济、技术等风险限制,与国内相比,海外油气田开发形成了不同的开发理念、开发模式和技术对策,从而制定出不同的经营策略。

2.1　海外油气田开发理念

国内油气田开发不受合同期限制约,开发理念上以长期保障国内经济发展需求为出发点,制定较长时期稳定高产的开发策略,精雕细刻,合理开发,不断提高油气田采收率,使资源得到最大化利用,实现油气业务可持续发展[4]。海外油气田开发由于受资源的非己性、投资环境的巨大风险性以及勘探开发时间的限制性等因素制约,需要创新形成不同于国内的油气田开发理念(表1)。这就是以追求合同期内产量和效益最大化为目标,总体采取"有油快流、好油先投,高速开采,快速回收,规避风险"的开发理念,遵循以下三个原则:

表1　国内外油气田开发理念对比

比较项目	国内油气田开发理念	海外油气田开发理念
资源与经营者关系	资源拥有者与经营者是同一主体	资源归属资源国政府所有,合同者只是在规定时期内的开发经营者
合同模式	矿税制	矿税制、产品分成、服务合同(技术服务、风险服务、回购合同)
开发时限	较长、可连续	一般20~30年,有延期的可能
政治社会风险	很小	很大,受地域和国家影响
技术经济风险	一般	很大

比较项目	国内油气田开发理念	海外油气田开发理念
综合风险	小	很大，影响因素多
利润驱使动力	强，但受控制	最强
资源利用	在资源的充分利用基础上获取尽可能多的油气产出和经济效益，倍加珍惜所有资源	选择性地有效利用资源，以追求最大经济效益为核心，对低品位资源暂时搁置或弃之不顾
开采技术	采用各种先进技术手段，最大限度挖掘资源潜力	采用最适合的可靠技术
开采目标	追求油气田最终采收率最大化	追求合同期内采出程度最大化
经营理念	以长期保障国内经济发展需求出发	以经济效益为核心

（1）优选有利目标区块快速建产、高速开发。海外油气田经营者采取资源"唯我所用"的原则，采用先"肥"后"瘦"、先"易"后"难"做法，优先选择富集且技术难度小的资源进行开发，而对低品位资源可不考虑开发。其次，合同规定了资源国和油气开发经营者的收益分配方式，因此油气田开发经营者必须依据合同规定采用一切可行的办法来保证自己的利益，利用有限的时间和较小的投资实现规模快速建产和经济效益的最大化[5-7]。

（2）油气田开发以能够实现快速回收投资、降低风险为前提。海外油气开发面临比国内更大的风险，除承担本行业的技术经济风险外，还要承担资源国政治、经济和安全不确定性带来的风险。油气田经营者可以通过改进技术措施和经营管理进行有效控制技术经济风险，而资源国政治、社会和经济变化等不确定性带来的风险是经营管理者难以控制的，而且对项目的影响是致命的，最好的办法就是在较短时间内投资回收，把投资风险降到最小限度[8]。

（3）油气田开发技术要经济、实用、安全、可靠。海外油气开发以追求经济效益为核心，以最小投入获取最大利润，尽可能降低投资是实现快速回收和获取最大利润的根本途径，因此在开发工程建设上需要简化流程、做到安全、可靠、实用。在技术应用上采用最适用的成熟、施工难度小的开发技术，避免新技术应用带来的不确定性产生的经济风险。

2.2 海外油气田开发模式

海外油气田开发的特殊性和开发理念决定了其开发模式和开发策略与国内不同。国内油气田开发模式是要保持长期高产稳产，兼顾不同品位资源，实现资源最佳利用；不断深化勘探开发，实现产能和储量接替；早期注水保持油藏压力生产，采用各种新技术（如聚合物驱油），不断挖潜剩余油；老油田实施"二次开发"，实现可持续发展和采收率最大化。而海外的油气田开发模式是规模建产，快速上产，高速开采，快速回收；优先开发优质资源，对低品位资源暂时搁置；勘探开发一体化，保证合同期内储产量高效接替；先衰竭开采，尽量延迟或推迟注水；坚持使用适用和集成配套技术，尽量不用高成本的提高采收率等新技术；有条件的油田实施适合海外油田特点的"二次开发"，保证合同期内产量和效益最大化（表2）。

表 2   国内外油气田开发模式对比

比较	国内油气开发模式	海外油气开发模式
开发模式	(1) 合理开发, 保持长期高产稳产; (2) 各种品位资源均开发, 实现资源最佳利用; (3) 滚动勘探开发, 实现产能和储量接替; (4) 早期注水, 保持油藏压力生产; (5) 采用聚合物驱油等新技术, 不断提高采收率; (6) 老油田"二次开发", 实现可持续发展	(1) 规模建产, 快速上产, 迅速达到最大产能; (2) 高速开采, 快速回收, 优先开发优质资源; (3) 勘探开发一体化, 保证合同期内储产量高效接替; (4) 以衰竭开采为主, 尽量不注或延迟注水; (5) 坚持使用适用和集成配套技术, 尽量不用高成本的新技术; (6) 与资源国加强合作、共担风险、实现双赢
开发策略	较长时期稳定高产, 满足国家和社会的需求, 合理开发, 不断提高油田采收率, 使资源得到更好利用, 实现油气可持续发展	高速快采, 快速回收, 规避风险, 实现经济效益最大化

3   海外油气田开发方案设计策略

海外油气田开发强调高速度、低投入、快产出、高效益。因此就不能照搬国内以稳产和高采收率为目的的油气田开发方案设计指导思想和方法。海外油气田开发方案设计必须遵循国际石油合同的具体规定, 依据不同类型合同商务条款进行分析研究, 明确不同合同模式商务条款对投资收益的影响, 提出开发策略实现在有限合同期限内投资收益最大化。

3.1   开发方案设计应以合同为基础, 以合同期内中方收益最大化为目标, 优化开发部署, 实现规模建产、快速上产、高速开采, 快速回收投资目的

海外油气田开发收益最大化是技术和商务综合权衡的结果, 开发策略的制定面临着比国内更为复杂的约束条件, 方案优化需要立足于合同的具体类型和相应条款, 考虑各种约束条件对项目和合同者经济性的影响, 进行综合分析和评价。需要建立考虑产量和经济效益的多目标函数:

$$NPV = \sum_{t=1}^{n} (CI - CO)_t \times (1 + i_c)^{-t} \tag{1}$$

$$\sum_{t=1}^{n} (CI - CO)_t \times (1 + IRR)^{-t} = 0 \tag{2}$$

式中, NPV 为项目净现值, 百万美元; CI 为总收入, 百万美元; CO 为总支出, 百万美元; t 为剩余合同期限, a; IRR 为内部收益率, 小数; i_c 为银行利率, 小数。

实现收益最大化的根本途径是快速上产, 增加总收入, 利用合同财税条款降低税费支出。矿税制合同出发点是增加产量同时尽量降低矿费和税, 通过优化投资和控制税费实现油气田开发利益最大化[9]。产品分成合同的核心是在一定成本油比例下尽可能地提高成本油数量, 快速回收投资, 降低风险, 需要合同者采用稀井高产策略。技术服务合同项目经济效

益主要来源于报酬费，而报酬费与产量紧密相关，因此产量的大小决定了合同者收入，在规定的期限内达到合同要求的产量和稳产期前提下，投资规模控制得越小，投产速度越快，效益越好。

海外油气田方案设计的主体思想是在一定的投资规模下建成最大化的产能。以该思想为指导，不同开发阶段油气田应采取不同开发策略，早期以高产优先为原则，并充分利用天然能量衰竭开发，降低前期投资。中期以稳产优先为原则，基于前期投资利用成本油已回收，应适度增加投资，开展注水补充地层能量，同时增加新井、措施工作量，实现保持稳产和减少被资源国政府分成的剩余成本油。开发后期要谨慎投资，方案设计中工作量部署需要设置经济界限，优选排序，提高合同到期阶段投资效益[10]。

油气田高速开发方案相对于稳产开发方案能较快获得现金流回报，净现值最高，是实现合同者经济效益最大化的最佳开发策略。结合产品分成合同条款对苏丹 124 区高产和稳产关系进行了经济评价，对比预测到合同期末的低、中、高三个方案结果，低方案上产 $1000×10^4$ t 稳产 11 年；中方案时间上产 $1200×10^4$ t 稳产 8 年；高方案上产 $1500×10^4$ t 稳产 3 年。油价按照 45 美元/桶的净回价进行预测，高方案($1500×10^4$ t)在 12%的贴现率下净现值 NPV 相对于中方案和低方案增加了 7%~9%，高速开发的经济效益明显优于中速和低速开发(图4)。

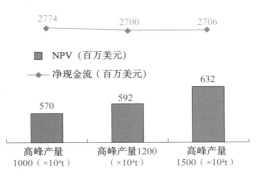

图4　苏丹 124 区不同方案经济指标计算结果

3.2　矿税制及产品分成合同需充分利用合同规定的不同产量指标下商务条款的变化确定投资进度、上产速度，匹配好产量和工作量，增强开发方案盈利能力

矿税制合同规定矿费费率随每年油气田产量进行滑动变化，产量越高，费率越高。在油气田上产过程中，当油气田产量增加到适用于更高一级的矿费时，会造成油气田矿费费率的增加，如果油气田产量的增加量不足以抵消增加的矿费时，合同者收益会降低。造成产量增加，收益降低的现象。为防止出现增产降效的情况，需要确定增产降效的产量区间，即"上产陷阱"。以哈萨克斯坦矿税制合同为例，按该合同规定，当油田产量为 $199×10^4$ t 时，矿费费率9%，上缴的矿费相当于 $17.9×10^4$ t 原油，当上产至 $200×10^4$ t 时，矿费费率增至 10%，上交的矿费相当于 $20×10^4$ t 原油，油田产量增加 $1×10^4$ t，矿费增加了相当于 $2.1×10^4$ t 原油价值，实际收益反而降低了。

设定油田产量为 y_1，适用的费率为 x_1，通过增加投资上产，产量增加 Δy，适用的费率为 x_2，当增加的产量刚好抵消矿费的增加时，Δy 为油田上产跨产量区间的最小上产幅度。可建立方程式：

$$(y_1 + \Delta y) \times x_2 - y_1 \times x_1 = \Delta y \tag{3}$$

$$(y_1 + \Delta y) \times x_2 - y_1 \times x_1 = \Delta y \tag{4}$$

根据合同规定的矿费费率适用的产量区间，计算出跨产量区间的最小上产幅度，确定效益下降的产量区间(表3)，在油气田开发方案设计中，油田产量指标必须跨过效益下降的产量区间。

表 3　跨产量区间的最小上产幅度及油田效益下降的产量区间表

油田产量 （10^4t）	矿费费率 （%）	跨产量区间的最小上产幅度 Δy（10^4t）	效益下降的产量区间 （10^4t）
<24	5		
25～50	7	0.54	25～25.5
50～100	8	0.54	50～50.5
100～200	9	1.10	100～101.1
200～300	10	2.22	200～202.2
300～400	11	3.37	300～303.4
400～500	12	4.55	400～404.5
500～700	13	5.75	500～505.8
700～1000	15	16.47	700～716.5
≥1000	18	36.59	1000～1036.6

针对产品分成合同，早期随着油田产量增加，资源国政府分成比例快速增加，产量越高，政府分成比例也越高。在油田上产过程中同样存在油田产量增加，合同者分成的原油出现降低情况。以苏丹产品分成合同为例，该合同规定油田产量从 60000bbl/d 上产至 70000bbl/d，合同者的分成比例由 30% 下降至 25%，合同者的份额油由 18000bbl/d 下降至 17500bbl/d，造成合同者效益变差。

设定油田原油日产量为 m_1，合同者分成比例为 n_1，通过增加投资上产，产量增加 Δm，合同者分成比例变为 n_2，当增加的产量刚好抵消由于合同者分成比例降低造成的分成产量减少时，Δm 即为最小的上产幅度，可建立方程式：

$$(m_1 + \Delta m) \times n_2 = m_1 \times n_1 \tag{5}$$

$$\Delta m = m_1 \times \frac{(n_1 - n_2)}{n_2} \tag{6}$$

根据合同规定的分成比例和适用的产量区间，计算出跨产量区间的最小上产幅度，以此确定不同产量区间的最小上产幅度及合同者分成产量下降的区间值（表4），在油气田开发方案设计开展产量规划时，油田产量指标必须避开合同者分成比例下降的产量区间。

表 4　跨产量区间的最小上产幅度及合同者分成比例下降的产量区间表

油田产量 （bbl/d）	合同者分成比例 （%）	跨产量区间的最小上产幅度 Δm（bbl/d）	合同者分成产量下降的区间 （bbl/d）
<5000	45		
5000～10000	43	233	5000～5233
10000～20000	39	1026	10000～11026
20000～50000	35	2286	20000～22286
50000～70000	30	8333	50000～58333
≥70000	25	14000	70000～84000

3.3 技术服务合同应根据投资回报率确定最佳产量目标和合理工作量，确保高峰期产量和稳产期达到合同要求并同投资规模相匹配

技术服务合同开发方案设计应当遵循"三最"原则[11]，即在最短的时间内，以最小的投资实现最大的初始商业产能，执行服务合同"五大"开发策略。

（1）多期次的产能建设策略。伊拉克技术服务合同一般给予 7 年高峰产能建设期，考虑到初始商业生产周期一般在 2~2.5 年，二期产能建设周期一般在 2 年，因此整个高峰产能建设可以划分为 3 级或 4 级产能建设。根据长期 75 美元/桶的国际油价和年度 50% 的回收池比例，下一级产能建设台阶的规模应该等于前面期次全体产能规模。则多期次产能阶段划分模式可表示如下：

3 级产能建设模式：$PPT_3 = M_1 + M_2 + M_3$

式中，M_1 为初始商业产能，M_2 为第二期产能，M_3 为第三期产能。

4 级产能建设模式：$PPT_4 = N_1 + N_2 + N_3 + N_4$

式中，N_1 为初始商业产能，N_2 为第二期产能，N_3 为第三期产能，N_4 为第四期产能。

依据下一级产能建设台阶的规模应该为前面期次全体产能规模，则 $M_2 = M_1$，$M_3 = M_1 + M_2 = 2M_1$，可得到三级产能建设高峰产能：

$$PPT_3 = M_1 + M_2 + M_3 = 4M_1$$

3 级产能建设高峰期产能 PPT_3 与初始商业产能 M_1 之间可简化为如下关系：

$$M_1 = 1/4\ PPT_3$$

同理对于 4 级产能建设，$N_1 = 1/8 PPT_4$

因此，整个 7 年期内的 3 级或 4 级产能建设模式如图 5 所示。

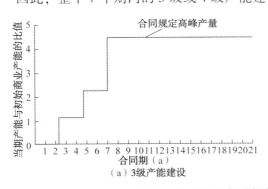
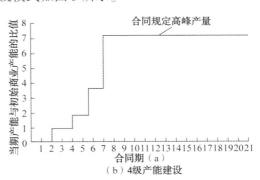

图 5 技术服务合同高峰产量建设台阶划分模式

以技术服务合同的哈法亚油田为例，最初的高峰产量由 60×10^4 bbl/d 削减至 40×10^4 bbl/d，其初始商业产量可按如表 5 中方案确定。

表 5 哈法亚油田技术服务合同初始商业产能

产能建设（10^4 bbl/d）	$PPT = 60 \times 10^4$ bbl/d			$PPT = 40 \times 10^4$ bbl/d	
	3 级建产	4 级建产	4 级建产	3 级建产	4 级建产
一期（初始商业产能）	15	7.5	10	10	5

产能建设(10^4bbl/d)	$PPT=60\times10^4$bbl/d			$PPT=40\times10^4$bbl/d	
	3级建产	4级建产	4级建产	3级建产	4级建产
二期	15	7.5	10	10	5
三期	30	15	20	20	10
四期		30	20		20

哈法亚油田经过多轮次方案对比，采用三级台阶建产模式，因此初始商业产能确定为 10×10^4bbl/d。

（2）初始商业投产时间的安排策略。根据投产时间与投资效益的分析，投产时间延后一个季度则经济效益下降 0.75%，因此商业投产时间应当尽可能早。按照关键时间节点分析，技术服务合同的初始商业产能最快投产时间应该在合同生效日之后的 2~2.5 年。因此，对于技术服务合同的初始产能建设，开发方案规定的工作量应当尽可能小，实现前期投资少、快速回收投资和自身滚动发展。

（3）二期产能建设安排策略。对于多期次产能建设项目而言，合同者通常期望第一期产能建设的全部投资在第二期建设期间回收，同时剩余的回收池也尽可能满足第二期产能建设的投资，因此第二期产能建设规模和时间控制异常重要。以伊拉克服务合同为例，第一、第二期单位产能建设成本相当。第二期投资回收总量=第一期投资+第二期投资，即：

$$N_1 \times P \times f \times Y_2 = (N_1 + N_2) \times V \tag{7}$$

式中，N_1，N_2 分别为第一、第二期产能，10^6t；P 为油价，美元/t；Y_2 为第二期产能建设周期，a；V 为百万吨产能建设成本，10^8美元/10^6t，f 为每年投资回收比例，a^{-1}；假设按照长期油价 75 美元/桶，吨桶换算系数为 6.8，每年投资回收比例最大 50% 计算，则：

$$Y_2 = \frac{V}{255}\left(1 + \frac{N_2}{N_1}\right) \tag{8}$$

假设一期、二期建设产能相当，即 $Y_2 = 0.7843V$，则二期产能建设周期的长短就与百万吨产能建设投资相关。伊拉克地区早期的产能建设投资基本可以控制在 $(2\sim3)\times10^8$美元/10^6t，而后期逐渐上升至 $(4\sim5)\times10^8$美元/10^6t。结合实际产能建设规划，通常第二期产能建设周期安排为 2 年（表 6）。

表 6　技术服务合同二期产能建设周期优化

百万吨产能建设投资（10^8美元）	3	4	5
二期产能建设周期（a）	2.3	3.1	3.9

（4）油田平面上分区分块动用策略。对于多期次建设油田，平面上应实行分区分块动用。按照每一期次产能建设的大小与高峰产能之间的比例关系，在平面上按储量集中度划分产能建设的面积。通常初始商业产能的动用面积应当处于油田高部位区域，并尽量以中心处理站为圆点呈圆形或半圆形分布，后期产能建设在逐渐向四周展开。若是油田具有多个油藏高点，可从每个高点开始进行产能建设，然后向鞍部之间逐渐展开。

（5）油田纵向多层系优先动用策略。纵向油藏的动用不能简单以油藏储量或单井产量为依据，应综合油藏储层物性、单井产量、钻完井投资、工程作业风险等进行综合判定。依据对油藏动用优先顺序的主要因素建立纵向动用优先指数 I 公式，按照优先指数的顺序来实施纵向上的油藏动用。油藏物性越好，渗透率 K 越高，油藏应该优先动用；地饱压差（p_i-p_b）越大，油藏越优先动用；单井产量 Q 越高，越应该优先动用；钻完井投资 U 越低，越优先动用；工程风险指数 F 越大，油藏应该晚动用。

根据以上优先动用的原则，考虑到 7 年高峰建产期，建产后 2 年投资回收期的要求，纵向动用优先指数 I 可描述如下：

$$I = K \cdot \frac{p_i - p_b}{7} \cdot \frac{Q(1 - a^{24})}{1 - a} \cdot \frac{1}{U} \cdot \frac{1}{F} \qquad (9)$$

式中，I 为纵向动用优先指数，小数；F 为工程风险指数，小数；a 为 2 年回收期内的产量总递减率，小数；由于投产前无法确认油藏产量递减，均假设油田产量递减为 10%，则上述公式进一步简化为：

$$I = \frac{K(p_i - p_b) Q}{63U \cdot F} \qquad (10)$$

以伊拉克哈法亚油田为例，纵向上各油藏的动用优先指数排序见表 7。尽管 Nahr Umr 油藏和 Mishrif 油藏埋藏较深，但由于井型不同，产能不同等，其动用指数要高于顶部埋藏较浅的 Upper Kirkuk 和 Hartha 储层。在一期产能建设期，主要以 Nahr Umr 和 Mishrif 油藏为主，其他油藏进行试采，二期产能建设在加入 Upper Kirkuk 油藏，在二期产能建设完成后，油田纵向上主要动用 Nahr Umr，Mishrif 和 Upper Kirkuk 油藏，其他油藏基本不动用，留待后期动用。

表 7　哈法亚油田纵向动用优先指数

纵向油藏	埋深（m）	渗透率 K（mD）	地饱压差 $p_i - p_b$（psi）	单井产量 Q（bbl/d）	钻完井投资 U（10^4 美元/口井）	风险指数 F（%）	动用优先指数 I	排序
Upper Kirkuk	1940	1000	1992	1500	655	10	46	3
Hartha	2800	700	46	2000	851	1	8	4
Sadi	2820	2	1721	1500	920	1	0.6	6
Khasib	2890	5	849	1500	920	1	0.7	5
Mishrif	3050	50	2254	5000	800	1	70	2
Nahr Umr	3700	900	3261	2000	700	10	84	1
Yamama	4343	15	8781	2000	1050	80	0.3	7

技术服务合同要缩短初始商业产能建设期，尽快实现商业投产。为建成全油田高峰产能规模，仍然要优先高产区带和工程风险小的区块，提高单井产能，减少开发井数，尽可能推迟注水，使投资后移，利用最小的投资获得最大的产量和报酬费。

4　结论

与国内相比，海外油气田开发具有十大特点：项目资源的非己性、合同模式的多样性、合作方式的复杂性、油气田开发的时效性、项目运作的国际性、项目经营的风险性、作业窗口和条件的限制性、合同区范围及资料的有限性、项目产量的权益性、项目追求的经济性。

以追求合同期内产量和效益最大化为目标，海外油气田田开发总体采取"有油快流、好油先投，提高经济效益，规避投资风险"的开发理念。开发模式是早期优先利用天然能量开发，规模建产，快速上产，高速开采，快速回收；优先开发优质资源，对低品位资源暂时搁置；勘探开发一体化，保证合同期内储产量高效接替；先衰竭开采，尽量延迟或推迟注水；坚持使用适用和集成配套技术，尽量不用高成本的提高采收率等新技术；有条件油田实施适合海外油田特点的"二次开发"，保证合同期内产量和效益最大化。

海外油气田开发方案设计以合同为基础，以合同期内中方收益最大化为目标，优化开发部署，实现快速回收投资目的。矿税制合同方案设计策略是采用先肥后瘦、先易后难，优先选择富集且技术难度小的资源进行开发，依据合同规定的矿费变化确定早期投资进度和上产速度，统筹安排合同期内开发工作量和产量，增强方案获利能力；产品分成合同方案设计策略是高产优先，稀井高产，高速开发，加快投资回收，根据分成比例的动态变化，确定合理产量剖面和开发工作量，实现工作量与成本油之间的最佳匹配，达到收益最大化；服务合同方案设计策略是根据投资回报率确定方案的合理产量目标和工作量，确保高峰产量和稳产期达到合同要求。这些海外油气田开发理念、开发模式和开发技术对策，助推中国油公司在20多年全球油气田开发中迅速崛起并创造了辉煌业绩。

参考文献

[1] 童晓光．跨国油气勘探开发研究论文集[M]，北京：石油工业出版社，2015：3-9.

[2] 童晓光，窦立荣，田作基，等．21世纪初中国跨国油气勘探开发战略研究[M]．北京，石油工业出版社，2003：1-16.

[3] 吕功训，等．阿姆河右岸盐下碳酸盐岩大型气田勘探与开发[M]．北京：科学出版社，2013：1-6.

[4] 韩大匡．关于高含水油田二次开发理念、对策和技术路线的探讨[J]．石油勘探与开发，2010，37(5)：583-591.

[5] 穆龙新，等．重油和油砂开发技术新进展[M]，北京：石油工业出版社，2012：1-3.

[6] 穆龙新，吴向红，黄奇志．高凝油油藏开发理论与技术[M]．北京：石油工业出版社，2015：1-25.

[7] 杨雪雁．国际经营中油田开发方案编制的原则和思路[J]．石油勘探与开发，1999，26(5)：65-68.

[8] 杨雪雁．国际石油合作矿税财务制度与投资策略分析[J]．国际石油经济，1999，7(2)：37-41.

[9] 尹秀玲，齐梅，等．矿税制合同模式收益分析及项目开发策略[J]．中国矿业，2012，21(8:)：42-44.

[10] 姜培海，肖志波，等．海外油气勘探开发风险管理与控制及投资评价方法[J]．勘探管理，2010，3：58-66.

[11] Daniel Johnston. International Exploration Economics, Risk and Contract Analysis [R], Penn Well Corporation, 2003.

苏丹 F 区 JS 油田天然气吞吐高产高效开发技术研究

王瑞峰[1]　吴向红[1]　唐雪清[2]　李国诚[2]　张新征[1]

（1. 中国石油勘探开发研究院；2. 中国石油国际勘探开发有限公司）

摘　要：苏丹 F 区 JS 油田自下到上发育两套油气藏，下部的 AG 凝析气藏和主力 Bentiu 稀油油藏，两套油气藏纵向跨度 1000m，原始压力相差 12MPa，Bentiu 油藏常规 PCP 泵产量较低，500bbl/d，原开发方案考虑注水开发，投资高，建产慢。2010 年投产以来在 2 口井应用天然气吞吐技术，即利用下部 AG 高压凝析气直接注入到本井或邻井上部 Bentiu 油藏，采用类似于稠油蒸汽吞吐的方式焖井一段时间，打开环空自喷生产，矿场试验单井日产油突破 1×10⁴bbl，不含水或低含水，实现增油 20 倍，有效期 1~3 个月的良好效果。本文在国内外文献调研基础上，结合部分矿场监测资料开展动态分析，对影响天然气吞吐效果的因素进行分析，如周期注气量，周期气油比等，在此基础上形成油田天然气吞吐高效开发部署，对于国内外类似复式油气藏开发具有较强的借鉴意义。

关键词：苏丹；天然气吞吐；高采油速度；高效开发

1　苏丹 F 区 JS 油田概况

苏丹 F 区是中国石油"走出去"在苏丹地区独立自主作业的第一个项目，目前已经建成 300×10^4t 的稠油和稀油生产规模。稀油主要通过长输管线销售到国际市场。JS 油田是苏丹六区主力稀油油田，产量规模占 F 区外输稀油产量的 80%，对苏丹 F 区经济高效开发具有重要意义。

JS 油田从下到上发育两套油藏（图 1），下部的 AG 稀油/凝析气藏和 Bentiu 稀油油藏，其中 Bentiu 油藏为该油田主力油藏，储量占 JS 油田 80%。AG 稀油/凝析气藏在 JS 油田只有局部分布，纵向上跨度大，埋深范围为 2000~2500m，平均原始地层压力 24 MPa，属于正常压力系统，油层厚度薄（1~5m），油藏流体性质为稀油或凝析气，平均孔隙度 16%，平均渗透率 300mD，属于多层状边水中孔中渗稀油/带油环凝析气藏，试油证实凝析气产量一般 $(5~15)\times10^4$ m³/d，通过试油推算的凝析油含量一般 100~165g/m³，凝析油含量中等，稀油产量试油 500~900bbl/d。上部 Bentiu 油藏在 JS 油田全区分布，构造上为一被断层复杂化的背斜，具有统一的油水界面，油藏较厚，单井钻遇平均厚度 47m，中间夹有泥岩隔夹层，属于具有块状特征的底水油藏。油藏平均埋深为 1500m，油藏平均压力为 12.4MPa，平均孔隙度为 21.7%，平均渗透率为 1149mD，属于中孔高渗储层。地面条件下 Bentiu 油藏的原油密度为 881.6kg/m³，原始气油比（GOR）较低，25m³/m³，泡点压力也较低，6.6MPa，油藏条件下的原油黏度为 2~9mPa·s，属于常规稀油油藏。2006 年 JS 油田发现后对 Bentiu 油藏进行了试油，在螺杆泵条件下单井最高产量一般 500~700bbl/d。

作者简介：王瑞峰（1979—），男，山东滨州人，高级工程师，2004 年获得中国石油勘探开发研究院油气田开发工程硕士学位，在中国石油勘探开发研究院非洲研究所工作，长期从事非洲油气田开发技术研究和应用工作。地址：北京市海淀区学院路 20 号，邮政编码：100083。E-mail：wangruifeng@cnpcint.com。

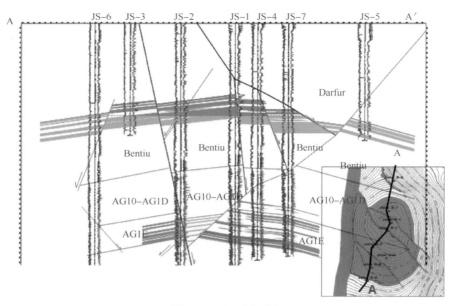

图 1 JS 油田剖面图

2008 年该油田完成的开发方案要求对主力 Bentiu 油藏采用边外注水开发，新钻 13 口井，老井利用 10 口，共 23 口井开发该油田，采油方式采用螺杆泵，建成规模 75×10⁴t。进入建设阶段以后，油田所在的苏丹西南部地区安全形势日益严峻，投资风险增大，因此政府和股东要求快速建产，但存在注水设施建设周期长等实际制约因素。考虑到 JS 油田共有 5

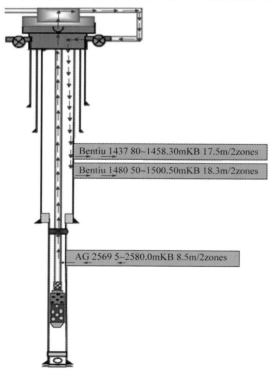

Bentiu 1437 80~1458.30mKB 17.5m/2zones

Bentiu 1480 50~1500.50mKB 18.3m/2zones

AG 2569 5~2580.0mKB 8.5m/2zones

图 2 JS 油田本井天然气吞吐示意图

口井钻遇 Bentiu 和 AG 上下两套油藏，其中 JS-1，JS-4 两口井位于 AG 油气藏高部位，钻遇 AG 气顶油环凝析气藏，中国石油技术人员创新性地提出利用本井下部 AG 凝析气并直接注入到上部 Bentiu 油藏，采用类似于蒸汽吞吐的方式焖井一段时间，然后利用环空开井生产，即天然气吞吐。如实现较好生产效果，则可以延缓注水开发，有效节约投资并加快投资回收。为此 JS 油田 2010 年 8 月起在 JS-4，JS-1 两口井采用单油管完井，利用封隔器封隔油藏和气藏，高压天然气经油管、采油树，从环空注入 Bentiu 油藏，实施本井天然气吞吐先导性试验，如图 2 所示。初期自喷产量分别为 13000bbl/d 和 10000bbl/d，是螺杆泵生产产量的 20 倍以上，天然气吞吐先导性试验取得了成功。本文结合国内外类似油田天然气吞吐开发机理调研以及矿场实践分析，分析和总结 JS 油田天然气吞吐开发效果。

2 天然气开发吞吐机理及调研

国内吐哈油田在气举工艺采油上形成了成熟的技术系列，近几年在鲁克沁深层稠油油田天然气吞吐[1]方面形成了突破。稠油天然气吞吐的机理主要是利用稠油的高黏特性捕获天然气泡，形成泡沫油机理，改善稠油开发效果，单井增产 2～5 倍。但 JS 油田 Bentiu 为稀油，在吞吐机理上与鲁克沁油田有明显不同。国际天然气吞吐目前研究和规模矿场试验较少，大部分研究成果都在 20 世纪 90 年代以前发表，最近十年没有相关的研究和成功实例。

业界目前形成共识的天然气吞吐提高采收率机理主要有以下 6 种作用机理[2]：（1）降黏；（2）原油膨胀；（3）加压增大生产压差；（4）溶解气驱；（5）相渗曲线形态改变；（6）界面张力降低。Halnes[3] 曾经利用岩心段塞开展室内实验室研究，发现经过两个天然气吞吐轮次后，即使在天然气非混相的情况下采收率可以达到 40%，天然气利用效率可以达到 3 MCF/STB，并且优于非混相的水气交替注入（WAG）开发方式。Halnes 认为天然气吞吐主要提高采收率机理是加压和相渗曲线改变。

Lino 曾经介绍了在巴西 Bahia 州 Miranga 一个薄层状低产老油田中开展天然气吞吐矿场试验的情况，单井注气量在 $350～3040m^3/d$，注气 7～11d，焖井 12～22d。吞吐前单井产量一般 $1.4～2.5m^3/d$，吞吐后单井产量增加到 $3.3～4.6m^3/d$，增油量 2 倍左右。Lino 认为由于地面系统注气量的限制和注入的干气特征是造成天然气吞吐效果不太明显的主要原因。

结合室内实验室研究和矿场天然气吞吐实践，对于天然气吞吐所经历的注气，焖井和开井生产三个阶段分别有以下优化措施[4-6]：注气阶段尽可能地以较高注气量快速注入油藏，目的是形成天然气指进，避免注气速度过慢形成天然气驱油，从而影响吞吐效果；注气结束后进入焖井阶段，这个阶段天然气开始溶解于原油当中，加压，降黏，原油膨胀以及界面张力降低等机理开始发挥作用。焖井时间不宜过长，防止天然气在油藏中大范围的扩散从而抵消了加压作用。油井开井生产后一般往往初期产气较多，主要是未溶解的天然气会先期产出，进入主要生产阶段以后，产气量将保持平稳，随着自喷生产的逐步进行，产油量逐渐降低直到停喷，此时一个天然气吞吐周期结束，需要进入下一个天然气吞吐和生产周期。

天然气吞吐生产过程中动态监测十分重要，特别是天然气注入量，注入压力以及组分的变化情况，天然气吞吐产油量，产水量，产气量，压力变化以及作业历史等对于研究天然气吞吐动态及做出及时、正确的分析和优化至关重要。

3 JS 油田天然气吞吐矿场实践

3.1 JS 油田天然气吞吐地质设计

在对 JS 油田开展天然气吞吐先导性试验之前，首先对 JS 油田地质特征，试油结果，AG 和 Bentiu 油藏流体特征等进行了详细的分析[7]，在此基础上形成了针对性的单井天然气吞吐地质设计。JS 油田有 5 口评价井和开发井同时钻遇 Bentiu 和 AG 油气藏，其中 JS-1 和

183

JS-4两口井钻遇 AG 凝析油气藏，其他 3 口井位于 AG 油气藏其他断块，仅钻遇油层，因此 JS-1 和 JS-4 两口井适合开展本井天然气吞吐。JS-1 和 JS-4 井 Bentiu 油藏位于构造高部位，钻遇 Bentiu 油藏厚度较大，分别为92m 和 60 m，螺杆泵单层试油条件下一般能实现 500~700bbl/d，AG 油气藏压力与 Bentiu 油藏压力相差 12 MPa，对于 Bentiu 油藏的加压机理作用较为明显，同时 AG 凝析气藏凝析油含量较高，随着后期油环油的采出和注入，将会有一定促进混相的作用。

Bentiu 油藏为块状底水油藏，在实际生产中需要考虑避免底水锥进的问题，在射孔策略上结合苏丹 F 区类似油藏开发实践，按照避射的原则仅射开上部 1/3~2/3 油层，充分利用各小层之间隔夹层阻隔底水锥进。AG 油气藏为多层状边水稀油和凝析气藏，单层较薄，天然气储量较小，考虑到天然气资源有效利用、合理接替的原则，按照从下到上的原则适当组合逐步上返。

在井型设计上，考虑到苏丹严峻的安保形势和恶劣的作业环境，开发井钻井充分利用前期探井、评价井井场，推广应用定向井，共完钻定向井 15 口井，在本井天然气吞吐焖井和生产阶段，AG 凝析气可以继续生产，把生产的天然气直接输送到附近定向井，形成邻井天然气吞吐开发，同时大大降低了今后生产的油井巡井，管理劳动强度，规避了部分安保风险。

3.2　JS 油田天然气吞吐工艺设计

本井天然气吞吐实施的关键在于打开下部 AG 天然气层并注入到上部 Bentiu 油藏中，并且经过焖井后尽量避免作业对油藏的伤害，从而实现直接开井生产。为此研究人员创造性地提出了单油管完井利用油管产气，利用气层本身的压力经过井口采油树旁通直接注入环空中 Bentiu 油藏射孔段，开井后直接利用环空自喷生产的工艺设计。为了确保油管和环空之间不串通，必须用封隔器封隔 AG 天然气层顶部和套管之间的环空。这种工艺设计简单易行，无需复杂作业，对于苏丹恶劣安保和作业条件下的油田具有很强的适应性。

环空空间较大，自喷携液能力强，有利于实现高产。为了更好地结合地面工艺要求和井筒条件确定合理吞吐产量，对 JS-1 和 JS-4 井建立了节点分析模型，预测通过环空生产最高可实现 13000bbl/d 的产量，满足环空最低持液量产量为 4000~5000bbl/d，低于此产量自喷将不稳定甚至停喷，停喷后进入下一个吞吐和生产周期。

3.3　JS 油田天然气吞吐实施效果

JS-4 井是第一口投入天然气吞吐先导性试验的生产井，Bentiu 油藏射开 35.8 m，打开程度 60%，AG 油气藏射开气层 8.5 m。由于是连续注气以及油田投产初期，计量设施不完善，注气 20d，按日注气约 10×10^4 m^3/d 估算，总周期注气量约 200×10^4 m^3。2010 年 8 月投产初产突破 13000bbl/d，是传统螺杆泵方式产量的 20 倍以上，生产周期接近 3 个月，生产气油比（GOR）较低，只有 31 m^3/m^3，不含水，周期内平均日产 7672bbl/d。天然气吞吐先导性试验取得了成功。随后该井又进入了多个周期天然气吞吐，并且随着气顶油环凝析气藏的开发，凝析油含量逐渐增大，由于混相的作用气油比越来越低。第 7 个周期射开新的凝析气层，气油比有所升高，吞吐有效期 5 个月，实现了天然气吞吐有效期最长的记录。截至目前已经完成 8 个周期吞吐，累计生产 368d，累计产油 264×10^4 bbl，平均日产 7173bbl/d，从第 7 个周期才开始见水，有效地抑制了底水上升，累产水，参见图 3 和表 1。

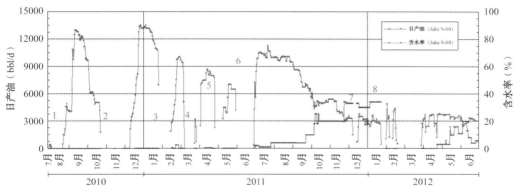

图 3   JS-4 井吞吐周期产量曲线

表 1   JS-4 井吞吐周期开发指标表

周期	起始时间	注气天数	生产天数	周期累计注气 (10^6 ft^3)	周期累计产液 (10^3 bbl)	周期累计产油 (10^3 bbl)	周期累计产水 (10^3 bbl)	气油比 (ft^3/bbl)	含水率 (%)
1	2010-08-03	19	61	14.9	468	468	0	149	0
2	2010-10-27	44	47	140.0	490	490	0	73	0
3	2011-01-26	16	23	82.8	159	158	1	68	0
4	2011-03-08	16	4	44.7	7	7	0	34	0
5	2011-03-28	7	21	14.4	186	186	0	133	0.1
6	2011-04-27	13	32	0.6	123	123	0	128	0
7	2011-06-14	14	163	0.9	1279	1162	117	147	9.2
8	2012-01-23	8	17	28.0	71	49	21	364	30.5
合计		137	368	326	2783	2643	139		

JS-1 井是第二口投入天然气吞吐先导性试验的生产井，Bentiu 油藏射开 43.6m，打开程度 48.4%，AG 油气藏射开气层 6m。注气 20d，按日注气约 10×10^4 m^3/d 计算，总周期注气量 200×10^4 m^3，焖井 20d。2010 年 11 月投产初产突破 10000bbl/d，生产周期 4 个月，生产气油比（GOR）较低，20m^3/m^3，不含水，周期内平均日产 5776bbl/d。截至目前已经完成 6 个周期吞吐，累计生产 467d，累计产油 216×10^4 bbl，平均日产 3000bbl/d，参见图 4。

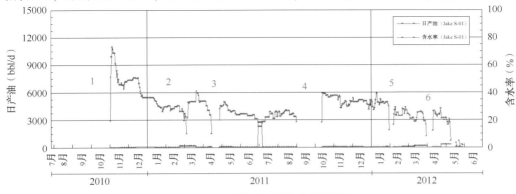

图 4   JS-1 井吞吐周期产量曲线

JS-1 井环空生产停止油管注气期间，AG 凝析气藏仍然连续生产，通过井口旁通向邻近的 5 口定向井注气，形成邻井天然气吞吐，截至目前累计产油 117×10^4 bbl。

JS-1 和 JS-4 两口井创造了苏丹陆上油田最高日产记录,截至目前,两口井累计产油 480×10⁴bbl,占 JS 油田累计产量的三分之一,随着后续生产井的陆续投产及采用天然气吞吐技术,JS 油田高峰产量达到 150×10⁴t,采油速度达到了 5%,是原开发方案产能的 2 倍,截至目前油田含水仅为 30%,有效抑制了底水的上升。根据数值模拟预测,随着后期边部开发井逐渐转为气举井阻隔边底水推进以及构造高部位开发井继续采用天然气吞吐或气举采油方式,合同期内有望实现 Bentiu 油藏 52% 的采出程度。天然气吞吐技术使 JS 油田实现了高产高效开发。

从经济效益来看,JS 油田投产当年建成 100×10⁴t 产能并销售到国际市场,实现收入 7 亿美元,当年收回全部建产投资,有效规避了投资风险,为 2011 年海外大庆的建成做出了贡献。

4　结论

JS 油田投产以来以天然气吞吐为核心开发方式,在同井天然气吞吐先导性试验上取得了巨大成功,表现为单井产量高,有效期长,抑制含水上升明显。在批量完钻 15 口定向井基础上形成了本井天然气吞吐井注气间歇时向邻井进行天然气吞吐,充分利用了 AG 凝析气藏资源并实现连续生产,极大地提高了生产效率。在工艺上本井和邻井天然气吞吐简单实用,无需电力和新增地面工程和压缩机投资,对于苏丹这样恶劣作业环境和高安保风险的区域而言,具有很强的适用性,对于国内外类似复式油气藏具有一定的借鉴意义。

参考文献

[1] 穆金峰. 鲁克沁油田超深稠油注天然气吞吐研究与应用 [J]. 石油地质与工程,2010,24(5):115-117.
Mu Jinfeng. Study and Application of Natural Gas Huff 'N' Puff in Ultra-deep Heavy Oil Field Lukeqin [J]. Petroleum Geology and Engineering, 2010, 24(5):115-117.

[2] Lino. An Evaluation of Natural Gas Huff 'N' Puff Field Tests in Brazil [R]. SPE 26974,1994.

[3] Halnes. A Laboratory Study of Natural Gas Huff 'N' Puff [R]. SPE 21576,1990.

[4] Adolfo Henriquez and Charles A. Jourdan:"Management of Sweep Efficiency by Gas-Based IOR Methods", paper SPE 36843 presented at 1996 European Petroleum Conference, Milan, Italy, 22-24 October 1996.

[5] S. A. Ameer and A. R. Almoayyed:"Single-String Multi-zone Completions in the Bahrain Field", paper SPE 7756 presented at the Middle East Oil Technical Conference, Manama, Bahrain, 25-29 March 1979.

[6] Lars Hoier and Curtis H. Whitson:"Miscibility Variation in Compositionally Grading Reservoirs", paper SPE 49269 presented at the 1998 SPE Annual Technical Conference and Exhibition, New Orleans, 27-30 September 1998.

[7] Tang Xueqing. Innovative In-situ Natural Gas Huff "n" Puff in the Same Wellbore for Cost-effective Development:A Case Study in Sudan [R]. SPE 144836,2011.

过热蒸汽吞吐热采大幅提高稠油老油田单井产量研究

许安著　薄兵　何聪鸽

(中国石油勘探开发研究院)

摘　要：过热蒸汽能在高于饱和温度的范围内存在而不受压力限制，具有在定压下大范围升高温度来增加携带的热量的特性，突破了饱和蒸汽的温度受到压力限制的瓶颈。过热蒸汽的温度、热焓和比容高于相同压力下的饱和蒸汽，过热蒸汽在井筒中无相变换热特性决定了在井筒及地层中传输过程的热损失仅为饱和蒸汽的 1/150～1/250，过热蒸汽可高效输送更多的热量用于加热油层，同时有效增加蒸汽波及范围。过热蒸汽吞吐热采机理主要体现在原油降黏、改善渗流环境、改变岩石润湿性、提高驱油效率。室内物理模拟和数值模拟研究表明，相同温度下，过热蒸汽驱油效率比饱和蒸汽提高 5.9%～11.6%，在携带相同热量的条件下，过热蒸汽在地层中第一吞吐周期的加热半径比饱和蒸汽大 6m，周期油汽比提高 0.7。在哈萨克斯坦肯基亚克盐上高含水低产边际稠油油藏饱和蒸汽吞吐基础上实施过热蒸汽吞吐，平均单井日产量由饱和蒸汽吞吐 1.1t/d 增加到过热蒸汽吞吐 3～6t/d，是饱和蒸汽吞吐日产量的 2～4 倍，有效提高稠油油藏吞吐井产量，过热蒸汽吞吐热采稠油油藏取得显著效果。

关键词：高含水稠油；过热蒸汽吞吐；加热半径；换热系数；吞吐机理

稠油油藏在经过高轮次的饱和蒸汽吞吐后，加热半径一般仅为 30～40m，较好的油层可以达到 50m 左右[1-3]。对于超稠油油藏，加热半径以外的含油饱和度基本处于原始状态，由于饱和蒸汽携带的热量有限，输送途中热损失大，继续饱和蒸汽吞吐仍无法扩大加热半径来动用剩余储量[4]；对于普通稠油油藏，原油在原始地层中具有一定的流动能力，经过多轮次吞吐后，随着地层压力降低幅度增大，油层供液能力不足，地下原油黏度高，边水加速推进，导致油层水淹，油井含水快速上升，产油量急剧下降，油田开发效果变差，面临如何确定下步开发方式及进一步提高采收率问题[5]。针对处于饱和蒸汽高轮次吞吐后期或已高含水的稠油油藏，由于不能满足转蒸汽驱开发的条件[6-8]，导致这类边际稠油油藏得不到进一步有效开发。本文根据饱和蒸汽在稠油油藏开发应用过程中面临的问题和制约瓶颈，分析过热蒸汽的特性及吞吐机理，提出应用过热蒸汽吞吐改善边际稠油油藏开发效果的新技术。

1　过热蒸汽加热性质

干饱和蒸汽(干度为 100%)继续在定压下加热，蒸汽的温度继续上升，温度超过相应压力下饱和温度的蒸汽称为过热蒸汽[9]，超过相应压力下饱和蒸汽的温度称为过热度[9]。与相同压力下的饱和蒸汽相比，过热蒸汽具有更高的温度、更高的热焓和更大的比容(单位质量过热蒸汽所占的体积)(表 1)。饱和蒸汽的温度和压力之间存在一元的函数关系[10]，二者之间只有一个独立变量，蒸汽的压力决定了蒸汽的温度、热焓和比容；而过热蒸汽的压力和

作者简介：许安著，男，博士，中国石油勘探开发研究院中亚俄罗斯研究所高级工程师，从事油气田开发研究和应用工作。地址：北京市海淀区学院路 20 号，中国石油勘探开发研究院中亚俄罗斯研究所，邮政编码：100083。E-mail：xuanz@petrochina.com.cn。

温度是两个独立的参数，二者之间没有约束关系[8]，当压力一定，过热蒸汽可以在高于饱和温度以上的温度范围内存在[7]，这一特性有利于通过提高蒸汽温度来增加热焓和比容，可实现在定压下有效增加蒸汽的携带的热量和扩大蒸汽的体积，与饱和蒸汽质量相同的过热蒸汽作为热源使用，可使被加热的介质温度升得更高，加热范围更大，提高热采开发效果。

表1　过热蒸汽与饱和蒸汽(干度75%)的体积和携带热量比较[11]

压力 （MPa）	饱和温度 （℃）	过热度（10℃）		过热度（50℃）		过热度（80℃）	
		热量倍数	体积倍数	热量倍数	体积倍数	热量倍数	体积倍数
1	184.2	1.23	1.37	1.27	1.52	1.30	1.63
3	235.7	1.20	1.37	1.25	1.55	1.29	1.67
5	265.2	1.19	1.38	1.24	1.58	1.28	1.71
7	286.8	1.18	1.38	1.24	1.62	1.28	1.77
9	304.2	1.17	1.39	1.24	1.66	1.28	1.83
10	311.8	1.16	1.40	1.24	1.69	1.28	1.86

1.1　过热蒸汽存在条件

热力学上根据水蒸汽压力和温度不同可分为四个区[11]：液态水区、湿蒸汽区、饱和线区、过热蒸汽区(图1)，在实际应用中水蒸气的压力不超过22MPa，温度不超过590℃[9-12]（图中所示红色虚线区）。在该区域内，干度小于100%的饱和蒸汽属于饱和线区的饱和蒸汽（4区）。过热蒸汽的存在条件极广，既可以在高温高压下存在，又可以在低温低压下存在，还可以在高温低压下存在(表2)。而饱和蒸汽的温度取决于压力，只有蒸汽的压力上升，温度才能上升，而在实际应用中，由于蒸汽的压力受油藏岩石的破裂压力限制，蒸汽温度提高幅度也受限，而过热蒸汽能够实现在一定压力下温度升高幅度不受限制，即，蒸汽将从饱和线区(4区)进入过热蒸汽区(2区)，因此，注过热蒸汽不仅可以提高过热蒸汽的温度，增加其携带的热量还避免注入压力过高引起油藏岩石破裂的问题。过热蒸汽突破了饱和蒸汽在应用中的诸多限制，能适应多种稠油油藏实际条件的热采方式。

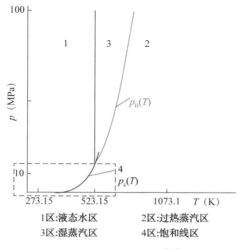

图1　水蒸气分区图[11]

表 2 水蒸气状态分区温度和压力参数表[11]

区号	分区	温度范围(℃)	压力范围(MPa)
1	液态水区	$0 \leqslant T \leqslant 350$	$p \geqslant p_s(T)$
2	过热蒸汽区	$0 \leqslant T \leqslant 350$	$0 < p \leqslant p_s(T)$
		$350 \leqslant T \leqslant 590$	$0 < p \leqslant p_B(T)$
		$T \geqslant 590$	$p > 0$
3	湿蒸汽区	$350 \leqslant T \leqslant T_B(P)$	$p \geqslant p_B(T)$
4	饱和线区	$0 \leqslant T \leqslant 374$	$0 < p \leqslant 22.064$

1.2 过热蒸汽的传热特征

蒸汽在井筒及地层中传热强度通常用热力学中换热系数来度量,换热系数的物理意义为温差1℃时,单位时间通过单位传热面积所能传递的热量[12]。显然,换热系数越大,单位时间内传递的热量就越多。对于携带一定热量的蒸汽,换热系数越小,单位时间传递的热量越少,换热持续时间越长。表3列出不同流体在换热过程中换热系数的取值范围,表明流体传热过程中,有相变时的换热系数较大,无相变时的传热换热系数较小,气体则更小[12]。过热蒸汽中无液滴或液雾,属于干度为100%的实际气体,其换热系数大小和空气相当只有饱和蒸汽换热系数的1/150～1/250,过热蒸汽换热系数随过热度变化,过热度越高,过热蒸汽越接近于理想气体[9],换热系数越小。原因在于过热蒸汽温度降为饱和温度前没有相变,在井筒及地层中传输过程属于无相变的气体换热;而饱和蒸汽在井筒传输过程中是蒸汽温度不变、干度降低的潜热消耗阶段,部分蒸汽变成液滴,存在相变,属于有相变换热,换热系数较大(表3)。因此,过热蒸汽的换热系数远低于饱和蒸汽换热系数。根据牛顿冷却定律(公式1),传热速率取决于换热系数,传热面积和温度差。在相同的传热面积下,过热蒸汽的温度差大于饱和蒸汽传热温差,但温度增加幅度远低于其换热系数的减小幅度。过热蒸汽温度升高传热速率减小,公式2计算表明,在相同的换热面积下过热蒸汽热损失和饱和蒸汽热损失之比约为二者之间的换热系数之比,根据表3中换热系数的取值范围计算得出,在具有相同井身结构和热阻[14]的同一口井中,过热蒸汽的热损失为饱和蒸汽热损失的1/150～1/250。过热蒸汽携带的热量高于饱和蒸汽,过热蒸汽的传热损失远小于饱和蒸汽,过热蒸汽冷却所需的时间长于饱和蒸汽,在相同的注汽速度下,过热蒸汽具有损失少的热量却能传输更远的距离,过热蒸汽在地层中的加热范围要远大于饱和蒸汽。过热蒸汽可克服国内稠油油藏经过近10个周期的饱和蒸汽吞吐,加热半径最大不超过40m的瓶颈。

表 3 部分流体的换热系数范围及常用值[12,13]

不同流体传热情况	α 范围[W/(m²·K)]	α 常用值[W/(m²·K)]
饱和蒸汽的冷凝	5000～15000	10000
水的沸腾	1000～30000	3000～5000
水的加热或冷却	200～5000	400～1000
油的加热或冷却	50～1000	200～500
过热蒸汽的加热和冷却	20～100	
空气的加热和冷却	5～60	20～30

$$Q = \alpha A(T - T_w) \tag{1}$$

$$\frac{Q_{sup}}{Q_s} = \frac{\alpha_{sup} A(T_{sup} - T_w)}{\alpha_s A(T_s - T_w)} = \frac{\alpha_{sup}}{\alpha_s} \cdot \frac{(T_s + T_\Delta - T_w)}{(T_s - T_w)} = \frac{\alpha_{sup}}{\alpha_s}(1 + \frac{T_\Delta}{T_s - T_w}) \approx \frac{\alpha_{sup}}{\alpha_s} \tag{2}$$

式中，Q、Q_{sup}、Q_s 分别为传热速率、过热蒸汽传热速率、饱和蒸汽传热速率，W；A 为传热面积；m^2；T_{sup}、T_s 分别为过热蒸汽温度、饱和蒸汽温度，K；T_Δ 为过热蒸汽过热度，K；T_w 为传热壁面温度，K；α、α_{sup}、α_s 为换热系数，W/($m^2 \cdot K$)。

2 过热蒸汽吞吐热采机理

过热蒸汽进入地层后释放热量的过程中自身变化经历以下几个阶段：过热蒸汽→干饱和蒸汽→饱和湿蒸汽→热水。第一阶段过热蒸汽温度降低到饱和蒸汽温度，属于蒸汽显热消耗过热度降低阶段[12]，蒸汽过热度逐渐降为0时变为干饱和蒸汽，蒸汽干度仍为100%。第二阶段蒸汽温度不变而干度下降，属于为蒸汽潜热消耗干度下降阶段[13]，此阶段蒸汽释放潜热变成液相，成为湿蒸汽，当蒸汽干度为0时全部成为热水。在第一阶段过热蒸汽加热带内，从井底到过热带边缘温度逐渐降低，在过热蒸汽换热接触面和整个过热蒸汽带内部都存在较高的温度梯度。在第二阶段饱和蒸汽加热带内，由于蒸汽释放潜热而温度不变，在饱和蒸汽加热带内部各处温度相同。第三阶段在饱和蒸汽变为热水后，属于热水加热阶段，热水带内温度也继续下降。过热蒸汽除了包括饱和蒸汽在地层中加热的所有阶段还具有过热蒸汽带加热阶段，此阶段高温的过热蒸汽在进入地层以后与地层水，稠油以及地层矿物质都会在高温下发生物理、化学变化。这些变化不仅使部分稠油改变组成成份造成其黏度的不可逆降低，由于高温梯度的存在，还改变了岩石的微观孔隙结构，改善了过热蒸汽加热地带渗流环境；改变了岩石的润湿性，增加了蒸汽的驱油效率，从而为稠油开发带来可观的效果。

2.1 超高温降黏作用

从过热蒸汽的加热过程可以看出，过热蒸汽不仅具有温度高，干度高，热焓值高"三高"特征，而且在传送过程中热损失小，在储层中存在时间长，加热范围大，加热效率高的优势。注过热蒸汽吞吐热采过程中，近井地带地层温度升高，将油层及原油加热。由于过热

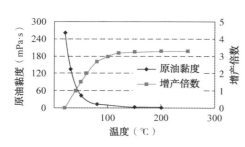

图2 原油黏度降低与增产倍数的关系

蒸汽的密度很小，在重力作用下，蒸汽将向油层顶部超覆[15]，油层加热并不均匀，但热的传导和辐射作用，注入的过热蒸汽量足够多时，会使加热范围逐渐扩展，过热蒸汽在井底形成的综合加热带内的原油黏度降低，改善了水油流度比，原油流向井底的流动阻力减小，代表油层渗流能力的流动系数在高温度下增加，稠油性质变得和稀油一样，在一定的压力梯度下，流向井底的速度加快，油井产量成倍增加(图2)。

2.2 储层物性和孔隙结构发生变化，改善加热带渗流环境

过热蒸汽在传热过程中，过热蒸汽内部以及过热蒸汽和岩石接触面度都存在很高的温度梯度，高温梯度会对岩石产生很强的破坏作用，在高温、高压、正负离子交换和过热蒸汽冲

洗、携带作用下，原始黏土矿物的晶形及集合体的形态已不同程度地遭到破坏[15,16]。曲片状伊利石、绿泥石的边缘多被溶解或机械破碎，书页状、蠕虫状高岭石最为明显，注汽前的高岭石集合体形态完整，而注汽后高岭石的集合体被破坏，部分单晶片被驱走。注过热蒸汽对黏土矿物的破坏作用使高岭石和粒径小的黏土矿物，易被流体携带、运移至井底，从而改变了原始的孔隙结构，增大了孔隙通道。

根据肯基亚克盐上 3 口取心井 46 块 X 衍射样品分析资料统计，在储层纵横向上黏土矿物分布较为稳定，黏土矿物组合类型有两种，分别以高岭石和伊/蒙混层矿物为主。过热蒸汽作用前现场油砂表面凹凸不平，黏附着很多微晶体，过热蒸汽作用后，油砂表面光滑（图3），测井解释结果显示，孔隙度增加 1%~2%。

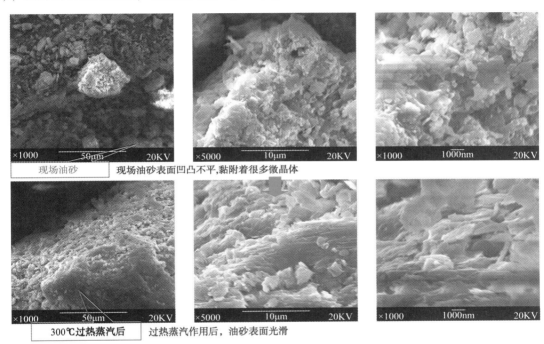

图 3　过热蒸汽作用前后储层微观孔隙结构变化

2.3　岩石表面润湿性的变化

在高温润湿性试验中，普遍的规律是随着温度升高，油水界面张力变小，岩石润湿性由亲油转向亲水，由弱亲水转向强亲水[17,18]。产生这种作用的机理是在稠油中胶质、沥青质等极性物质含量丰富，低温状态时，极性物质分子吸附在油、水界面及岩石表面上，使多数岩心处于亲油状态，而当温度升高时，极性物质逐渐被解除吸附，岩心的水湿性增加，更多的水膜附在孔壁上或占据较多孔道，增强了油相渗透率[19,20]，这种变化有利于提高驱油效率。

在温度同为 250℃，进行三种不同润湿性介质模型驱油效率对比，石英砂模型的润湿性为强亲水，玻璃珠模型为强亲油，现场油砂模型为弱亲水。不同压力下的热水、饱和蒸汽、过热蒸汽对玻璃珠、现场油砂、石英砂三种不同润湿性介质进行驱油效率实验，表明随着岩心水湿性越强，过热蒸汽的驱油效率的提高幅度越大，水湿性岩心表面的水膜在高温条件下与沥青、胶质的水热裂解作用使沥青、胶质脱附，驱油效率提高。过热蒸汽采油较普通热采的驱油效率提高 5.9%~11.6%（表4）。

表 4　不同润湿性介质驱油效率对比表

实验用砂	热水驱（%）	饱和蒸汽（%）	过热蒸汽 1（%）	过热蒸汽 2（%）	过 1 提高幅度（较饱和蒸汽）（%）	过 2 提高幅度（较饱和蒸汽）（%）
玻璃珠	64.5	70.2	76.1	79.1	5.9	8.9
洗油后的油砂	71.9	81.5	88.6	89.7	7.1	8.2
石英砂	68.6	80.2	89.7	91.8	9.5	11.6

注：过热蒸汽 1 过热度 39℃，过热蒸汽 2 过热度 70℃。

3　高含水稠油油藏过热蒸汽吞吐数值模拟研究

应用加拿大 CMG 公司的 STARS 热采软件建立了肯基亚克盐上中侏罗统具有代表性实际油藏部位的油水两相黑油模型。模型的平面划分成 50×50 个，纵向上划分为 18 个模拟层，网格数共计 45000 个，平面网格步长为 6m，纵向网格步长为 1~1.5m，模型设置足够大的边底水。基本参数包括：孔隙度平均 32.2%，渗透率按实际油藏数值给定，其范围为（263.6~1576.6）$\times 10^{-3} \mu m^2$，压力系数为 1.018，原始油层压力为 2.82MPa，岩石压缩系数为 4.11×$10^{-4} MPa^{-1}$，饱和压力为 0.96MPa，原油体积系数为 1.022m^3/m^3，地下原油黏度为 268 mPa·s，原始气油比为 56.5m^3/t，地面原油密度为 0.905g/cm^3。经过生产历史拟合，模型采出程度为 11.3%，平均剩余油饱和度为 57.7%，生产井综合含水 80%。

在最大注入压力 3MPa 条件下，将温度 286℃，过热度为 50℃ 的过热蒸汽按等熵原则换算成干度为 60%、80% 的湿蒸汽以及干饱和蒸汽。根据油藏的物性特征和有效厚度，确定合理的注入速度[21]，将换算后的蒸汽量注入油藏，对比分析吞吐一周期的开发效果（表 5），过热蒸汽吞周期产油量比干度为 80% 饱和蒸汽高 2070t，周期油气比高 0.7。在具有等热量的不同质量的蒸汽注入结束后，模型中饱和蒸汽和过热蒸汽加热范围对比（图 4）来看，过热蒸汽的加热半径为 21m，饱和蒸汽第一周期的加热半径为 15m 由于过热蒸汽的温度高，传输过程中热损失小，过热蒸汽在油层中持续的时间长，加热范围大，原油降黏范围更大。

表 5　等热量不同干度和温度蒸汽吞吐效果对比

温度（℃）	干度（%）	过热度（℃）	生产时间（d）	周期注汽量（t）	周期产油量（t）	油汽比
236	40	0	700	3716	1713.7	0.46
236	60	0	700	3114	1720.1	0.55
236	80	0	700	2680	1980.6	0.74
236	100	0	700	2352	2587.2	1.10
286	100	50	700	2250	4050.0	1.80

哈萨克斯坦肯基亚克盐上稠油油藏经过 40 多年的开发，历经热水驱、饱和蒸汽吞吐、饱和蒸汽驱等多种方式开发和试验，均没有取得理想效果。实施过热蒸汽吞吐前，平均单井日产油 1.1t/d，综合含水 80%，油田长期低产低效开发，属于边际稠油油田。2005 年在第一批 26 口井结束饱和蒸汽吞吐的基础上实施了 11 口井的过热蒸汽吞吐，过热蒸汽吞吐单井日产量达到 8~11t/d，在饱和蒸汽吞吐基础上单井日产量增加 5~7t/d（图 5），第一轮过热蒸汽吞吐井已生产 800 多天，但仍没有结束。由于过热蒸汽温度比饱和蒸汽提高 50~100℃，

蒸汽热焓大幅增加了 30%~35%；焖井时间由饱和蒸汽吞吐 5~7d 增加到过热蒸汽吞吐的 10~15d，焖井时间延长 5~8d；根据监测结果显示，过热蒸汽吞吐加热半径比饱和蒸汽吞吐增加 5~10m；平均单井日产油量是饱和蒸汽吞吐产量的 2~4 倍，预测周期油汽比提高 0.8，回采水率降低了 24%。截至 2015 年 12 月，过热蒸汽吞吐平均单井阶段产油量 6873t，比饱和蒸汽吞吐高 3192t。

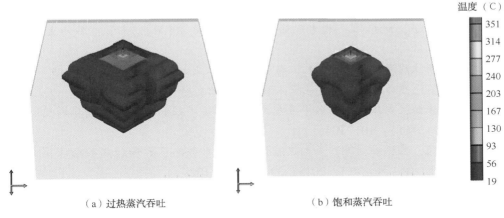

（a）过热蒸汽吞吐　　　　　　　　　　　（b）饱和蒸汽吞吐

图 4　过热蒸汽和饱和蒸汽吞吐结束后温度场三维分布图

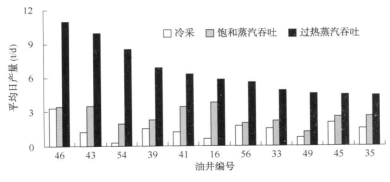

图 5　不同开采方式日产量对比

4　结论

过热蒸汽在高于饱和温度之外很宽的温度范围内存在，决定了其具有比饱和蒸汽更高的温度、干度、热焓、比容和在地层中更强的加热能力。过热蒸汽以纯气相的形态存在决定了其具有很小的换热系数，在井筒和地层传输过程中热损失只有饱和蒸汽的 1/150~1/250，更多的热量用于加热油层，能实现较小的热损失而传输更远的距离。过热蒸汽在地层中加热范围比同等热量的饱和蒸汽第一周期吞吐范围大 6m，在过热蒸汽加热带内，高温过热蒸汽对稠油深度降黏，改造岩石孔隙结构，改善渗流环境和提高驱油效率。对比肯基亚克盐上试验区 11 口高含水稠油井先后实施饱和蒸汽吞吐和过热蒸汽吞吐，过热蒸汽吞吐单井日产量是饱和蒸汽的 2~4 倍，周期产油量提高 2192t，过热蒸汽吞吐大幅度提高了稠油油藏吞吐井产量。过热蒸汽的产生过程易于操作，在肯基亚克盐上高含水稠油油藏热采开发现场应用中已取得成功，过热蒸汽吞吐热采稠油油藏具有很好的适应性。

参考文献

[1] 张义堂. 热力采油提高采收率技术[M]. 北京：石油工业出版社，2006：12-137.

[2] 刘文章. 热采稠油油藏开发模式[M]. 北京：石油工业出版社，1998：1-210.

[3] 万仁溥，罗英俊. 采油技术手册(下)[M]. 北京：石油工业出版社，2000：1-326.

[4] 刘慧卿，范玉平，赵东伟. 热力采油技术原理与方法[M]. 东营：石油大学出版社，2000：5-93.

[5] 刘文章. 稠油注蒸汽热采工程[M]. 北京：石油工业出版社，1997：81-113.

[6] 陈月明. 注蒸汽热力采油[M]. 东营：石油大学出版社，1996：14-95.

[7] 刘春泽，程林松，刘洋，等. 水平井蒸汽吞吐加热半径和地层参数计算模型[J]. 石油学报，2008，29(1)：101-104.

[8] 黄世军，谷悦，程林松，等. 多元热流体吞吐水平井热参数和加热半径计算[J]. 中国石油大学学报(自然科学版)，2015，39(4)：97-102.

[9] 沈维道，蒋智敏，童钧耕. 工程热力学[M]. 北京：高等教育出版社，2000.1-229.

[10] 罗森诺(Rohsenow, Warren M.)等. 传热学应用手册[M]. 上册. 北京：科学出版社，1992.102-135.

[11] The International Association for the Properties of Water and Steam. IAPWS – IF97 International Formulation 1997 for the Thermodynamic Properties of Water and Steam [R]. Erlangen, Germany, 1997.

[12] 钱颂文. 换热器设计手册[M]. 北京：化学工艺出版社，2002：105-107.

[13] 诸林，刘瑾，王兵，等. 化工原理[M]. 北京：石油工业出版社，2007：154-162.

[14] 曾玉强，李晓平，陈礼，等. 注蒸汽开发稠油油藏中的井筒热损失分析[J]. 钻采工艺，2006，29(4)：44-46

[15] 常毓文，张毅，胡用久，等. 稠油热采技术新进展[M]. 北京：石油工业出版社，1997：1-175.

[16] 徐克强. 稠油油藏过热蒸汽吞吐开发技术与实践[M]. 北京：石油工业出版社，2011：1-137.

[17] 杨春梅，陆大卫，张方礼，等. 蒸汽吞吐后期近井地带储层的变化及其对油田开发效果的影响[J]. 石油学报，2005，26(3)：74-77.

[18] 王业飞，徐怀民，齐自远，等. 原油组分对石英表面润湿性的影响与表征方法[J]. 中国石油大学学报(自然科学版)，2012，36(5)：155-159.

[19] 曹嫣镔，于田田，林吉生，等. 热复合化学方法改善极强敏感性稠油油藏开发效果机理[J]. 石油学，2013，34(1)：128-132.

[20] 李春涛，钱根宝，吴淑红，等. 过热蒸汽性质及其在稠油油藏吞吐开发中的应：以哈萨克斯坦肯基亚克油田盐上稠油油藏为例[J]. 新疆石油地质，2008，29(4)：495-497.

[21] 张义堂，李秀峦，张霞. 稠油蒸汽驱方案设计及跟踪调整四项基本准则[J]. 石油勘探与开发，2008，35(6)：715 – 719.

强天然水驱油藏开发后期产液结构自动优化技术

雷占祥[1] 穆龙新[1] 赵辉[2] 刘剑[1] 陈和平[1] 贾芬淑[1]

（1. 中国石油勘探开发研究院；2. 长江大学石油工程学院）

摘 要： 基于最优控制理论，以强天然水驱油藏的生产规律作为基础约束条件，建立强天然水驱油藏开发后期产液结构数学模型，利用改进的同时扰动随机逼近算法（SPSA）对模型进行求解，并编制产液结构自动优化软件。模型避免了传统优化方法只注重求取数学最大值而忽略油田生产规律的缺点，具有计算效率高、周期短、能够自动寻优的优点，可满足油田开发后期产液结构的自动优化，同时也为同类油藏的开发调整提供参考。软件应用在南美洲厄瓜多尔 D 油田的开发生产实践中，实现了油田开发后期产液结构自动优化。

关键词： 强天然水驱油藏；产液结构优化；最优控制理论；同时扰动随机逼近算法；南美洲；厄瓜多尔

通常，油井产量的调整主要基于油井生产规律，利用数值模拟方法，制定一系列配产方案，再通过经济评价确定最终优化方案。但这种方法工作量大、周期长，且不能确保优化结果就是最优方案。近年来，国内外学者相继研究了基于最优化方法的油藏生产优化技术，如：非线性规划法[1,2]、伴随梯度法，以及同时扰动随机逼近算法（SPSA）[3,4]等，取得了一定的应用效果。但这些方法大多倾向于仅从数学的角度求取经济效益最大值，而对油藏实际生产规律考虑较少，导致部分优化结果与油藏实际生产不相符[5,6]。为此，本文将油藏生产规律作为基础约束条件，建立最优控制数学模型，采用改进的 SPSA 算法对模型进行求解，并编制产液结构自动优化软件。将模型应用于强天然水驱油藏开发后期的产液结构优化调整中，以评估模型的实际应用效果。

1 产液结构优化模型

1.1 数学模型的建立

随着油田综合含水的不断上升，生产成本逐渐升高，经济效益日益降低，需要及时开展生产优化调整，即在最低的生产成本下得到最大的原油产量，实现油田控水稳油目标[7-9]。产液结构优化控制方法是通过优化油田单井产液量来实现开发效益最大化，一般采用净现值（ NPV ）来评估油田开发的经济效益。净现值法的优点是考虑了项目在整个计算期内的经济状况，以金额表示项目的收益情况，非常直观。

对于强天然水驱油藏来说，开发后期的生产成本主要受操作成本、污水处理成本等因素

基金项目： 国家科技重大专项"美洲地区超重油与油砂有效开发关键技术"（2016ZX05031-001）。

作者简介： 雷占祥（1979—），男，青海互助人，博士，中国石油勘探开发研究院高级工程师，主要从事油藏工程、数值模拟、开发规划和新项目评价研究。地址：北京市海淀区学院路 20 号，中国石油勘探开发研究院国际项目评价所，邮政编码：100083。E-mail：leizhanxiang@ petrochina. com. cn。

影响。因此，考虑操作成本和污水处理成本，建立经济净现值的优化目标函数：

$$J = \sum_{i=1}^{t} (Q_{oi}P_{oi} - Q_{oi}C_{mi} - Q_{wi}C_{wi}) \Delta t_i (1 + I_c)^{-i} \tag{1}$$

对于实际油藏，受储层物性的限制，油井产液量的变化不能超过实际供给上限。同时，受地面集输能力和污水处理能力的限制，油藏产水量最大值不能超过集输能力和处理能力。因此，在进行优化设计时，需要增加模型的约束条件。边界约束是常见的约束形式，上边界需要考虑储层供给能力和地面设施处理能力，下边界通常设为零，即关井。因此，产液结构优化数学模型的约束条件可表达为：

$$u_{di} \leq u_i \leq u_{ui} \qquad (i = 1, 2, \cdots, t) \tag{2}$$

1.2　数学模型的改进

国内外学者基于上述数学模型，通过求解最优值，得到控制参数的优化结果。但由于上述数学模型没有考虑产量递减规律、水驱规律等油田生产规律，导致优化得到的产油量、含水率等变化规律与生产实际不符。为此，本文将油田生产规律作为基础约束条件，改进产液结构优化数学模型，建立以油田生产规律为约束的最优控制数学模型。

处于开发后期的强天然水驱油藏产油量变化和水驱特征都比较稳定，在开发方式不变的情况下，可以用目前的生产规律来预测后期的生产动态。本文采用 Arps 指数递减曲线和甲型水驱特征曲线来约束产油量和产水量的变化。其中，甲型水驱曲线表达式为：

$$\lg W_p = a_0 + b_0 N_p \tag{3}$$

将式(3)变形为：

$$W_p = 10^{a_0 + b_0 N_p} \tag{4}$$

对式(4)两边同时取自然对数，得到：

$$\ln W_p = a + b N_p \tag{5}$$

其中，$a = a_0 \ln 10$，$b = b_0 \ln 10$。

按调整间隔进行分段后，利用式(5)求取 i 时刻的产水量为：

$$Q_{wi} = e^{a + b N_p}, \ i - 1 (e^{b Q_{oi}} - 1) \tag{6}$$

考虑到油田产液量变化，将当前产油量分为两个组成部分，即前一时刻自然递减对应的产油量和液量变化对应的产油量。由于开发后期的强天然水驱油藏产油量递减比较稳定，假定液量变化部分的递减规律与自然递减部分相同。产量递减公式可以写为：

$$Q_{oi} = [Q_{o, i-1} + \Delta L_i (1 - f_{w, i-1})] e^{-d \Delta t_i} \tag{7}$$

将式(6)和式(7)代入式(1)得到改进的目标函数：

$$J(\Delta L_i) = \sum_{i=1}^{t} \{ [Q_{o, i-1} + \Delta L_i (1 - f_{w, i-1})] e^{-d \Delta t_i} (P_{oi} - C_{mi}) - e^{a + b N_{p, i-1}} (e^{b\{[Q_{o, i-1} + \Delta L_i (1 - f_{w, i-1})] e^{-d \Delta t_i}\}} - 1) C_{wi} \}$$
$$\Delta t_i (1 + I_c)^{-i} \tag{8}$$

由式(8)可知，产液结构的优化问题变为在约束条件下求取净现值的最大值，以及相应产液量最优的问题。对于该类最优化问题，常采用同时扰动随机逼近算法(SPSA)进行求解。

1.3　数学模型的求解

SPSA 算法通过对控制变量进行同步扰动获得搜索方向，计算简便，每个迭代步只需对目标函数进行计算，不需要求解真实梯度，因此有效控制了计算复杂度。

假设控制变量维数为 N_u，考虑进行 N 次扰动，则 SPSA 平均近似梯度[10-12] 为：

$$\hat{g}(u) = \frac{\Delta u \Delta J}{c_k} \tag{9}$$

其中

$$\Delta u = [\Delta u_1 \quad \Delta u_2 \quad \cdots \quad \Delta u_N] = \begin{bmatrix} \Delta u_{11} & \Delta u_{12} & \cdots & \Delta u_{1N} \\ \Delta u_{21} & \Delta u_{22} & \cdots & \Delta u_{2N} \\ \vdots & & \ddots & \vdots \\ \Delta u_{N_u 1} & \Delta u_{N_u 1} & \cdots & \Delta u_{N_u N} \end{bmatrix}$$

$$\Delta J = \begin{bmatrix} J(u + c_k \Delta u_1) - J(u) \\ J(u + c_k \Delta u_2) - J(u) \\ \vdots \\ J(u + c_k \Delta u_N) - J(u) \end{bmatrix}$$

借鉴标准 SPSA 梯度对式（9）进行改进得到：

$$\hat{g}(u) = \frac{1}{c_k} \Delta u L L^{\mathrm{T}} \Delta J \tag{10}$$

式（10）中，L 为 N 维上三角方阵，当 L 为单位阵时，为标准 SPSA 算法。根据 SPSA 收敛性分析得到：

$$g^{\mathrm{T}} \hat{g} = g^{\mathrm{T}} \Delta u L L^{\mathrm{T}} \Delta u^{\mathrm{T}} g = \| L^{\mathrm{T}} \Delta u^{\mathrm{T}} g \|^2 = \frac{1}{c_k^2} \| L^{\mathrm{T}} \Delta J \|^2 \geqslant 0 \tag{11}$$

由式（11）可见，依然具有上山性。但是，L 上三角方阵对近似梯度的精度有影响，需要进行调整，使近似梯度更接近真实梯度。由于梯度为向量，近似梯度与真实梯度越接近，则两者的夹角越小，对应的余弦值越大，余弦值计算公式为：

$$\cos(\theta) = \frac{g^{\mathrm{T}} \hat{g}}{|g||\hat{g}|} \tag{12}$$

式（12）中的真实梯度是未知的。但是，每一个迭代步的真实梯度是确定的。因此，可以选择式（13）作为 L 的优化函数，使每个迭代步的计算梯度与真实梯度的夹角最小：

$$\max F(L) = \frac{g^{\mathrm{T}} \hat{g}}{|\hat{g}|} = \frac{\| L^{\mathrm{T}} \Delta J \|^2}{c_k | \Delta u L L^{\mathrm{T}} \Delta J |} \tag{13}$$

首先计算优化控制目标函数的近似梯度，然后根据约束条件，利用投影梯度法对近似梯度进行处理，进而更新迭代注采控制变量，得到最优控制变量：

$$u_{l+1} = u_l + \alpha \hat{g}(u_l) \tag{14}$$

2　产液结构自动优化软件

由于产液结构优化模型较为复杂，用数学方法求解析解非常困难，并且采用同时扰动随机逼近算法进行求解时，需要进行大量的随机扰动，计算量很大。所以，根据优化模型和求解算法的特征，设计了产液结构自动优化软件，大大提高了计算效率。

在软件设计时，严格遵循产液结构优化模型的求解过程，先根据油田的实际资料，确定模型所需的基础数据，如油田产油量、产水量、原油价格、污水处理成本等；然后，利用甲型水驱特征曲线和递减方程，拟合出模型的参数 a、b、d 等；再利用 SPSA 算法对

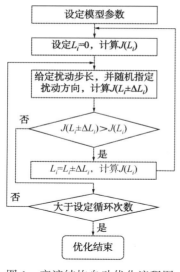

图1 产液结构自动优化流程图

产液结构优化模型进行求解，最终确定出产液结构的优化调整参数。

用SPSA算法求解产液结构优化模型的主要计算过程为（图1）：（1）根据实际情况设定原油价格、产油量、递减率等模型基本参数；（2）初始设定每个时间点的液量变化为零，计算经济净现值$J(L_i)$；（3）给定每个时间点的液量变化最大值（扰动步长），并用随机函数生成扰动方向，计算扰动生成的经济净现值$J(L_i \pm \Delta L_i)$；（4）判断$J(L_i \pm \Delta L_i)$与$J(L_i)$的关系，若$J(L_i \pm \Delta L_i)$大于$J(L_i)$，则将液量变化设定为$L_i = L_i \pm \Delta L_i$并重复（2）、（3）、（4）步，若$J(L_i \pm \Delta L_i)$小于等于$J(L_i)$，则进一步判断循环次数是否超过设定次数；（5）若超过设定循环次数，则结束优化，若未超过设定循环次数，则重复（3）、（4）、（5）步。

3 应用实例

D油田位于南美洲厄瓜多尔热带雨林，其主力油藏M1为潮控河口湾沉积，孔隙度为20%～32%（平均值为25%），渗透率为（1 000～8 000）×10^{-3} μm²（平均值为4 000×10^{-3} μm²），具有很强的边底水，地饱压差为18.2～19.4MPa，属于中高孔、中高渗、强边底水、低幅度、构造—岩性砂岩油藏。于1978年3月投产，边底水驱动为主，点状注水为辅，井网不规则，经过40年的开发，综合含水达到96.5%，目前处于开发后期。受储集层地质条件和资源国相关法规的限制，措施挖潜的难度大、作业成本高、经济效益有限。为实现油田开发后期效益最大化的目标，应用最优控制理论，建立并求解产液结构自动优化数学模型，实现了油田各单井的产液结构自动优化。

利用该区的产油量和产水量数据进行产量递减曲线和水驱特征曲线拟合。由于产量递减规律和水驱特征都较为稳定，拟合后相关系数均在0.99以上（图2、图3）。

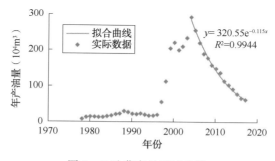

图2 D油藏产量递减曲线

根据拟合结果，求得模型相关的基本参数a，b，d分别为-1.129 1，4.294 9，0.115 0。同时，根据油藏实际情况，设定原油价格为305.5美元/m³，原油操作成本为91.7美元/m³，污水处理成本为1.8美元/m³。对D油田的管线集输能力和污水处理能力进行边界约束后，用改进的产液结构优化模型进行开发指标的优化和预测。

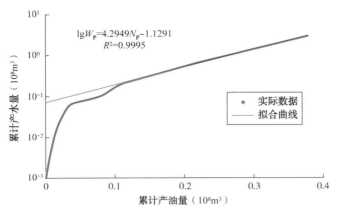

图 3　D 油藏水驱特征曲线

　　通过不断自动寻优，方案的经济净现值从 $4.15×10^8$ 美元逐渐逼近至最佳经济净现值 $5.98×10^8$ 美元，自动优化过程中经济净现值变化曲线如图 4 所示。根据优化结果（图 5 至图 7），提液期间年产油量增加，而保持液量生产期间年产油量递减明显，且递减率与 D 油藏实际递减率相同。预测期内的含水率平稳上升。对比优化前后的数据可知，优化后产液量明显提高，产油量也明显增加，含水率变化基本一致。产生这种结果的原因主要是两个方面：（1）油藏处于开发后期，可能以水驱冲刷的驱油模式为主，使含水率受液量变化影响较小；（2）油田污水以回注为主，成本较低，经济效益对产水量的增加不敏感。

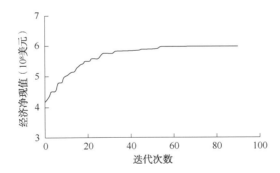

图 4　自动优化过程中经济净现值变化曲线

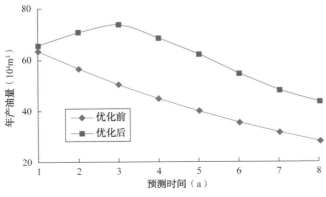

图 5　优化前后年产油量变化曲线

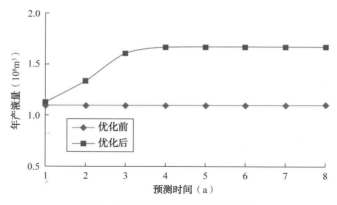

图6 优化前后年产液量变化曲线

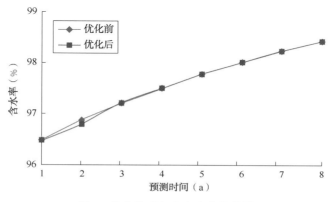

图7 优化前后年含水率变化曲线

4　优化方法对比

由于数值模拟方法广泛应用在国内外油田开发调整方案的制定过程中，具有权威性和普遍适用性。所以，将本文方法与数值模拟方法进行了对比分析(表1)。

表1　数值模拟与产液结构自动优化对比

方法	单次运算时间 （min）	优化出结果时间 （h）	客观性	优化过程
数值模拟	480	168	个人经验影响较大	需要反复设计方案，人工优选
产液结构自动优化	5	2	不受个人经验影响	自动寻优

数值模拟方法的计算过程较为复杂，需要建立地质模型，准备数值模拟模型，进行历史拟合；根据产液量可能的变化范围，设计大量产液量调整方案，再进行预测对比。往往需要经过多轮优选，才能确定最终的优化调整参数。计算效率低、周期长、受数值模拟人员经验影响大，只能在设定的方案之间进行对比，还不能自动寻优。

本文方法的计算过程比较简洁，不需要建立复杂的地质模型，也无需进行反复的历史拟合；设定初值后，能够自动寻优，计算过程中不受人为因素影响。计算效率高、周期短。

5 结论

传统的优化控制模型仅考虑模型的数学极大值，而未充分考虑油田生产规律。针对此问题，将强天然水驱油藏开发后期的生产规律作为基础约束条件，建立了生产规律约束下的最优控制数学模型，避免了模型预测结果与生产规律不一致的问题。

利用 SPSA 算法对模型进行求解，编制产液结构自动优化软件，并应用在南美洲厄瓜多尔 D 油藏的开发生产实践中，实现了油田开发后期产液结构自动优化。

对比产液结构优化模型与数值模拟方法的优化过程，认为产液结构优化模型计算效率高、周期短、能够自动寻优，可满足油田开发后期产液结构的自动优化，也为同类油藏的开发调整提供参考。

符号注释：

a_0、b_0——甲型水驱特征曲线拟合常数；c_k——扰动步长；C_{mi}——在 i 时刻的操作成本，美元/m^3；C_{wi}——在 i 时刻的污水处理成本，美元/m^3；d——产量递减率，f；$f_{w,i-1}$——油田在 $i-1$ 时刻的含水率，f；g——真实梯度；$\hat{g}$——近似梯度；I_c——基准收益率，f；J——经济净现值，美元；l——迭代序号；L_i——油田在 i 时刻的产液量，m^3/a；N_p——累计产油量，m^3；$N_{p,i-1}$——油田在 $i-1$ 时刻的累计产油量，m^3；P_{oi}——在 i 时刻的原油价格，美元/m^3；Q_{oi}——油田在 i 时刻的产油量，m^3/a；Q_{wi}——油田在 i 时刻的产水量，m^3/a；t——总时间，a；u——控制变量；u_i——油田在 i 时刻控制变量；u_{di}——控制变量的下约束边界；u_{ui}——控制变量的上约束边界；W_p——累计产水量，m^3；θ——近似梯度与真实梯度夹角，（°）；$F(L)$——近似梯度的优化函数；ΔL_i——油田在 i 时刻的产液量增量，m^3/a；Δt_i——i 时刻对应的时间间隔，a；α——控制变量第 l 次迭代扰动系数。

参考文献

［1］张福坤，张淑文，诸克军，等．基于不同优先级的油田增长多目标规划［J］．数学的实践与认识，2014，44（12）：137-142.

［2］BARNES R J，KOKOSSIS A，SHANG Z. An integrated mathematical programming approach for the design and optimization of offshore fields［J］. Computer & Chemical Engineering，2007，31（5）：612-629.

［3］郝伟，周康，时凤霞，等．同时扰动随机逼近算法在聚合物驱生产优化中的应用［J］．数学的实践与认识，2015，45（5）：256-261.

［4］赵辉，曹琳，李阳，等．基于改进随机扰动近似算法的油藏生产优化［J］．石油学报，2011，32（6）：1031-1036.

［5］殷爱贞，张在旭，黄昶生，等．油田产量优化的目标规划模型［J］．中国石油大学学报（自然科学版），2003，27（5）：119-121.

［6］王芳，何松彪，郭晔．最优化理论与方法在油田产量优化中的改进［J］．油气田地面工程，2006，25（11）：1-2.

［7］BROUWER D, JANSEN J. Dynamic optimization of waterflooding with smart wells using optimal control theory［J］. SPE Journal, 2004, 9(4): 391-402.

［8］苑志旺, 杨宝泉, 杨莉, 等. 深水浊积砂岩油田含水上升机理及优化注水技术: 以西非尼日尔三角洲盆地 AKPO 油田为例［J］. 石油勘探与开发, 2018, 45(2): 287-296.

［9］王继强, 石成方, 纪淑红, 等. 特高含水期新型水驱特征曲线［J］. 石油勘探与开发, 2017, 44(6): 955-960.

［10］赵辉, 唐乙玮, 康志江, 等. 油藏开发生产优化近似扰动梯度升级算法［J］. 中国石油大学学报(自然科学版), 2016, 40(2): 99-104.

［11］BROUWER D, NAEVDAL G, JANSEN J, et al. Improved reservoir management through optimal control and continuous model updating［R］. SPE 60149, 2004.

［12］CHEN C, WANG Y, LI G, et al. Closed-loop reservoir management on the Brugge test case ［J］. Computational Geosciences, 2010, 14(4): 691-703.

南苏丹高凝油油藏冷伤害机理研究

廖长霖[1]　吴向红[1]　杨胜来[2]　马凯[1]　冯敏[1]

[1. 中国石油勘探开发研究院；2. 中国石油大学(北京)]

摘　要： 通过室内实验对南苏丹高凝油油藏因析蜡导致地层冷伤害的可能性进行研究。实验结果表明，温度低于析蜡点后，高凝油中蜡晶体析出，呈现非牛顿流体特征，具有剪切稀释性和触变性，随着温度降低，析出的蜡颗粒半径逐渐变大，很容易在孔隙喉道处被捕集，造成地层冷伤害；渗流曲线表现出明显的非线性渗流特征，渗流体系存在启动压力梯度，油水相渗两相区范围变窄，等渗点右移，油水两相渗流能力降低；当温度低于析蜡点时，油水流度比增大，导致见水早、无水采收率和最终采收率都明显低于温度高于析蜡点的水驱效果。建议南苏丹高凝油油藏在实施注水开发时应保证注入水到达井底的温度高于地层原油的析蜡点，防止地层冷伤害的发生。

关键词： 高凝油；冷伤害；蜡沉积；温度；注水

南苏丹高凝油油藏主要分布于法鲁奇油田 Yabus 组，埋深 1250～1400m，原始地层压力为 13.3MPa(深度 1400m)，饱和压力为 2.9～3.6 MPa，油层温度为 82.3℃(深度 1400m)，油层平均孔隙度为 24%，油层平均渗透率为 $887×10^{-3} μm^2$，为中高孔渗、低饱和油藏。油藏条件下原油黏度 7～500mPa·s，凝固点为 36～42℃，析蜡点在 53～63℃，平均含蜡量为 31.3%，属高凝油。法鲁奇油田自 2006 年投产，受合同期限制，主要利用天然能量开发，采用稀井高产、大段合采、大泵提液等开发技术政策，达到了很好的开发效果。但随着开发的进行，出现油田含水上升快(73.5%)、新井产量逐年降低、自然递减大、主力区块压力保持水平较低(50%～60%)等问题，迫切需要尽快实现规模注水保持油田高效开发。而如果采用常规注冷水开发，将导致油层温度降低，原油在油层孔隙中析蜡并发生蜡相沉积，造成地层冷伤害。

因此，为能够更准确的把握南苏丹高凝油油藏的冷伤害机理，防止注水冷伤害的发生，在前人研究[1-11]的基础上，本文通过室内实验，对南苏丹高凝油油藏蜡相沉积、冷伤害过程中的储层流体渗流特征变化及冷伤害对油藏注水开发效果影响等方面进行实验研究。

1　高凝油蜡相沉积分析

1.1　高凝油流变特征

采用德国 HAAKE MARS 流变仪，研究南苏丹高凝油体系流变性能，选取法鲁奇油田 1 号油样，测试温度对高凝油体系表观黏度的影响、高凝油体系的黏温曲线和触变环曲线。根据 $10s^{-1}$ 恒剪切速度下原油黏温曲线[图 1(a)]可知，随着温度的增加，高凝油黏度呈现先急

作者简介：廖长霖(1986—)，男，福建三明人，高级油藏工程师，2016 年中国石油勘探开发研究院博士后出站，主要从事油藏数值模拟、水驱提高采收率技术和海外油田开发调整方案编制等方面的工作。地址：北京市海淀区学院路 20 号；邮箱：liaoclin@ petrochina. com. cn。

剧降低而后平缓趋势。因此，将温度小于析蜡温度为了观察凝固点（43℃）和析蜡温度（63℃）附近高凝油表观黏度的变化，选取凝固点附近黏度变化陡峭段的 4 个温度点（43℃、46℃、49℃、52℃）和析蜡温度附近黏度变化平缓段的 2 个温度点（66℃和87℃）进行不同剪切速率黏度测试，分别测定高凝油体系的表观黏度曲线，测试剪切速率为 0.005～5000 s^{-1}。

由高凝油表观黏度曲线可知[图1(b)]，随着温度升高，相同剪切速率下高凝油表观黏度也随之下降。温度为 43～52℃时，高凝油中的蜡按相对分子质量的大小而依次析出，开始形成连续相液态烃和分散相蜡晶的二相体系，其黏度不再是温度的单一函数，并随剪切速率而变化，高凝原油逐渐转变为非牛顿型流体，具有剪切稀释性，表观黏度随剪速的增大而下降。而温度为 66℃和 87℃时，高凝油的黏度基本不随剪切速率的增加而降低，表现出牛顿流体特性，由于温度高于析蜡点后，原油中的蜡晶全部溶解，沥青质和胶质高度分散稀化，含蜡原油的黏度降至最低，流动性最好，此时再继续升高温度，含蜡原油的黏度和流动性能变化幅度很小，宏观上表现为伴随着实验温度的升高，含蜡原油逐渐趋于平稳的低黏度值。

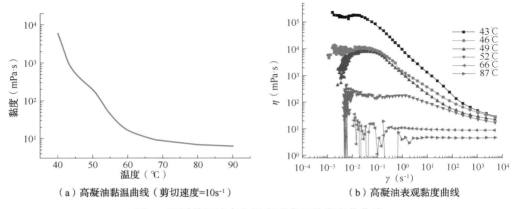

（a）高凝油黏温曲线（剪切速度=10s⁻¹）　　（b）高凝油表观黏度曲线

图 1　不同剪切速率和温度下表观黏度变化曲线

通过不同温度下高凝油体系的触变环曲线(图2)可以看出，在相同剪切速率下，温度为 43～49℃时高凝油上行线剪切应力大于下行线剪切应力，构成正触变环，高凝油表现正触变性。随着高凝油温度降低，曲线的滞后面积（触变环面积）变大，其触变性增强，高凝油体系需要相对较长的时间来重组内部结构，体系具有更长的松弛时间。温度为 52～87℃时高凝油上行线剪切应力与下行线剪切应力基本重合，剪切速率与剪切应力的关系几乎呈直线并经过原点，此温度段高凝油体系未表现出触变特性，此时高凝油表现出牛顿流体的黏度特性，与低温条件下高凝油体系触变性具有明显的区别。

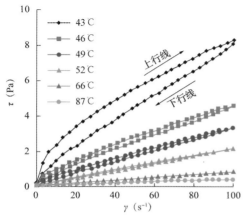

图 2　不同温度高凝油体系触变环曲线

分析上述实验现象可知，当实验温度降低时，在受到剪切作用后含蜡原油中的蜡晶会发生伸展、变形或者分散，使流动阻力相对减小，表现出剪切变稀的现象，所以出现低温时下行线对应的黏度较上行线中黏度值小的现象。温度越低、剪切作用越强，含蜡原油表现出的触变性越强。当实验温度较高时，含蜡原油中的蜡晶充分溶解，沥青质和胶质高度分散稀化，在受到剪切作用后溶液中的分子结构基本不会发生变化，故触变环曲线的下行线基本与上行线重合。

1.2　高凝油相态特征

选取法鲁奇油田 2 号油样，研究南苏丹高凝油体系随温度变化的相态特征。在恒定地层压力 13.5MPa 条件下，从地层温度 87.8℃ 缓慢降温，通过高压显微系统 HPM 观察和记录降温过程中高凝油的蜡晶析出和生长的现象，图 3 展示了不同温度下高凝油析蜡过程。当温度高于析蜡温度（63℃）时，地层原油为均匀的液相，没有固相颗粒；而当温度低于析蜡温度时，液相中开始出现细小的晶体颗粒；随着温度的继续降低，晶体颗粒逐渐增多并且长大，直观的展示出了高凝油的析蜡过程。

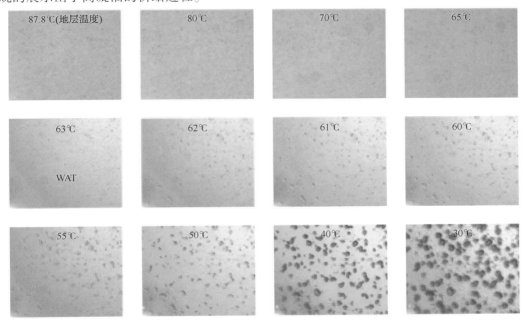

图 3　高凝油析蜡过程

应用高温高压沥青沉淀激光测试装置，依据高压显微系统观测的固相析出点和相态实验测试相态变化数据，绘制出高凝油的固相沉淀三相 $p-T$ 相图（图 4）。图中有液相、气/液两相、液/固两相和气/液/固三相共四个相区，相态变化复杂，析蜡线就是固相析出分界线。地层压力 13.5MPa 条件下的析蜡温度为 63℃，压力为 3MPa 时析蜡温度为 60℃。当压力低于泡点压力后，地层原油析蜡温度有所升高。根据 $p-T$ 相图可以确定南苏丹高凝油油藏地层原油的固相析出温度和压力条件，并且可判定析蜡温度随压力下降呈线性降低趋势但变化不大。

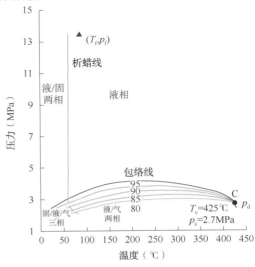

图 4　高凝油三相 $p-T$ 相图

1.3　高凝油蜡沉积量测试

应用颗粒计数统计和体积测量软件，选取法鲁奇油田2号油样，测试不同温度下南苏丹高凝油油藏中的石蜡颗粒数量、体积大小及其分布。测试结果如图5所示，图中柱状图为石蜡颗粒数量分布，曲线为石蜡颗粒体积分布。结果可知，颗粒数量分布与颗粒尺寸大小呈指数递减趋势变化；随着温度降低，析出蜡颗粒逐渐变大，低尺寸蜡颗粒数量逐渐降低，而高尺寸蜡颗粒分布呈逐渐增加趋势，温度为60℃时的蜡颗粒横切面积主要分布(颗粒体积分布>10%)在0~1200μm²，温度为45℃时的蜡颗粒横切面积主要分布在0~8000μm²；随着温度降低，单位体积高凝油析蜡量呈不断增加趋势，60℃时析蜡量仅为4.7%，当温度降低到45℃时析蜡量大幅度升高到29%(图6)。

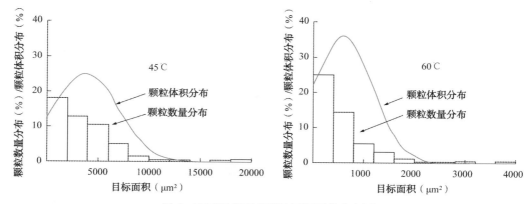

图5　不同温度下高凝油固相颗粒分布图

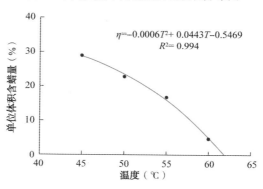

图6　析蜡量与温度关系曲线

根据法鲁奇油田岩心测试数据分析可知，法鲁奇油田岩心孔喉半径主要分布在20~60μm，由此可计算出孔喉的横截面积主要分布在1256~11304μm²。因此，当温度低于析蜡温度时，随着温度的逐渐降低，蜡颗粒半径逐渐增大，当蜡颗粒半径大于孔喉半径之后，固相蜡颗粒很容易在孔隙喉道处被捕集，造成地层冷伤害。

2　地层冷伤害渗流特征

选取法鲁奇油田1号油样，分析南苏丹高凝油油藏地层冷伤害渗流特征。对比不同温度下高凝油单相渗流曲线[图7(a)]可知，温度为66℃和90℃时，即流体温度高于析蜡点温度时，渗流曲线为直线，显示出较明显的达西线性渗流特征。当温度为43～52℃时，即流体温度低于析蜡点温度时，渗流曲线变为曲线，表现为明显的非线性渗流特征，此时高凝油渗流体系存在启动压力梯度，且温度越低，启动压力梯度越高。根据非稳态法测得油−水相对渗透率曲线[图7（b）]可知，随着温度的降低，两相区范围变窄，等渗点右移；同时等渗点相对渗透率降低，油水两相渗流能力明显降低。

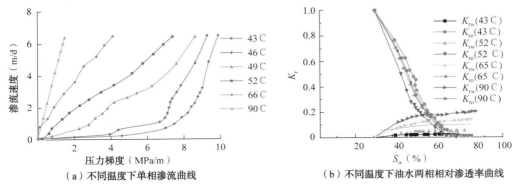

（a）不同温度下单相渗流曲线 　　　　（b）不同温度下油水两相相对渗透率曲线

图7　不同温度下单相渗流曲线和油水相渗曲线

3　冷伤害对注水效果的影响

通过一维岩心水驱实验分析冷伤害对注水开发效果的影响。对比采出程度与注入体积关系曲线可知[图8（a）]，随温度的增加，采出程度不断增加，但是在析蜡点之上，随温度上升，采出程度增加的幅度较小。85℃、65℃、50℃的最终采出程度分别为49%、36.5%、23.2%。50℃到65℃，单位温度内增加的采出程度为0.887%/℃；65℃到85℃度之间，单位温度内增加的采出程度为0.625%/℃。

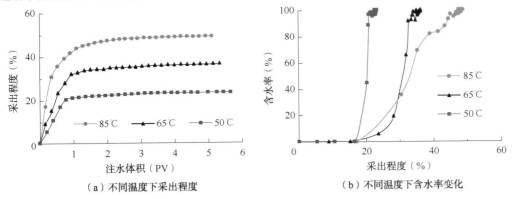

（a）不同温度下采出程度 　　　　　　（b）不同温度下含水率变化

图8　不同温度下采出程度和含水率的变化曲线

对比含水率与采出程度关系曲线可知[图8（b）]，温度越高，含水率上升越缓慢，无水采收率越高。无水采收率按含水低于2%计算，85℃、65℃、50℃三个温度下的无水采收率依次为18%、17.7%、16.5%；随着温度的升高，最终采收率也升高。上述实验结果表明，当温度高于析蜡点时，油样表现为稀分散悬浮液，宏观上表现为牛顿流体，故从85℃降温到65℃的驱油效率降低值较小。在温度区间50～65℃时驱油效率变化较大。由于在这个温度区间内，析出蜡量显著增加，微观蜡晶颗粒之间的平均距离较远，形状不规则，彼此间易相互作用形成蜡晶体结构，为胶质、沥青质提供桥梁，导致原油黏度急剧变化，油水流度比降低较快，导致无水采收率和最终采收率都下降较快。

4 结论与建议

（1）蜡相沉积实验表明，当温度低于析蜡点后，高凝油呈现非牛顿流体特征，具有剪切稀释性和触变性；随着温度降低，析出的蜡颗粒半径逐渐变大，当蜡颗粒半径大于孔喉半径之后，很容易在孔隙喉道处被捕集，造成地层冷伤害。

（2）渗流实验表明，当温度低于析蜡点后，渗流曲线表现出明显的非线性渗流特征，高凝油渗流体系具有启动压力梯度，且温度越低，启动压力梯度越高；随着温度的降低，两相区范围变窄，等渗点右移，油水两相渗流能力明显降低。

（3）水驱实验表明，温度低于析蜡点时，油水流度比大，见水早，并导致无水采收率和最终采收率都明显低于温度高于析蜡点的水驱效果，建议在实施高凝油注水开发时保证注入水到达井底的温度应高于地层原油的析蜡点，防止地层冷伤害的发生。

参考文献

［1］ Bern P A, Withers V R, Cairns R J R. Wax deposition in crude oil pipelines［C］. European Offshore Technology Conference and Exhibition. Society of Petroleum Engineers, 1980.

［2］ Burger E D, Perkins T K, Striegler J H. Studies of wax deposition in the Trans Alaska pipeline［J］. Journal of Petroleum Technology, 1981, 33(06): 1, 075-1, 086.

［3］ 姚凯, 姜汉桥, 党龙梅, 等. 高凝油油藏冷伤害机制［J］. 中国石油大学学报：自然科学版, 2009, 33(3): 95-98.

［4］ 刘翔鹗. 高凝油油藏开发模式［M］. 北京：石油工业出版社, 1997.

［5］ Kumar S, Kumar P, Tandon R, et al. Hot Water Injection Pilot: A Key to the Waterflood Design for the Waxy Crude of the Mangala Field［C］. International Petroleum Technology Conference. International Petroleum Technology Conference, 2008.

［6］ 张方礼, 高金玉. 静安堡高凝油油藏［M］. 北京：石油工业出版社, 1997.

［7］ 高约友. 魏岗高凝油油藏［M］. 北京：石油工业出版社, 1997.

［8］ Sifferman T R. Flow properties of difficult-to-handle waxy crude oils［J］. Journal of Petroleum Technology, 1979, 31(08): 1 042-1 050.

［9］ Houchin L R, Hudson L M. The Prediction Evaluation and Treatment of Formation Damage Caused by Organic Deposition［C］. SPE Formation Damage Control Symposium. Society of Petroleum Engineers, 1986.

［10］ 田乃林, 冯积累. 早期注冷水开发对高含蜡高凝固点油藏的冷伤害［J］. 石油大学学报：自然科学版, 1997, 21(1): 42-45.

［11］ 刘慧卿, 毕国强. 北小湖油田油层冷伤害实验研究［J］. 石油大学学报：自然科学版, 2001, 25(5): 45-47.

稠油油藏蒸汽吞吐加热半径及产能预测新模型

何聪鸽[1]　穆龙新[1]　许安著[1]　方思冬[2]

[1. 中国石油勘探开发研究院；2. 中国石油大学(北京)]

摘　要：蒸汽吞吐加热半径的确定是产能评价和动态预测的基础。常规加热半径计算方法均假设加热区为等温区，且等于蒸汽温度，而实际上加热区内地层温度是由蒸汽温度逐渐降低到原始地层温度。针对加热区内地层温度为非等温分布的这一实际情况，通过引入热水区前沿温度，构建了地层温度非等温分布模型，并在此基础上根据 Marx-Langenheim 加热理论建立了蒸汽吞吐加热半径计算模型和产能预测模型。以某油藏参数为例，用所建立的模型对加热半径和产能进行了计算，结果表明，Marx-Langenheim 加热半径计算公式是本文加热半径计算模型的一种特殊情况，本文加热半径计算模型更具普适性；同时，本文产能预测模型计算结果与数值模拟计算结果基本一致，从而验证了模型的正确性。

关键词：稠油热采；蒸汽吞吐；加热半径；非等温模型；产能预测

蒸汽吞吐技术目前仍是稠油油藏开采的主要方式之一[1-2]。稠油油藏在蒸汽吞吐开采过程中，合理确定蒸汽吞吐加热半径是油藏产能评价和动态预测的关键[3-6]。传统的蒸汽吞吐产能计算方法多采用 Boberg-Lantz 等温模型[7,8]和蒸汽超覆模型[9,10]。通常所谓的蒸汽吞吐加热半径其实完全是由能量平衡引起的，并非蒸汽到达的实际范围[11]，因此，蒸汽吞吐加热半径是所假设的加热区平均温度的函数，该假设温度越低，根据能量守恒原理计算得到的加热半径就越大。目前常用的直井蒸汽吞吐加热半径计算方法包括 Marx-Langenheim 方法[12]和 Willman 方法[13]等，而水平井蒸汽吞吐加热半径的常用计算方法是通过直井加热模式进行转换[14-16]，这些方法均假设加热区为等温区，且温度等于井底蒸汽温度。实际上，由于加热区中的热量不断向外扩散，加热区温度是由蒸汽温度逐渐降低到原始地层温度[17-19]，所以这些方法计算得到的加热半径与实际加热半径存在较大偏差，从而使得产能计算不够准确。为此，针对加热区内地层温度为非等温分布的这一实际情况，笔者通过引入热水区前沿温度这一概念，构建了地层温度非等温分布模型，并在此基础上建立了蒸汽吞吐加热半径计算模型和产能预测模型。

1　加热模型的建立

1.1　基本假设

蒸汽进入地层以后，由于热量不断向外扩散，在加热区内形成蒸汽区和热水区，蒸汽区温度为井底蒸汽温度，热水区温度则是由井底蒸汽温度逐渐降低到原始地层温度，注汽后地层的实际温度分布剖面如图 1 中虚线所示。同时，从原油黏温关系曲线(图 2)可知，当温度

作者简介：何聪鸽(1988—)，男，工程师，主要从事稠油油藏开发方面研究。地址：北京市海淀区学院路 20 号；邮箱：hecongge@ petrochina. com. cn。

开始增加时，原油黏度迅速降低，而到达某一值后，原油黏度随温度升高而降低趋于平缓，即原油黏温关系曲线上存在一个拐点温度(图2中拐点温度约为50℃)，当温度低于拐点温度以后，降黏效果显著变差，因此可以将原油黏温关系曲线上的拐点温度作为热水区前沿温度，且认为热水区温度在径向上由井底蒸汽温度线性递减至前沿温度，加热模型的温度分布剖面如图1中实线所示。

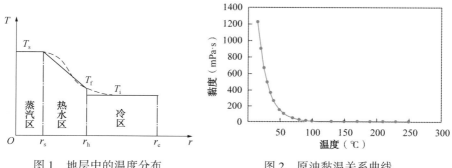

图1　地层中的温度分布　　　　图2　原油黏温关系曲线

基于此，加热模型的基本假设包括：(1)油层均质，且油层物性及流体饱和度不随温度变化；(2)油层中无垂向温差，即垂向导热系数为无穷大，且在油层及围岩中水平方向的热传导为零；(3)在蒸汽注入阶段，注入压力、注汽速度及蒸汽温度恒定不变，且热量向油层的传递和蒸汽的冷凝过程均在瞬间完成；(4)加热区域分为蒸汽区和热水区，蒸汽区温度为井底蒸汽温度 T_s，热水区温度由井底蒸汽温度线性递减至前沿温度 T_f；(5)冷区温度为原始地层温度 T_i。

1.2　加热半径计算公式的推导

在热水区，认为温度场在径向上呈线性变化，所以有：

$$T(r) = a(r - r_s) + c \tag{1}$$

式中，$a = \dfrac{T_f - T_s}{r_h - r_s}$，$c = T_s$。其中，$r_h$ 为热水区加热半径，m；r_s 为蒸汽区加热半径，m。

由于热水区地层温度呈非等温分布，因此不能直接利用 Marx-Langenheim 方法求解加热面积，需利用能量平衡原理对其进行重新推导。

热水区顶底层总热损失速率为：

$$Q_s = 2\int_{r_s}^{r_h} \frac{\lambda_s \Delta T}{\sqrt{\pi \alpha_s t}} \frac{\mathrm{d}A}{\mathrm{d}r}\mathrm{d}r = 2\int_{r_s}^{r_h} \frac{\lambda_s [a(r - r_s) + c - T_i]}{\sqrt{\pi \alpha_s t}} 2\pi r \mathrm{d}r \tag{2}$$

式中，Q_s 为热水区顶底层总热损失速率，J/s；λ_s 为顶底层岩石导热系数，W/(m·℃)；α_s 为顶底层的热扩散系数，m²/h；t 为注入蒸汽时间，h；ΔT 为热水区温度与原始地层温度之差，℃；A 为热水区加热面积，m²。

令 $\mathrm{d}A' = 2\pi r[a(r - r_s) + c - T_i]\mathrm{d}r$，则有：

$$Q_s = \frac{2}{\sqrt{\pi \alpha_s}} \int_0^t \frac{\lambda_s}{\sqrt{t - \tau}} \frac{\mathrm{d}A'}{\mathrm{d}\tau}\mathrm{d}\tau \tag{3}$$

热水区油层热能的增加速率为：

$$Q_{re} = \frac{2\pi r[a(r - r_s) + c - T_i]hM_R \mathrm{d}r}{\mathrm{d}t} = hM_R \frac{\mathrm{d}A'}{\mathrm{d}t} \tag{4}$$

式中，Q_{re} 为热水区油层热能增加速率，J/s；M_R 为油层热容，J/（m³·℃）；h 为油层厚度，m。

热水区热能的注入速率：

$$Q_i = i_s(h_{ws} - h_{wr}) \tag{5}$$

式中，Q_i 为热水区热能注入速率，J/s；i_s 为蒸汽注入速率，kg/s；h_{ws} 为饱和蒸汽温度下热水的热焓值，J/kg；h_{wr} 为油层温度下热水的热焓值，J/kg。

根据瞬时热平衡原理，热能的注入速率等于顶底层总热损失速率与油层热能的增加速率之和，即：

$$i_s(h_{ws} - h_{wr}) = \frac{2}{\sqrt{\pi\alpha_s}}\int_0^t \frac{\lambda_s}{\sqrt{t-\tau}}\frac{dA'}{d\tau}d\tau + hM_R\frac{dA'}{dt} \tag{6}$$

对式（6）运用 Laplace 变换可得：

$$\frac{i_s(h_{ws} - h_{wr})}{S} = \frac{2\lambda_s}{\sqrt{\alpha_s}}\sqrt{S}L(A') + hM_R SL(A') \tag{7}$$

式中，S 为 Laplace 变量。

令 $b = \dfrac{2\lambda_s}{hM_R\sqrt{\alpha_s}}$ ，可得：

$$L(A') = \frac{i_s(h_{ws} - h_{wr})}{hM_R(bS^{\frac{3}{2}} + S^2)} \tag{8}$$

对上式进行 Laplace 逆变换，可得：

$$L^{-1}[L(A')] = \frac{i_s(h_{ws} - h_{wr})M_R h\alpha_s}{4\lambda_s^2}\left[e^{b^2 t}\text{erfc}(b\sqrt{t}) + 2b\sqrt{\frac{t}{\pi}} - 1\right] \tag{9}$$

取无因次时间 $t_D = b^2 t = \dfrac{4\lambda_s^2}{h^2 M_R^2 \alpha_s}t$ ，由上式可得：

$$A' = \frac{i_s(h_{ws} - h_{wr})M_R h\alpha_s}{4\lambda_s^2}\left[e^{t_D}\text{erfc}(\sqrt{t_D}) + 2\sqrt{\frac{t_D}{\pi}} - 1\right] \tag{10}$$

又有：

$$A' = \int_{r_s}^{r_h}dA' = \int_{r_s}^{r_h}2\pi r[a(r - r_s) + c - T_i]dr = 2\pi(a'r_h^2 + b'r_h + c') \tag{11}$$

式中，$a' = \dfrac{1}{6}T_s - \dfrac{1}{2}T_i + \dfrac{1}{3}T_f$，$b' = \dfrac{1}{6}(T_s - T_f)r_s$，$c' = \left(\dfrac{1}{2}T_i - \dfrac{1}{3}T_s - \dfrac{1}{6}T_f\right)r_s^2$。

所以热水区的加热半径为：

$$r_h = \frac{-b' + \sqrt{b'^2 - 4a'\left(c' - \dfrac{A'}{2\pi}\right)}}{2a'} \tag{12}$$

由于蒸汽区温度恒定为 T_s，所以蒸汽区的加热半径可由 Marx-Langenheim 方法得到：

$$r_s = \sqrt{\frac{i_s x L_v M_R h\alpha_s}{4\pi\lambda_s^2(T_s - T_i)}} \times \sqrt{e^{t_D}\text{erfc}(\sqrt{t_D}) + 2\sqrt{\frac{t_D}{\pi}} - 1} \tag{13}$$

式中，x 为蒸汽干度，小数；L_v 为汽化潜热，J/kg。

当热水区前沿温度等于蒸汽温度时，$a' = \dfrac{1}{2}(T_s - T_i)$，$b' = 0$，$c' = \dfrac{1}{2}(T_i - T_s)r_s^2$，通过公式（12）可得热水区的加热半径为：

$$r_h = \sqrt{\frac{i_s(xL_v + h_{ws} - h_{wr})M_R h \alpha_s}{4\pi \lambda_s^2 (T_s - T_i)}} \times \sqrt{\mathrm{e}^{t_D}\mathrm{erfc}(\sqrt{t_D}) + 2\sqrt{\frac{t_D}{\pi}} - 1} \qquad (14)$$

上式与 Marx-Langenheim 方法得到的加热半径完全一致，说明 Marx-Langenheim 计算公式是本文加热半径计算模型的一种特殊情况，也表明本文加热半径计算模型更具普适性，通过引入热水区前沿温度使所求的加热半径更符合实际情况。

2 产能模型的建立

2.1 产能计算公式的推导

蒸汽吞吐产能预测模型是以加热半径计算模型为基础，应用渗流理论、能量守恒原理和物质平衡原理来预测蒸汽吞吐生产动态。蒸汽吞吐井在开井生产过程中，油藏具有蒸汽区、热水区和冷区三个部分，根据复合油藏圆形封闭地层中心一口生产井拟稳态公式[20]，可得：

$$Q_o = \frac{1}{R_1^{(o)} + R_2^{(o)} + R_3^{(o)}}(\bar{p} - p_{wf}) \qquad (15)$$

$$Q_w = \frac{1}{R_1^{(w)} + R_2^{(w)} + R_3^{(w)}}(\bar{p} - p_{wf}) \qquad (16)$$

式中：

$$R_1^{(o)} = \frac{\mu_{os}}{2\pi hKK_{ros}}(\ln\frac{r_s}{r_w} - \frac{r_s^2}{2r_e^2} + s)$$

$$R_2^{(o)} = \frac{1}{2\pi hK}\int_{r_s}^{r_h}\frac{\mu_{oh}}{K_{roh}}(\frac{1}{r} - \frac{r}{r_e^2})\mathrm{d}r$$

$$R_3^{(o)} = \frac{\mu_{oc}}{2\pi hKK_{roc}}(\ln\frac{r_e}{r_h} - \frac{3}{4} + \frac{r_h^2}{2r_e^2})$$

$$R_1^{(w)} = \frac{\mu_{ws}}{2\pi hKK_{rws}}(\ln\frac{r_s}{r_w} - \frac{r_s^2}{2r_e^2} + s)$$

$$R_2^{(w)} = \frac{1}{2\pi hK}\int_{r_s}^{r_h}\frac{\mu_{wh}}{K_{rwh}}(\frac{1}{r} - \frac{r}{r_e^2})\mathrm{d}r$$

$$R_3^{(w)} = \frac{\mu_{wc}}{2\pi hKK_{rwc}}(\ln\frac{r_e}{r_h} - \frac{3}{4} + \frac{r_h^2}{2r_e^2})$$

式中，Q_o 为日产油量，$\mathrm{cm^3/s}$；Q_w 为日产水量，$\mathrm{cm^3/s}$；$\bar{p}$ 为平均地层压力，MPa；P_{wf} 为井底流压，MPa；μ_{os}、μ_{oh} 和 μ_{oc} 分别为蒸汽区、热水区和冷区的原油黏度，$\mathrm{mPa \cdot s}$；μ_{ws}、μ_{wh} 和 μ_{wc} 分别为蒸汽区、热水区和冷区的地层水黏度，$\mathrm{mPa \cdot s}$；K_{ros}、K_{roh}、K_{roc} 分别为蒸汽区、热水区和冷区的油相相对渗透率，无因次；K_{rws}、K_{rwh}、K_{rwc} 分别为蒸汽区、热水区和冷区的水相相对渗透率，无因次；K 为地层渗透率，$10^{-3}\ \mu\mathrm{m^2}$；s 为表皮系数。由于热水区内温度在径向上呈非等温分布，所以 μ_{oh}、μ_{wh}、K_{roh} 和 K_{rwh} 均是径向距离的函数。

2.2 相关参数的确定

2.2.1 平均地层温度

焖井开始时蒸汽区的温度为 T_s，冷区温度为 T_i。由于热水区地层温度呈非等温分布，所以焖井开始时热水区的平均地层温度 T_h 为：

$$T_h = \frac{\int_{r_s}^{r_h} 2\pi r [a(r - r_s) + c] dr}{\pi(r_h^2 - r_s^2)} \tag{17}$$

随着焖井时间的增加，热量要通过径向导热传给未加热区及通过垂向导热传给盖底层，所以油层温度随着焖井时间的增加而降低，焖井结束时蒸汽区的平均温度 $\overline{T_s}$ 及热水区的平均温度 $\overline{T_h}$ 可分别表示为：

$$\overline{T_s} = T_i + (T_s - T_i)\overline{V_{rs}}\,\overline{V_{zs}} \tag{18}$$

$$\overline{T_h} = T_i + (T_h - T_i)\overline{V_{rh}}\,\overline{V_{zh}} \tag{19}$$

式中，$\overline{V_{rs}}$ 和 $\overline{V_{rh}}$ 分别为径向热损失导致蒸汽区和热水区温度下降的影响因子，与热扩散系数、加热半径和焖井时间有关；$\overline{V_{zs}}$ 和 $\overline{V_{zh}}$ 分别为垂向顶底层热损失导致蒸汽区和热水区温度下降的影响因子，与热扩散系数、油层厚度和焖井时间有关。

开井生产后，除了径向和垂向热损失外，产出液还携带出一部分热量，从而使加热区温度进一步降低。考虑产出液的影响，各生产阶段蒸汽区的平均地层温度 T_{as} 和热水区的平均地层温度 T_{ah} 可以分别表示为：

$$T_{as} = T_i + (T_s - T_i)[\overline{V_{rs}}\,\overline{V_{zs}}(1 - \delta_s) - \delta_s] \tag{20}$$

$$T_{ah} = T_i + (T_h - T_i)[\overline{V_{rh}}\,\overline{V_{zh}}(1 - \delta_h) - \delta_h] \tag{21}$$

式中，δ_s 和 δ_h 分别为生产带出热量后蒸汽区和热水区的温度降低修正系数，$\overline{V_{rs}}$、$\overline{V_{rh}}$、$\overline{V_{zs}}$、$\overline{V_{zh}}$、δ_s 和 δ_h 采用文献[20]的方法进行计算。

2.2.2 平均地层压力

注入一定量的饱和蒸汽会使焖井结束时的平均地层压力高于原始地层压力，根据体积平衡原理[21]，即饱和蒸汽注入地层后的地下体积应等于地下孔隙体积的增加及原油与束缚水体积的压缩之和，可计算焖井结束时的平均地层压力为：

$$\overline{p_1} = p_i + \frac{G \cdot B_w}{NB_o C_e} + \frac{N_{os}(\overline{T_s} - T_i)\beta_e}{NC_e} + \frac{N_{oh}(\overline{T_h} - T_i)\beta_e}{NC_e} \tag{22}$$

式中，P_i 为原始地层压力，MPa；$\overline{p_1}$ 为焖井结束时的平均地层压力，MPa；$\overline{T_s}$ 为焖井结束时蒸汽区的平均地层温度，℃；$\overline{T_h}$ 为焖井结束时热水区的平均地层温度，℃；T_i 为原始地层温度，℃；B_w 和 B_o 分别为油藏条件下地层水和原油的体积系数；C_e 为综合压缩系数，MPa^{-1}；β_e 为综合热膨胀系数，1/℃；N 为总地质储量，m³；N_{os} 为蒸汽区的原始地质储量，m³；N_{oh} 为热水区的原始地质储量，m³；G 为累积蒸汽注入量（地面水当量），m³。

同理，在开井生产后，由于油和水的产出，地层平均压力不断降低，应用体积平衡原理可得各生产阶段的平均地层压力为：

$$\overline{p_2} = \overline{p_1} - \frac{N_w B_w + N_o B_o}{N B_o C_e} - \frac{N_{os}(\overline{T_s} - T_{as})\beta_e}{N C_e} - \frac{N_{oh}(\overline{T_h} - T_{ah})\beta_e}{N C_e} \qquad (23)$$

式中，$\overline{p_2}$ 为各生产阶段的平均地层压力，MPa；N_w 为累积产水量，m^3；N_o 为累积产油量，m^3。

2.2.3 油水饱和度

根据水相质量守恒，即某时刻地层水质量等于原始地层水质量与注入水质量之和减去采出水质量，可求得各生产阶段热区的含水饱和度[20]。

$$S_w = S_{wi} \frac{\rho_{wi}}{\rho_w} + \frac{G - N_w}{\pi r_h^2 \phi h} \qquad (24)$$

式中，S_{wi} 为原始含水饱和度，小数；S_w 为某阶段的含水饱和度，小数；ρ_{wi} 为原始状况下的地层水密度，kg/m^3；ρ_w 为某阶段的地层水密度，kg/m^3。

2.2.4 原油黏度

原油黏度与温度的关系和原油性质有关，原油黏温关系曲线可采用 Andrade 方程[11]，即：

$$\mu_o(T) = a_o e^{b_o/(T+273.15)} \qquad (25)$$

式中，$\mu_o(T)$ 为温度等于 T 时的原油黏度，$mPa \cdot s$；T 为油层温度，℃；a_o 和 b_o 为拟合系数。

2.2.5 油水相渗曲线

由于温度会影响岩石亲水程度，所以温度对油、水相对渗透率存在影响。根据归一化饱和度方法[20]，由已知原始油层温度下的油、水相对渗透率和各温度下的端点值，即可求得不同温度和含水饱和度下的油、水相对渗透率。由于热水区温度呈非等温分布，可先通过线性插值得到该温度下的端点值，再根据归一化饱和度方法计算该温度下的油、水相对渗透率。

2.2.6 蒸汽吞吐周期余热量

每一个吞吐周期结束时，油层中都有一定的余热量存在。为了对多轮次蒸汽吞吐周期进行动态预测，假设油层及顶底层在每次吞吐开始时都处于原始油层温度下，因此，上一吞吐周期的余热量需附加到下一吞吐周期当中去，这一额外的能量将扩大下一吞吐周期的加热半径[21]。上一吞吐周期结束后残留在油层中的剩余热量 E_r 可用下式计算：

$$E_r = \pi r_s^2 h M_R (T_{as} - T_i) + \pi(r_h^2 - r_s^2) h M_R (T_{ah} - T_i) \qquad (26)$$

3 求解方法

（1）赋值周期数 $N = 1$；

（2）利用式（12）和式（13）计算蒸汽区加热半径 r_s 及热水区加热半径 r_h；

（3）利用式（18）、式（19）、式（22）和式（24）计算焖井结束时的平均地层压力 $\overline{p_1}$，蒸汽区的油层平均温度 $\overline{T_s}$，热水区的油层平均温度 $\overline{T_h}$ 及含水饱和度 S_w；

（4）给周期内生产时间 t_P 赋初值 $t_P = t_{P0}$，并赋时间步长 Δt；

（5）利用式（15）和式（16）计算产油量 Q_o、产水量 Q_w、累产油 N_o 及累产水 N_w；

（6）利用式（20）、式（21）、式（23）和式（24）计算该生产阶段平均地层压力 $\overline{p_2}$，蒸汽区平均温度 T_{as}、热水区平均温度 T_{ah} 以及平均含水饱和度 S_w；

（7）判断 Q_o 是否大于极限最小产量 Q_{omin}，若成立则 $t_p = t_p + \Delta t$，重复步骤（5）~（7）；否则打印周期数据；

（8）周期数 $N = N + 1$，判断 N 是否大于总吞吐周期数 N_{max}，若成立则计算结束；否则利用式（26）计算周期地层余热量 E_r，重复步骤（2）~（8）。

4 实例计算

根据所建立的计算模型编制相应程序，以某油藏参数为基础进行实例计算。油藏及流体物性参数如表1、图2和图3所示，注汽参数：注汽速度为7.8t/h，井底蒸汽干度为0.8，蒸汽温度为248℃，注汽时间为15d，焖井时间为5d，极限产油量为5m³/d。

表 1 油藏及流体物性参数

油藏参数	参数值	流体参数	参数值
油层厚度（m）	23.2	原油密度（kg/m³）	955
油层温度（℃）	18.8	原油压缩系数（1/MPa）	0.0007
油藏压力（MPa）	2.74	地层水密度（kg/m³）	980
渗透率（$10^{-3}\mu m^2$）	1000	水的压缩系数（1/MPa）	0.0005
孔隙度（小数）	0.371	原油热膨胀系数（1/℃）	0.00045
含水饱和度（小数）	0.32	水的热膨胀系数（1/℃）	0.00015
油层导热系数［W/（m·℃）］	2.55	原油比热［kJ/（kg·℃）］	2.1
油层热容量［kJ/（m³·℃）］	2575	水的比热［kJ/（kg·℃）］	4.2
盖层热扩散系数（m²/d）	0.108	井筒半径（m）	0.1
岩石压缩系数（1/MPa）	0.0025	泄油半径（m）	100

将本文模型计算结果与CMG数值模拟计算结果及Boberg-Lantz等温模型计算结果进行对比，如图4所示。结果显示，本文模型结果和CMG数值模拟计算结果相近，从而验证了本文模型的可靠性。同时，由于Boberg-Lantz等温模型假设加热区温度等于井底蒸汽温度，所以计算得到的加热半径偏小，从而导致预测产量比本文模型和CMG模型计算结果偏低。

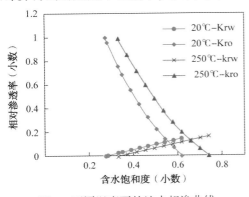

图 3 不同温度下的油水相渗曲线

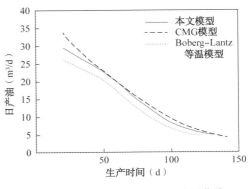

图 4 第一周期日产油与时间关系曲线

选用上述基础数据，计算了热水区前沿温度对加热半径及初始产能的影响，如图5和图6所示。由图5可知，加热半径随热水区前沿温度的降低而增加，当热水区前沿温度等于井底蒸汽温度时加热半径最小，且等于 Marx-Langenheim 方法加热半径计算值；随着吞吐周期数的增加，加热半径越来越大，这是由于第一周期油层处于原始状态，没有余热，而在之后的吞吐周期中油层具有上一个吞吐周期的余热，这一额外热量扩大了下一吞吐周期的加热半径。

从图 6 可知，初始产能随热水区前沿温度的降低而增加，随吞吐周期数的增加而降低。这是因为热水区前沿温度越低，加热半径就越大，加热面积的增大使得初始产能增加。随着吞吐周期数的增加，虽然加热半径有所增加，但由于吞吐生产造成地层亏空，地层压力降低，从而使得初始产能降低。

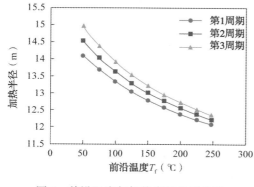 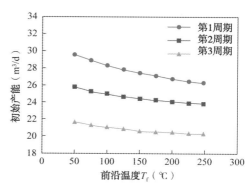

图 5　前沿温度与加热半径关系曲线　　图 6　前沿温度与初始产能关系曲线

5　结论

稠油油藏在蒸汽吞吐过程中，加热区内地层温度由蒸汽温度逐渐降低到原始地层温度，针对加热区内地层温度为非等温分布的这一实际情况，通过引入热水区前沿温度，构建了地层温度非等温分布模型，并在此基础上建立了蒸汽吞吐加热半径计算模型和产能预测模型。

Marx-Langenheim 加热半径计算公式是本文加热半径计算模型的一种特殊情况，本文模型更具普适性。蒸汽吞吐加热半径是热水区前沿温度的函数，热水区前沿温度越低，加热半径则越大，可将原油黏温关系曲线上的拐点温度作为热水区前沿温度的参考值。

对比本文产能预测模型计算结果与数值模拟计算结果，二者基本一致，说明模型可靠。

参考文献

[1]　曾玉强，刘蜀知，王琴，等．稠油蒸汽吞吐开采技术研究概述[J]．特种油气藏，2006，13(6)：5-9．

[2]　徐家年，冯国庆，任晓，等．超稠油油藏蒸汽吞吐稳产技术对策研究[J]．西南石油大学学报，2007，29(5)：90-93．

[3]　范海军，姚军，成志军．计算稠油油藏蒸汽吞吐加热半径的新方法[J]．新疆石油地质，2006，27(1)：109-111．

[4]　曹建，蒲万芬，赵金洲，等．蒸气吞吐井产能预测方法[J]．天然气工业，2006，26

（3）：98-99.

[5] 张明禄，刘洪波，程林松，等. 稠油油藏水平井热采非等温流入动态模型[J]. 石油学报，2004，25（4）：62-66.

[6] 张红玲，张琪，刘秋杰. 水平井蒸汽吞吐生产动态研究[J]. 石油钻探技术，2002，30（1）：56-58.

[7] Boberg T C, Lantz R B. Calculation of the production rate of a thermally stimulated well [J]. JPT, 1966：1613-1623.

[8] 蒲海洋，杨双虎，张红梅. 蒸汽吞吐效果预测及注汽参数优化方法研究[J]. 石油勘探与开发，1998，25（3）：52-55.

[9] 陈月明，张琪，舒郑应，等. 蒸汽吞吐井生产能力的预测及其生产方式的确定[J]. 华东石油学院学报，1988，12（1）：45-57.

[10] 侯建，陈月明. 一种改进的蒸汽吞吐产能预测模型[J]. 石油勘探与开发，1997，24（3）：53-56.

[11] 刘文章. 稠油注蒸汽热采工程[M]. 北京：石油工业出版社，1997：64-133.

[12] Marx J W, Langenheim R H. Reservoir heating by hot fluid injection petroleum transactions [J]. AIME, 1959, 216：312-315.

[13] Willman B T, Valleroy V V, Runberg G W, et al. Laboratory studies of oil recovery by steam injection [J]. JPT, 1961, 222：681-696.

[14] 倪学锋，程林松. 水平井蒸汽吞吐热采过程中水平段加热范围计算模型[J]. 石油勘探与开发，2005，32（5）：108-112.

[15] 刘春泽，程林松，刘洋，等. 水平井蒸汽吞吐加热半径和地层参数计算模型[J]. 石油学报，2008，29（1）：101-105.

[16] 王玉斗，侯建，陈月明，等. 水平井蒸汽吞吐产能预测解析模型[J]. 石油钻采工艺，2005，33（2）：51-53.

[17] 李春兰，程林松. 稠油蒸汽吞吐加热半径动态计算方法[J]. 新疆石油地质，1998，19（3）：247-249.

[18] 李春兰，杨炳秀. 稠油蒸汽吞吐开采非等温渗流产量预测模型[J]. 石油钻采工艺，2003，25（5）：89-90.

[19] 郑舰，陈更新，刘鹏程. 一种新型蒸汽吞吐产能预测解析模型[J]. 石油天然气学报（江汉石油学院学报），2011，33（5）：111-114.

[20] 陈月明. 注蒸汽热力采油[M]. 东营：石油大学出版社，1996：64-125.

[21] 刘慧卿，范玉平，赵东伟，等. 热力采油技术原理与方法[M]. 东营：石油大学出版社，2008：44-64.

碳酸盐岩气藏气井出水机理分析
——以土库曼斯坦阿姆河右岸气田为例

成友友[1,2]　穆龙新[2]　张培军[3]　郭春秋[2]　邢玉忠[1]　程木伟[1]　史海东[1]

[1. 西安石油大学；2. 中国石油勘探开发研究院；3. 中油国际(土库曼斯坦)阿姆河天然气公司]

摘　要： 以土库曼斯坦阿姆河右岸气田为例，系统研究碳酸盐岩气藏气井出水规律及机理。阿姆河右岸碳酸盐岩气藏主要出水来源为凝析水、工程液和地层水，根据单一与混合 2 种出水来源，分别建立水性—水气比判别法和氯离子守恒判别法，以此甄别出产出地层水的气井。通过建立产水诊断曲线，将气井出水规律划分为"1 型"、"2 型"和"3 型"3 种模式。结合储集层静、动态研究成果综合分析认为："1 型"出水模式气井的储集层类型以孔隙(洞)型为主，出水机理为底水沿基质孔隙的锥进；"2 型"出水模式气井的储集层类型以裂缝–孔隙型为主，出水机理为底水沿天然裂缝的突进；"3 型"出水模式气井的储集层类型以缝洞型为主，出水机理为底水沿大型缝洞的上窜。

关键词： 土库曼斯坦；阿姆河右岸气田；碳酸盐岩气藏；出水来源；出水机理；产水诊断曲

　　阿姆河右岸气田位于土库曼斯坦与乌兹别克斯坦接壤处(图 1)，构造上隶属于阿姆河盆地。截至 2015 年该气田已探明气藏 35 个，均为海相碳酸盐岩气藏，主力含气层段位于中上侏罗统卡洛夫—牛津阶[1-3]，储集层类型复杂，缝洞普遍发育且非均质性强[4]。气田整体发育底水，局部地区水体能量活跃。上述复杂气藏条件导致部分气井在投产初期就出现了不同程度的出水问题，严重制约了气井产能。

图 1　阿姆河右岸气田地理位置图

作者简介： 成友友，男，出生于 1988 年，毕业于中国石油勘探开发研究院油气田开发工程专业，博士，讲师。长期从事油气藏动态描述与试井解释、油气藏数值模拟等方面的研究工作。地址：陕西省西安市雁塔区电子二路东段 18 号，邮政编码：710065。E-mail：charmingx2u@126.com。

许多学者在气藏水侵机理[5,6]、气井出水规律[7,8]和治水对策[9]等方面开展了大量研究，但这些研究缺乏系统性，对气田实际生产的指导作用有限。本文针对阿姆河右岸气田实际情况，对气井出水机理进行系统研究，为气田的高效开发奠定基础。

1 气井出水来源判别

为了明确气井是否产出地层水，首先要对气井的出水来源进行判别。阿姆河右岸气田的出水来源主要包括凝析水、工程液和地层水。针对单一出水来源和混合出水来源这2种情况，分别建立水性—水气比判别法和氯离子守恒判别法。

1.1 水性—水气比判别法

水性和水气比是判别出水来源的重要指标，当气井是单一出水来源时，可直接根据水性和水气比进行判别。

水性判别法：凝析水矿化度低、密度小，天然气中酸性组分的溶解使其pH值稍偏酸性，水型以Na_2SO_4型为主；工程液（包括钻井液和酸液）中含有大量添加物，矿化度和密度较大，钻井液的pH值呈强碱性、酸液的pH值呈强酸性；地层水的矿化度和密度介于凝析水和工程液之间，与凝析水相比矿化度明显偏大，水型为$CaCl_2$型。

水气比判别法：包括水气比的数值及变化规律两个方面。凝析水的水气比很小、生产中基本保持稳定，考虑到阿姆河右岸气田气藏温度、压力较高，可采用校正后的Mcketta－Wehe图版求取凝析水含量[10]；工程液在返排初期水气比较高、后期迅速降低；与凝析水相比，地层水的水气比明显较高，生产中呈持续升高的趋势。

结合阿姆河右岸气田260份水性及水气比资料，建立气井出水来源判别表（表1）。如B-01井投产初期水样pH值达9.47、密度为1.72 g/cm^3、水气比最高达到0.24 $m^3/10^4 m^3$，生产11 d后水气比迅速下降至0.08 $m^3/10^4 m^3$，表现出明显的钻井液返排特征，判断出水来源为工程液；在生产11~720 d期间进行了25次取样，水样分析显示氯离子含量为530~1 410 mg/L、pH值为5.58~6.02、密度为0.992~1.001 g/cm^3，生产水气比维持在0.065 $m^3/10^4 m^3$左右，判断此时出水来源为凝析水。

表1 阿姆河右岸气田气井出水来源判别表

出水来源	水性					水气比 [$m^3/(10^4 m^3)$]	水气比变化规律
	氯离子含量（mg/L）	总矿化度（mg/L）	pH值	密度（g/cm^3）	水型		
凝析水	<12 000	<19 000	5.33~6.18	0.98~1.02	Na_2SO_4	0.046~0.078	相对平稳
钻井液	68 000~210 000	>110 000	9.00~13.00	1.70~1.90			初值较高、但迅速减小
酸液			1.50~3.00	1.10~1.30			
地层水	20 000~47 000	35 000~75 000	6.26~7.04	1.04~1.07	$CaCl_2$	>0.150	持续增大

1.2 氯离子守恒判别法

当产出水不是单一出水来源时，单纯借助水性—水气比判别法难以准确加以判别，为此建立氯离子守恒判别法。由于气井在生产时始终会产出凝析水，因此去除产出凝析水的氯离子后，再根据特定时间内产出氯离子总量与注入氯离子总量之差来判别出水来源。定义氯离

子判定值 $\delta(t)$：

$$\delta(t) = O_p(t) - I_p - C_p(t) = \sum q_{li}c_{li}\Delta t_i - (V_{mud}c_{mud} + V_{acid}c_{acid} + V_{other}c_{other}) - \sum q_{gi}R_{ci}c_{ci}\Delta t_i$$

由上式可知：当 $\delta(t)$ 小于 0 时，说明在去除凝析水中的氯离子之后，累计产出的氯离子小于注入工程液中的氯离子，则表明工程液尚未排完，气井仍处于工程液返排阶段；当 $\delta(t)$ 等于 0 时，说明工程液已经排完，产出的氯离子正好等于凝析水中的氯离子，则表明气井仅产出凝析水；当 $\delta(t)$ 大于 0 时，说明除去凝析水中的氯离子和工程液中的氯离子以外，仍有多余的氯离子产出，则表明气井已经产出地层水。

以 B-05 井和 U-01 井为例（图 2），B-05 井钻井过程中发生了井漏，投产初期 $\delta(t)$ 值小于 0，显示处于工程液返排阶段，投产 1 个月后 $\delta(t)$ 值稳定在 0，表明仅有凝析水产出；U-01 井投产 2 个月后进行了酸化改造，$\delta(t)$ 值呈现小于 0 的排液过程，排液结束后 $\delta(t)$ 值恢复至 0，随着后期地层水的产出，$\delta(t)$ 值偏离 0 线上翘。由此可见，氯离子守恒判别法可以非常有效地对不同出水来源加以判别。

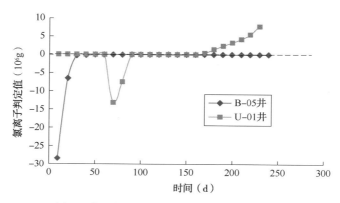

图 2　典型气井氯离子判定值 $\delta(t)$ 变化曲线

2　气井出水模式和出水机理

判明出水来源之后，针对产出地层水的气井，进一步研究其出水模式和出水机理，以指导现场防水、控水、治水，最大限度地提高采出程度。

2.1　气井出水模式

产水量是气井出水最直观的指标。对 12 口井产水量随时间的变化进行统计（见图 3），虽然可以看出产水特征存在差异，但是规律性不够明显。为此，对该图进行如下处理，得到产水模式诊断曲线：（1）无因次化，纵坐标产水量转化为水气比、横坐标时间变为采出程度，使不同井之间具有可对比性；（2）双对数坐标，将常规的直角坐标转换为双对数坐标，以更加精细地对产水特征进行描述。由此得到产水模式诊断曲线显示出明显的规律（图 4）：初期水平线代表仅产出凝析水，后期上翘段代表产出地层水。定义 α 为上翘段直线的斜率，用以表征水气比随采出程度的上升速度。阿姆河右岸气田的 α 值可以划分出 3 种类型（$\alpha = 1$、$\alpha = 2$、$\alpha = 3$），据此进一步将出水规律划分为"1 型（$\alpha = 1$）"、"2 型（$\alpha = 2$）"、"3 型（$\alpha = 3$）"3 种模式。

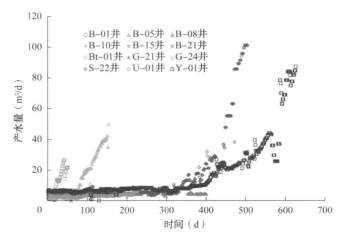

图 3　典型气井产水量随时间变化图

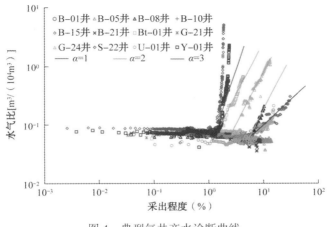

图 4　典型气井产水诊断曲线

2.2　不同出水模式下的气井出水机理

结合静、动态资料进一步分析 3 种出水模式的出水机理。

2.2.1　"1 型"模式出水机理

B-15 井和 U-01 井在诊断曲线上表现为"1 型"出水模式(图 4),产水特征为:代表无水采气期的水平段可持续至采出程度 10% 左右;产水量相对较小,平均水气比仅为 0.25 $m^3/(10^4 m^3)$;见水后产水量上升较慢,水气比上升段斜率为 1。

该类井储集层岩石类型以砂屑灰岩和生屑灰岩为主,储集空间多为原生粒间孔、粒间溶孔和铸模孔等,极少发育裂缝(图 5),储集层分选性好[图 6(a)],孔渗交会图表现出较好的线性关系,表明储集层类型以孔隙(洞)型为主[图 6(b)],试井双对数曲线反映出均质储集层特征(图 7)。

依据上述研究成果,将"1 型"出水模式定义为孔隙(洞)型出水。储集层渗流通道主要为基质孔隙及部分孤立的溶蚀孔洞,由于基质物性较差,地层水的上升需要较大的生产压差,因而该类气井大多表现出无水采气期长、水气比上升慢的生产特征。如 B-15 井蚂蚁体裂缝预测成果显示钻遇储集层裂缝不发育,投产后地层水在生产压差的作用下形成水锥进入

221

井底(图8),导致气井产水。

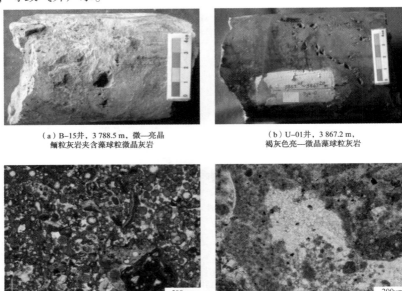

（a）B-15井,3 788.5 m,微—亮晶
鲕粒灰岩夹含藻球粒微晶灰岩

（b）U-01井,3 867.2 m,
褐灰色亮—微晶藻球粒灰岩

（c）B-15井,3 791.0 m,亮—微晶
含生屑鲕粒灰岩,铸模孔、粒内及粒
间溶孔,铸体薄片(一)

（d）U-01井,3 870.1 m,硅化
藻团块微晶灰岩,晶间孔及原生
粒间孔,铸体薄片(一)

图5 "1型"出水模式气井岩心及铸体薄片照片

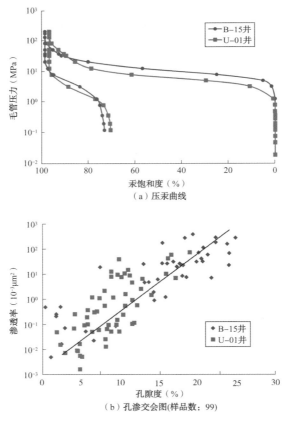

（a）压汞曲线

（b）孔渗交会图(样品数:99)

图6 "1型"出水模式气井压汞曲线及孔渗交会图

222

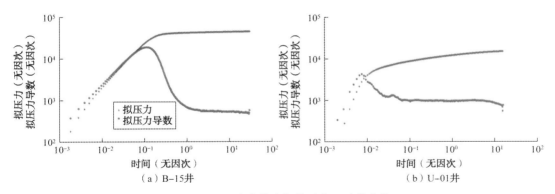

（a）B-15井   （b）U-01井

图7 "1型"出水模式气井试井双对数曲线

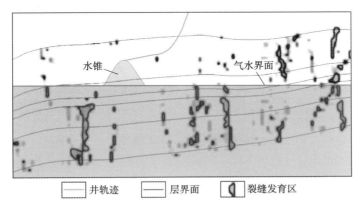

图8 "1型"出水模式气井出水机理示意图（B-15井）

2.2.2 "2型"模式出水机理

B-08井、Bt-01井、G-24井在诊断曲线上表现为"2型"出水模式（图4），产水特征为：无水采气期差别较大，Bt-01井和B-08井见水时采出程度分别为1.7%和5.4%，相差2倍以上；产水量差异较大，B-08井和G-24井目前水气比分别为0.18m³/（10⁴ m³）和1.14m³/（10⁴ m³），相差5倍以上；产水量上升较快，水气比上升段斜率为2。

该类井储集层岩石类型以砂屑灰岩和生屑灰岩为主，储集空间多为原生粒间孔和粒间溶孔，伴有大量构造和溶蚀成因的裂缝（图9）。储集层非均质性较强[图10（a）]，孔渗交会图无明显线性关系且具有低孔高渗的特征，表明储集层类型为裂缝—孔隙型和裂缝型[11][图10（b）]。B-08井试井双对数曲线反映出典型的双重介质储集层特征，G-24井酸化后试井双对数曲线反映出裂缝型储集层特征（图11）。

依据上述研究成果，将"2型"出水模式定义为裂缝—孔隙型出水。由于渗流通道为广泛发育的裂缝系统[12-13]，该类气井的井筒易通过天然裂缝直接与地层水连通，因而见水时间及产水规模主要受裂缝系统发育程度及连通状况的影响。以Bt-01井为例，蚂蚁体裂缝预测结果显示该井所在储集层发育大量高角度天然裂缝，形成了地层水的优势渗流通道（图12），造成投产后气井过早见水。

2.2.3 "3型"模式出水机理

Y-01井和S-22井在诊断曲线上表现为"3型"出水模式（图4），产水特征为：无水采气期很短，2口井见水时采出程度仅1.5%左右；产水量大，S-22井水气比已经高达4.50 m³/（10⁴ m³）左右；产水量上升很快，水气比上升段斜率甚至会大于3。

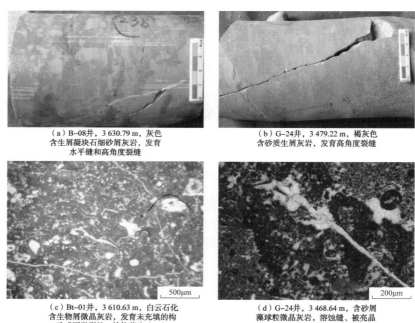

（a）B-08井，3 630.79 m，灰色
含生屑凝块石细砂屑灰岩，发育
水平缝和高角度裂缝

（b）G-24井，3 479.22 m，褐灰色
含砂质生屑灰岩，发育高角度裂缝

500μm

200μm

（c）Bt-01井，3 610.63 m，白云石化
含生物屑微晶灰岩，发育未充填的构
造成因微裂缝，铸体薄片（—）

（d）G-24井，3 468.64 m，含砂屑
藻球粒微晶灰岩，溶蚀缝、被亮晶
方解石不完全充填，铸体薄片（—）

图9 "2 型"出水模式气井岩心及铸体薄片照片

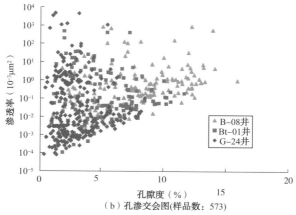

（a）压汞曲线

（b）孔渗交会图(样品数：573)

图10 "2 型"出水模式气井压汞曲线及孔渗交会图

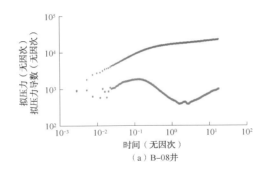

（a）B-08井

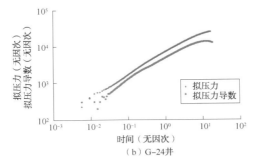

（b）G-24井

图 11 "2 型"出水模式气井试井双对数曲线

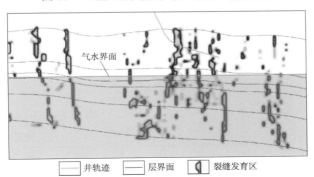

图 12 "2 型"出水模式气井出水机理示意图(Bt-01 井)

该类井储集层段取心收获率较低、岩心可见明显的大尺度缝洞（图 13），钻井过程中发生多处大规模井漏且与测井解释的裂缝发育段吻合（图 14）；试井双对数曲线反映出缝洞型储集层特征[14]，试井解释渗透率高达$(120 \sim 760) \times 10^{-3} \; \mu m^2$，远远超出了基质孔隙的渗流能力范围（图 15）。

（a）Y-01井，3798.54m，浅褐灰色
溶洞灰岩，发育大型缝(洞)

（b）S-22井，3562.30m，灰白色溶缝洞灰岩，
发育溶蚀缝、方解石未完全充填

图 13 "3 型"出水模式气井岩心照片

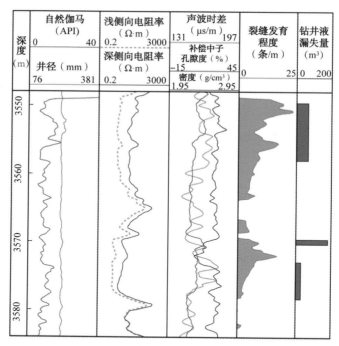

图14 "3型"出水模式气井测井解释成果与钻井液漏失量统计图(S-22井)

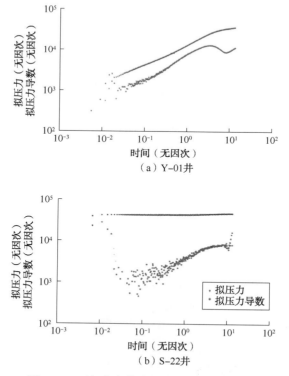

（a）Y-01井

（b）S-22井

图15 "3型"出水模式气井试井双对数曲线

依据上述研究成果，将"3型"出水模式定义为缝洞型出水。该类气井常钻遇大尺度的裂缝和溶洞，地层水极易沿缝洞快速窜入井底，产水量非常大且上升迅速。以 Y-01 井为例，蚂蚁体裂缝预测成果显示该井钻遇储集层裂缝十分发育且规模较大(图16),这些裂缝的直接沟通作用导致气井投产不久便出现了暴性水淹。

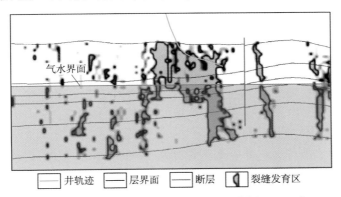

图16 "3型"出水模式气井出水机理示意图(Y-01井)

利用上述研究成果,可以针对不同出水模式的气井制定合理的开发技术政策。对于"1型"出水模式,可以通过优化气井的避水距离和生产压差来延长无水采气期;对于"2型"出水模式,可以考虑采取排水采气工艺来确保气井正常生产;对于"3型"出水模式,可以考虑采取堵水工艺技术及时封堵出水层段。

3 结论

通过建立水性及水气比判别法、氯离子守恒法对凝析水、工程液和地层水3种主要气井出水来源进行判别,甄别出产出地层水的井。利用产水诊断曲线将产出地层水的气井划分为"1型""2型"和"3型"3种出水模式,结合储集层静、动态研究成果深入分析不同模式下的气井产水特征,认为:"1型"出水模式气井的储集层类型主要为孔隙(洞)型,其出水机理为底水沿基质孔隙的锥进,产水特征为无水采气期长、水气比上升慢;"2型"出水模式气井的储集层类型主要为裂缝—孔隙型,其出水机理为底水沿天然裂缝上窜,见水时间及产水规模主要受裂缝系统发育程度及连通状况影响;"3型"出水模式气井的储集层类型主要为缝洞型,其出水机理为底水沿大型缝洞的窜进,产水特征为大规模突发性的暴性水淹。

符号注释:

$C_p(t)$ ——截至 t 时刻累计产出凝析水的氯离子质量,g;c_{acid} ——酸液中的氯离子含量,g/m^3;c_{ci} ——第 i 阶段凝析水中的氯离子含量,g/m^3;c_{li} ——第 i 阶段产出液中的氯离子含量,g/m^3;c_{mud} ——钻井液中的氯离子含量,g/m^3;c_{other} ——其他工程液中的氯离子含量,g/m^3;I_p ——累计注入的氯离子质量,g;$O_p(t)$ ——截至 t 时刻累计产出的氯离子质量,g;q_{gi} ——第 i 阶段的产气量,$10^4\ m^3/d$;q_{li} ——第 i 阶段的产液量,m^3/d;R_{ci} ——第 i 阶段的凝析水气比,$m^3/(10^4\ m^3)$;t ——时间,s;Δt_i ——第 i 阶段的持续生产时间,d;V_{acid} ——累计注入酸液的体积,m^3;V_{mud} ——累计漏失钻井液的体积,m^3;V_{other} ——进入地层的其他工程液累计体积,m^3;$\delta(t)$ —— t 时刻的氯离子判定值,g。下标:i ——阶段序号。

参考文献

[1] 刘勇, 杨红志, 刘义成, 等. 阿姆河右岸基尔桑地区牛津阶生物礁储层特征及控制因素 [J]. 天然气工业, 2013, 33(3): 10-14.

[2] 费怀义, 徐刚, 王强, 等. 阿姆河右岸区块气藏特征[J]. 天然气工业, 2010, 30(5): 13-17.

[3] 徐文礼, 郑荣才, 费怀义, 等. 土库曼斯坦阿姆河盆地卡洛夫—牛津阶沉积相特征[J]. 中国地质, 2012, 39(4): 954-964.

[4] 徐文礼, 郑荣才, 费怀义, 等. 土库曼斯坦阿姆河右岸卡洛夫—牛津阶裂缝特征及形成期次[J]. 天然气工业, 2012, 32(4): 33-38.

[5] 郭珍珍, 李治平, 杨志浩, 等. 羊塔1气藏生产动态资料判断水侵模式方法[J]. 科学技术与工程, 2015, 15(1): 206-209.

[6] 李勇, 李保柱, 夏静, 等. 有水气藏单井水侵阶段划分新方法[J]. 天然气地球科学, 2015, 26(10): 1951-1955.

[7] NAMANI M, ASADOLLAHI M, HAGHIGHI M. Investigation of water coning phenomenon in Iranian carbonate fractured reservoirs[R]. SPE 108254, 2007.

[8] DALTABAN S, LOZADA A, PINA A, et al. Managing water and gas production problems in Cantarell: A giant carbonate reservoir in Gulf of Mexico[R]. SPE 117223, 2008.

[9] 曹光强, 李文魁, 姜晓华. 涩北气田整体治水思路探讨[J]. 西南石油大学学报(自然科学版), 2014, 36(2): 114-120.

[10] 高大鹏, 李莹莹, 高玉莹. 边底水凝析气藏气井出水来源综合识别方法[J]. 特种油气藏, 2014, 21(2): 93-97.

[11] 何伶, 赵伦, 李建新, 等. 碳酸盐岩储集层复杂孔渗关系及影响因素: 以滨里海盆地台地相为例[J]. 石油勘探与开发, 2014, 41(2): 206-214.

[12] 毛毳, 钟建华, 李勇, 等. 塔河油田奥陶系碳酸盐岩基质孔缝型储集体特征[J]. 石油勘探与开发, 2014, 41(6): 681-689.

[13] 刘格云, 黄臣军, 周新桂, 等. 鄂尔多斯盆地三叠系延长组裂缝发育程度定量评价[J]. 石油勘探与开发, 2015, 42(4): 444-453.

[14] 成友友, 郭春秋, 王晖. 复杂碳酸盐岩气藏储层类型动态综合识别方法[J]. 断块油气田, 2014, 21(3): 326-329.

油藏自流注水开发机理及影响因素分析

苏海洋[1]　穆龙新[1]　韩海英[1]　刘永革[2]　李波[1]

[1. 中国石油勘探开发研究院；2. 中国石油大学(华东)]

摘　要：针对自流注水开发现有理论还不够成熟的问题，研究了自流注水需要满足的油藏条件，定义了"自流注水门限压力"的概念，并根据流体力学和油藏工程的基本原理建立了其表达式，提出了自流注水过程中注水量、产油量、水层压力、油层压力、累计注水量和累计产油量等参数的计算方法。根据提出的计算方法编制了相应的计算程序，并运用程序进行了自流注水实例计算和影响因素分析，结果表明，提出的自流注水计算方法原理简单，计算结果合理，能够用于自流注水参数计算；在水油储量比小于60时，自流注水稳产期随水油储量比的增大而延长，采收率随水油储量比的增大而增大，但在水油储量比超过60后，水油储量比的影响不明显；自流注水时机对油田开发稳产期和采收率有重要影响，自流注水时机越晚，地层能量的利用越充分，稳产期越长，采收率也越高。

关键词：自流注水；开发规律；门限压力；稳产期；采收率；注水时机

自流注水是指高压水层的水在压差作用下通过套管自然流入低压油层以保持油藏压力并驱替原油的过程[1]。目前自流注水多用于人工注水前地层能量的适当补充，对于地面水源缺乏的地区如沙漠等也比较适用[2,3]。自流注水技术在国内应用较少，仅在海上平湖油田有过应用先例[4]。国外从 20 世纪 70 年代起即开始这方面的研究，其应用多见于中东地区[5-8]。

关于自流注水的研究多见于应用实践方面的报道，而对自流注水的开发机理缺乏系统的研究。Davies C A 等[1]对自流注水注水量的计算方法进行了探讨，但未考虑油井见水后的情况。本文对自流注水机理进行研究，运用油藏工程方法，建立一种描述自流注水过程中油层注水量、产量、油层压力以及水层压力等参数的方法，并对该方法的应用效果进行分析。

1　自流注水开发机理

1.1　自流注水门限压力

自流注水需要在水层和油层之间有足够的压差克服自流注水过程中水层到井筒的产水压差、井筒内的摩擦损失、井筒内的水柱压力以及井筒到油层的注水压差[9,10]。为了量化这一过程，参考王良善等[11]的研究成果，笔者定义了"自流注水门限压力"，即通过自流注水能够使油层在设计产量下达到注采平衡所需的水层压力。而油层在设计产量下达到注采平衡所需的注水量称为自流注水门限注水量。根据压力关系，有如下关系式：

作者简介：苏海洋，男，出生于 1986 年，毕业于中国石油勘探开发研究院研究生部，博士，工程师。一直从事中东生物碎屑灰岩油藏开发研究工作。地址：北京市海淀区学院路 20 号，中国石油勘探开发研究院中东研究所。邮政编码：100083。电话：010-83595738。邮箱：shyshy@ petrochina. com. cn。

$$p_{th} = p_{oi} + p_{ob} + p_f + p_{wb} + p_h \tag{1}$$

水层到井筒的产水压差为：

$$p_{wb} = q_{th}/J_w \tag{2}$$

井筒到油层的注水压差为：

$$p_{ob} = q_{th}/I_w \tag{3}$$

由达西—威斯巴哈公式[12]，井筒内的摩擦损失为：

$$p_f = a\rho_w g\lambda \frac{h}{d}\frac{v^2}{2g} = a\rho_w \lambda \frac{h}{2d}\left(\frac{q_{th}}{A_0}\right)^2 \tag{4}$$

其中，水力摩擦系数为：

$$\lambda = \frac{0.3164}{\sqrt[4]{Re}} = 0.3164\sqrt[4]{\frac{\mu_w}{\rho_w v d}} = 0.3164\sqrt[4]{\frac{A_0\mu_w}{\rho_w q_{th}d}} \tag{5}$$

井筒水柱压力为：

$$p_h = b\rho_w g h \tag{6}$$

将式（2）~式（6）带入式（1）可得：

$$p_{th} = p_{oi} + \frac{q_{th}}{I_w} + \frac{q_{th}}{J_w} + a\rho_w\lambda\frac{h}{2d}\left(\frac{q_{th}}{A_0}\right)^2 + b\rho_w g h \tag{7}$$

由式（7）即可计算自流注水门限压力。只有水层压力大于自流注水门限压力，油层才可以在满足产液量要求的条件下采用自流注水技术开发。

1.2 自流注水参数计算

油层进行自流注水开发时，自流注水的注水量受水层压力和油层压力的变化所控制，反过来注水量的变化又影响水层压力和油层压力的变化，进而影响油藏的稳产期和采收率，因而注水量的求取很重要。假设在自流注水某一时刻 t，油层注水量为 q_{iw}，产油量为 q_o，产水量为 q_w，水层压力为 p_w，油层压力为 p_o，由压力关系可得：

$$p_w = p_o + p_{ob} + p_f + p_{wb} + p_h \tag{8}$$

同式（2）~式（7）的推导过程，可得：

$$p_w = p_o + \frac{q_{iw}}{I_w} + \frac{q_{iw}}{J_w} + a\rho_w\lambda\frac{h}{2d}\left(\frac{q_{iw}}{A_0}\right)^2 + b\rho_w g h \tag{9}$$

t 时刻油层累计注水量、累计产油量、累计产水量分别为：

$$W_{iw} = \int_0^t q_{iw}\mathrm{d}t \tag{10}$$

$$N_p = \int_0^t q_o\mathrm{d}t \tag{11}$$

$$W_p = \int_0^t q_w\mathrm{d}t \tag{12}$$

对于油层，由物质平衡方程可得[13]：

$$W_{iw} - N_p B_o - W_p = N_o B_{oi} C_{to}(p_o - p_{oi}) \tag{13}$$

对于水层，由物质平衡方程可得：

$$W_{iw} = N_w B_w C_{tw}(p_{wi} - p_w) \tag{14}$$

油层在定液量条件下生产：

$$q_L = q_o + q_w = q_c \tag{15}$$

随着自流注水的进行，水层压力不断下降，水层与油层之间的压差随之不断下降，由式(9)可知自流注水的注水量不断下降。当油层注水量低于产液量时，油层开始亏空，油层压力由上升转为下降，当油层压力下降到低于维持油层定液产量的临界压力时，油层转为定井底流压生产，此时油层产液量可以表示为：

$$q_L = q_o + q_w = J_L(p_o - p_{wf}) \tag{16}$$

临界压力的计算方法为：

$$p_c = p_{wf} + \frac{q_c}{J_L} \tag{17}$$

油井见水前，有 $q_w = 0$，$W_p = 0$，$q_L = q_o$，油层产液指数为常数。由式(9)~式(13)、式(15)或式(16)6个方程可依次求解得到 q_{iw}、W_{iw}、q_o、N_p、p_o、p_w 6个未知量，具体计算程序如图1所示。

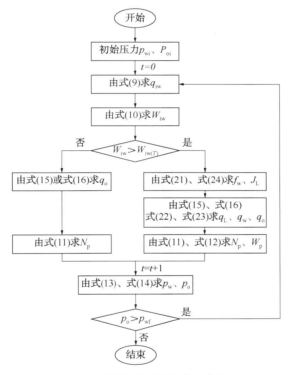

图1　自流注水计算程序示意图

见水时，由 Buckley-Leverett 水驱油理论可得[14]：

$$L = \frac{f_w'(S_{wf})}{\phi A} \int_0^T q_{iw} dt \tag{18}$$

则见水时刻有

$$W_{iw(T)} = \int_0^T q_{iw} dt = \frac{\phi AL}{f_w'(S_{wf})} \tag{19}$$

由油水相渗曲线数据可求得 $f_w - S_w$ 关系与 $f_w' - S_w$ 关系，进而可求出 $f_w'(S_{wf})$ 值，再由式(19)可求得见水时刻的累计注水量 $W_{iw(T)}$，从而可以判断见水时间。

见水后，同理可得：

$$L = \frac{f_{w}{}'(S_{wo})}{\phi A} \int_{0}^{t} q_{iw} dt \tag{20}$$

于是

$$f_{w}{}'(S_{wo}) = \frac{\phi AL}{\int_{0}^{t} q_{iw} dt} = \frac{\phi AL}{W_{iw}} \tag{21}$$

由油水相渗曲线数据可求得 $f_w - S_w$ 关系与 $f_w{}' - S_w$ 关系，然后由式(21)求得的 $f_w{}'(S_{wo})$ 可进一步求得油井出口端含水率 $f_w(S_{wo})$，则对应见水后某一时刻的产水量与产油量为：

$$q_w = q_L f_w \tag{22}$$

$$q_o = q_L (1 - f_w) \tag{23}$$

见水后，油层产液指数 J_L 随含水率变化而变化。由文献[15]可知，见水后某一时刻油井的产液指数与含水率为0时的产液指数比值为：

$$\frac{J_L}{J_{L0}} = \frac{K_{ro}(S_w)}{K_{ro}(S_{wi})} + \frac{K_{rw}(S_w)\mu_o}{K_{ro}(S_{wi})\mu_w} \tag{24}$$

由式(24)可求得见水后不同含水率下产液指数的变化。

油井见水后，由式(9)~式(15)[或式(16)]、式(21)~式(24)共11个方程以及相渗曲线数据可依次求得 q_{iw}、W_{iw}、J_L、q_L、f_w、q_o、N_p、q_w、W_p、p_w、p_o 11个未知量，具体计算程序(图1)。

由自流注水参数的求解过程可以看出，自流注水与人工注水的区别体现在式(9)，即自流注水的注水量由水层压力、油层压力的变化控制。

式(9)是关于 q_{iw} 的非线性方程，可用牛顿迭代法进行求解[16]。令 $F(q_{iw})$ 为 q_{iw} 的函数：

$$F(q_{iw}) = p_o - p_w + \frac{q_{iw}}{I_w} + \frac{q_{iw}}{J_w} + a\rho_w \lambda \frac{h}{2d}\left(\frac{q_{iw}}{A}\right)^2 + b\rho_w gh \tag{25}$$

$$F'(q_{iw}) = \frac{1}{I_w} + \frac{1}{J_w} + a\rho_w \lambda \frac{h}{dA^2}q_{iw} + a\rho_w \frac{h}{2d}\left(\frac{q_{iw}}{A}\right)^2 \lambda'(q_{iw}) \tag{26}$$

给 $F(q_{iw}) = 0$ 设定一个初值解 $q_{iw(n=0)}$，则有：

$$q_{iw(n+1)} = q_{iw(n)} - \frac{F[q_{iw(n)}]}{F'[q_{iw(n)}]} \quad (n = 0, 1, \cdots, N) \tag{27}$$

设定误差限为 ε，若 $|q_{iw(n+1)} - q_{iw(n)}| \leq \varepsilon$，则 $q_{iw(n+1)}$ 是方程 $F(q_{iw}) = 0$ 的解，即式(9)的解，于是得到任意时刻注水量大小。

根据以上原理，编制了自流注水计算程序，可计算自流注水过程中任意时刻的注水量、产油量、产水量、水层压力、油层压力、累计注水量、累计产油量、累计产水量等参数。

2 自流注水计算方法应用

2.1 实例计算

中东N油藏地处沙漠地区，地面水资源缺乏。在N油藏以上1 478m处的M层发育有储量丰富的水层(图2)。N油藏岩性为石英砂岩，非均质性较弱；孔隙度18%~21%，渗透率(500~700)×10⁻³μm²；原始油藏压力约39.34 MPa，饱和压力约19.24 MPa，储集层厚度15

m。水层储量约为油层原油储量的 15 倍；孔隙度约 22.4%，渗透率约 $600\times10^{-3}\mu m^2$；原始水层压力 25.48 MPa。油层吸水指数 116.74 $m^3/(d \cdot MPa)$，产液指数 104.87 $m^3/(d \cdot MPa)$，水层产水指数 137.16 $m^3/(d \cdot MPa)$。原始油藏压力下原油体积系数为 1.49，地层水黏度 0.68 mPa·s，原油黏度约为 0.90 mPa·s，地层原油压缩系数 24.5×10^{-4} MPa^{-1}，地层水压缩系数 5.66×10^{-4} MPa^{-1}，岩石压缩系数 8.73×10^{-4} MPa^{-1}。注采井网为排状注水，井距 500 m，排距 500 m，井筒直径 0.177 8 m。油藏开发要求最低压力高于饱和压力，因此生产井井底最低流压 p_{wf} 为 20 MPa。

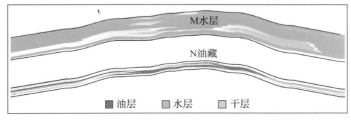

图 2　N 油藏、M 水层剖面图

由油藏条件可知，油层和水层高孔高渗，非均质性较弱，水层产水能力及油层吸水能力较强，且原油黏度较低，适合进行自流注水开发。将 N 油藏与 M 水层连通，当水层与油层之间有足够的压差时，则 M 水层中的水通过井筒流入 N 油藏进行能量补充(图 3)。

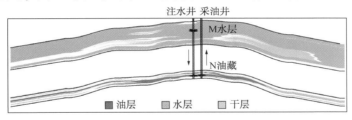

图 3　N 油藏自流注水示意图

2.1.1　自流注水门限压力计算

N 油藏原始油层压力为 39.34MPa，远高于饱和压力 19.24MPa 和原始水层压力 25.48MPa，因此首先对油藏进行弹性驱动开发，使油层压力降低，水层和油层之间建立较大的压差，然后进行自流注水开发。本算例中，当油层压力降低到不能保持稳产的临界压力时开始转为自流注水开发，由式(17)可得临界压力为 23.79MPa。此压力即为开始自流注水时的油层压力 p_{oi}。

计算时，稳产期内油层产量维持 397.5m^3/d。由自流注水门限压力定义，开始自流注水时，若要达到定产液量要求并维持注采平衡，注水量和产量应为 592m^3/d，其他参数为：油层吸水指数 116.74$m^3/(d \cdot MPa)$，井筒与油层之间的注水压差 5.07MPa，水层产水指数 137.16$m^3/(d \cdot MPa)$，水层与井筒直接的产水压差 4.31MPa，水层到油层的高度差 1 478.9m，井筒内的摩擦损失为 0.01MPa，井筒水柱压力 14.48MPa。将上述参数代入式(7)求自流注水门限压力。

N 油藏求得的自流注水门限压力 18.69MPa，远远低于 M 水层压力 25.48MPa，因此 N 油藏可以进行自流注水开发。

2.1.2　自流注水参数计算

利用编制的自流注水计算程序，对 N 油藏进行自流注水参数计算，评价 N 油藏进行自流注水的开发效果。无因次产液指数曲线如图4所示。

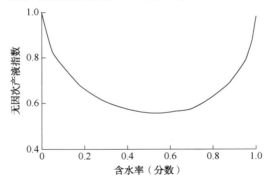

图4 无因次产液指数随含水率变化曲线

计算得到5年内注水量、产油量、油层压力、水层压力等参数随时间的变化，并与E-clipse数值模拟模型的计算结果进行对比（图5、图6）。Eclipse模型中对于井筒内的摩擦损失采用多段井模型进行计算：

$$p_{\mathrm{f}} = 2f\frac{h}{d}\rho_{\mathrm{w}}v^2 \tag{28}$$

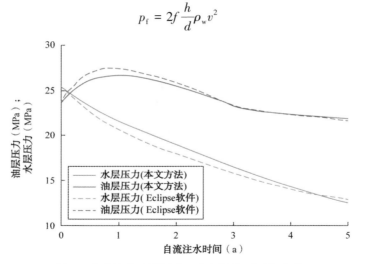

图5 自流注水油层压力、水层压力随时间变化

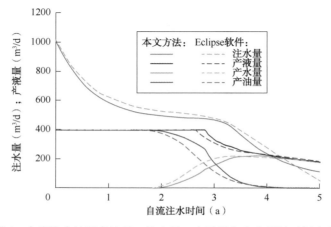

图6 自流注水油层产液量、注水量、产油量和产水量随时间变化

234

式(28)与本文计算摩擦损失的式(4)略有不同,因自流注水过程中井筒内摩擦损失非常小,所以对计算结果的影响可忽略不计。由计算结果对比可知,本文的计算模型与 Eclipse计算结果相近,表明本文建立的自流注水计算方法可靠。

N 油藏弹性驱动待油藏压力降至 23.79 MPa 时,开始实施自流注水。初始阶段油层与水层压差较大,自流注水量较大,因而油层压力先小幅上升,然后由于注水量不断降低,产液量保持不变,油层逐渐产生亏空,油层压力缓慢衰减。油层压力继续保持在原始油层压力60%以上 2.92 a,水层压力始终不断下降(图5)。

自流注水刚开始时注水量最大,为1 005.77 m³,然后由于油层压力与水层压力之间的压力差逐渐减小,自流注水量逐渐递减,油层维持定产油量 1.78a 后开始见水,见水后含水率迅速上升,产油量下降(图6)。5a 末自流注水累计产油量 438 891m³,累计产水量 167 759m³。

如不实施自流注水,油层仅靠弹性驱动能量生产,则仅能维持稳产 0.6a,自流注水在此基础上可延长稳产期 1.78a(图7),提高采收率 6.37%。

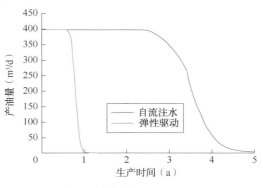

图7 自流注水与弹性驱动产油量对比

自流注水计算表明,从保持地层压力、维持稳产期及提高采收率角度考虑,N 油藏自流注水开发效果较好。

2.2 自流注水影响因素

2.2.1 水油储量比

本算例中,水层储量为油层储量的 15 倍,假设水油储量比分别为 1、15、30、45、60、75、90、105、120 时,利用自流注水程序进行计算,研究不同水油储量比对自流注水开发效果的影响(图8)。

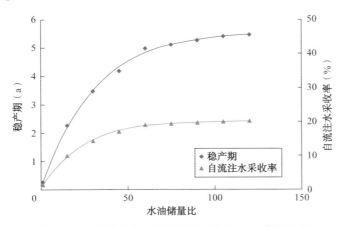

图8 水油储量比对自流注水稳产期和采收率的影响

为考察不同水油储量比对自流注水稳产期的影响,将程序设置为定产油量生产。计算结果表明,随水油储量比的增大,自流注水稳产期先是迅速增加,当水油储量比达到 60 以上,水油储量比增大对稳产期影响不大,此时,自流注水稳产期大约 5.46 a。

计算结果表明，随水油储量比增大，自流注水采收率先是迅速增加，同样，当水油储量比达到60以上，水油储量比增大对自流注水采收率影响不大，此时，自流注水采收率约为19.08%。

2.2.2 自流注水时机

本例中，对 N 油藏先进行弹性驱动开发，当油藏压力降低到不能保持稳产的临界压力（初始油藏压力的60%）时，开始转为自流注水开发。在水油储量比为15的条件下，假设弹性驱动开发至油藏压力降到初始油藏压力的100%、90%、80%、70%、60%时开始转为自流注水开发，对编制的自流注水程序略做改进，同时考虑初期弹性驱动与后期转自流注水开发两个阶段，研究自流注水时机对开发效果的影响（图9）。

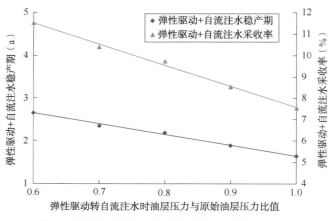

图9　自流注水转注时机对稳产期和采收率的影响

由图9可见，弹性驱动转自流注水时机越晚，对地层弹性能量的利用越充分，弹性驱动+自流注水稳产期也就越长，弹性驱动+自流注水采收率也越高。因此在满足其他开发要求的前提下，应尽量推迟弹性驱动转自流注水的时机。但如果地层压力下降太多，溶解气析出会对开发产生不利影响，因此，转自流注水时机最晚应该在地层压力降到饱和压力之前。

3　结论

自流注水要求水层和油层之间有足够的压力差，用于克服自流注水过程中水层与井筒之间的产水压差、井筒内的摩擦损失、井筒内的水柱压差以及井筒与油层之间的注水压差，即水层压力应该高于自流注水门限压力。

根据流体力学原理和油藏工程基本原理，建立了自流注水门限压力的计算表达式；并给出了自流注水过程中注水量、产油量、产水量、水层压力、油层压力、累计注水量、累计产油量等参数的计算方法，通过 VB 语言编制了自流注水计算程序。实例计算表明，该方法原理简单，计算结果合理可靠，能够用于自流注水参数计算。

运用自流注水计算程序进行了自流注水影响因素分析。结果表明，在水油储量比小于60时，自流注水稳产期随水油储量比的增大而延长，采收率随水油储量比的增大而增大，但水油储量比超过60以后，水油储量比的影响不明显；自流注水时机对油田开发稳产期和采收率有重要影响，弹性驱动转自流注水时机越晚，稳产期越长，采收率也越高。

符号注释：

A——流动区域截面积，m^2；A_0——井筒截面积，m^2；a，b——单位换算系数，a 取 2.296 68×10^{-15}，b 取±10^{-6}，水层在油层上部时 b 取负值，水层在油层下部时 b 取正值；B_o——原油体积系数，m^3/m^3；B_{oi}——原始原油体积系数，m^3/m^3；B_w——水体积系数，m^3/m^3；C_{to}——油层综合压缩系数，MPa^{-1}；C_{tw}——水层综合压缩系数，MPa^{-1}；d——井筒内径，m；f——Fanning 系数；f_w——含水率，f；f_w'——含水率的导数；g——重力加速度，m/s^2；h——水层到油层的高度差，m；I_w——油层吸水指数，$m^3/(d \cdot MPa)$；J_L——油层产液指数，$m^3/(d \cdot MPa)$；J_{L0}——含水率为 0 时的产液指数，$m^3/(d \cdot MPa)$；J_w——水层产水指数，$m^3/(d \cdot MPa)$；K_{ro}——油相相对渗透率；K_{rw}——水相对渗透率；L——注采井距，m；n——迭代步数；N——迭代截止步数；N_o——油层储量，m^3；N_p——油层累计产油量，m^3；N_w——水层储量，m^3；p_c——油层临界压力，MPa；p_f——井筒内的摩擦损失，MPa；p_h——井筒水柱压力，MPa；p_o——油层压力，MPa；p_{ob}——井筒与油层之间的注水压差，MPa；p_{oi}——开始自流注水时油层的压力，MPa；p_{th}——自流注水门限压力，MPa；p_w——水层压力，MPa；p_{wb}——水层与井筒之间的产水压差，MPa；p_{wf}——最低井底流压，MPa；p_{wi}——原始水层压力，MPa；q_c——油层定液产量，m^3/d；q_{iw}——自流注水注水量，m^3/d；q_L——油层产液量，m^3/d；q_o——油层产油量，m^3/d；q_{th}——自流注水门限注水量，即水层门限产水量，m^3/d；q_w——油层产水量，m^3/d；Re——雷诺数，无因次；S_w——含水饱和度，f；S_{wf}——水驱前缘含水饱和度，f；S_{wi}——原始含水饱和度，f；S_{wo}——采油井出口端含水饱和度；t——注水时间，d；T——见水时间，d；v——水在井筒中的流动速度，m/s；W_{iw}——油层累计注水量，m^3；$W_{iw(T)}$——油井见水时累计注水量，m^3；W_p——油层累计产水量，m^3；λ——水力摩擦系数，无因次；μ_o——原油黏度，$mPa \cdot s$；μ_w——水黏度，$mPa \cdot s$；ρ_w——地层水的密度，kg/m^3；ϕ——油层孔隙度，%。

参考文献

［1］Davies C A. The theory and practice of monitoring and controlling dumpfloods［R］. SPE 3733, 1972.

［2］Shizawi W, Subhi H, Rashidi A, et al. Enhancement of oil recovery through "dump-flood" water injection concept in satellite field［R］. SPE 142361, 2011.

［3］Fujita K. Pressure maintenance by formation water dumping for the Ratawi limestone oil reservoir, offshore Khafji［J］. Journal of Petroleum Technology, 1982, 34(4): 738-754.

［4］周俊昌，罗勇，严维锋. 国内第一口自流注水井钻井实践［J］. 中国海上油气，2011，23（1）：43-45.

［5］Al-Gamber A A, Al-Towailib A A, Al-Wabari S H. The application of stand-alone injection systems in remote and/or highly populated areas reduces construction costs［R］. SPE 63168, 2000.

［6］Quttainah R, Al-Hunaif J. Umm Gudair dumpflood pilot project, the applicability of dumpflood to enhance sweep & maintain reservoir pressure［R］. SPE 68721, 2001.

［7］ Quttainah R, Al-Maraghi E. Umm Gudair production plateau extension：The applicability of fullfield dumpflood injection to maintain reservoir pressure and extend production plateau［R］. SPE 97624, 2005.

［8］ Mamdouh M I, James W S, Hesham L S, et al. Environmentally friendly and economic waterflood system for October field at gulf of Suez, Egypt［R］. SPE 112311, 2008.

［9］ Ikawa H, Mercado G, Smith A. AVO application in a carbonate offshore oil field, U. A. E. ［R］. SPE 117918, 2008.

［10］ Chang M, Cullen R, Utomo B, et al. Optimizing waterflooding considering dip in the Wafra field［R］. SPE 125916, 2010.

［11］ 王良善, 朱光亚, 刘雄志, 等. 哈法亚油田注水开发适应性研究［R］. 北京：中国石油勘探开发研究院中东研究所, 2011.

［12］ 袁恩熙. 工程流体力学［M］. 北京：石油工业出版社, 2001：124-166.

［13］ 姜汉桥, 姚军, 姜瑞忠. 油藏工程原理与方法［M］. 东营：中国石油大学出版社, 2006：200-225.

［14］ 张建国, 杜殿发, 侯健, 等. 油气层渗流力学［M］. 东营：中国石油大学出版社, 2009：214-221.

［15］ 赵静, 刘义坤, 赵泉. 低渗透油藏采液采油指数计算方法及影响因素［J］. 新疆石油地质, 2007, 28(5)：601-603.

［16］ 张晓丹. 应用计算方法教程［M］. 北京：机械工业出版社, 2008：40-60.

封堵优势通道动用剩余油机制及策略研究

肖康[1,2]　穆龙新[1]　姜汉桥[2]　申健[3]

[1. 中国石油勘探开发研究院；2. 中国石油大学(北京)石油工程学院；3. 中海油研究总院]

摘　要：基于所建立的可模拟水驱优势通道发育的三维物理模型，结合核磁共振，对不同封堵优势通道方法下剩余油宏观分布变化及微观孔隙动用进行了研究，明确了优势通道下剩余油动用内在控制机制，并利用数值模拟，对优势通道下剩余油动用适应性及策略进行了总结。结果表明：通过量化核磁成像图片与流体饱和度关系，可对三维模型进行无探针饱和度监测；考虑封堵效率，短半径高强度调剖与中长半径调驱分别适合于弱与强优势通道，且初始潜力分布对封堵效果有重要影响；大孔隙中剩余油动用对整体提高采收率贡献最大，其也是造成不同封堵方式剩余油动用差异的主要因素，且由于弱优势通道模型各孔隙窜流程度及初始潜力分布较均匀，其中小孔隙动用略好于强通道模型；弱优势通道储层的堵剂溶度不宜过高，以保证其注入性，而强优势通道储层需要较高堵剂注入 PV 数，以达到封堵目的。该研究对高含水油田调剖堵水决策与优化设计有一定理论指导意义。

关键词：优势通道；剩余油动用；物理模拟；核磁共振；数值模拟；适应性

目前海外大部分砂岩油藏均经历了多年注水开发，并已进入了"高含水、高采出程度"阶段，但由于有相当一部分储层发育了水驱优势通道，使地下储层仍赋存着较多的被注入水绕留的剩余油[1,2]。为挖潜此类剩余油，目前国内外学者及现场技术人员对高含水期水驱剩余油表征、调剖堵水决策及增油效果评价、现场堵剂研发设计等方面进行了深入研究[3-7]，并取得了较好效果，但研究对象大多为动态指标及宏观剩余油分布，缺乏对封堵机制的微观评价，对控制封堵效果内在机制的理解不深入，对不同类型优势通道下剩余油动用方法适应性的研究也较少，这都会在一定程度上限制高含水期进一步提高剩余油挖潜的效果。

为此，本研究将以可快速模拟水驱优势通道形成的三维模型为基础，利用核磁成像及 T2 谱分别对封堵优势通道下剩余油宏观及微观分布特征进行研究，总结剩余油动用内在影响因素，并通过数值试验方法、量化动用方法、储层特征及动用效果等三者间关系，为现场调剖堵水优化设计提供一定理论指导。

1　封堵优势通道物理模拟

1.1　三维模型建立

本文以某中高渗砂岩油藏为研究对象，对已发育优势通道井点的渗透率变化进行统计，通过量化累计过水倍数与渗透率扩大倍数间关系来表征优势通道发育过程[8]，总结出了强

作者简介：肖康，男，1987 年生，高级工程师，博士；主要从事海外油田开发调整及油藏数值模拟方面工作。地址：北京市海淀区学院路 20 号。电话：(010) 83593197。E - mail：xiaokang870224 @ Petrochina. com. cn。

与弱两类水驱优势通道发育模式，见式（1）和式（2）。以此为基础，在传统胶结岩心中加入可溶性离子（钠钾为主），通过控制压制压力及离子含量，来拟合两类实际优势通道变化模式。

强优势通道：

$$y = 1 + 11 \times [1 - \exp(-k_1 x^2)] \quad, k_1 = 8\sim12 \quad\quad (1)$$

弱优势通道：

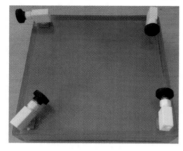

$$y = 1 + 5 \times [(1 + \alpha x^{-\beta})^{-1}], \alpha = 0.008\sim0.012, \beta = 5.5\sim6.5 \quad (2)$$

式中，x 为累计注入 PV 数与最大累计注入 PV 数比值，小数；y 为渗透率扩大倍数，小数；

基于式（1）和式（2），建立了可发育强与弱两类优势通道的三维模型，如图 1 所示，通过注入水冲刷，使油水井间快速发育优势通道。其中，图 1 中阀门均由高强度高分子化合材料制成，不与核磁共振仪器的磁场发生反应，且耐压能力符合此次实验要求。两类模型主要参数见表 1。

图 1　三维物理模型

表 1　三维模型岩心基本参数

三维模型序号	顶层底层	长×宽×高（cm×cm×cm）	初始渗透率（$10^{-3}\mu m^2$）	渗透率级差（小数）	孔隙度（%）	孔隙体积（mL）
强优势通道	低渗	29.7×29.5×4.1	198.56	10.14	23.15	415.80
	高渗		2012.45		26.73	480.10
弱优势通道	低渗	29.6×29.9×4.0	202.52	2.03	23.42	414.55
	高渗		410.25		24.01	425.00
备注	模型纵向分成 2 层，每层在驱替初始保持均质，具有纵向正韵律特征；每类模型包括 4 块相同模型，同时进行驱替及检测，以弥补钻孔取心进行 T2 谱测试时造成的模型破坏，表中数据均为 4 块模型参数平均值					

1.2　实验流程

模型的高矿化度会对电阻探针监测产生较大影响，因此，这里采用核磁成像，获得模型含油饱和度分布，并利用 T2 谱测试获取孔隙动用分布。

实验的总体流程如下：

（1）模型抽真空饱和可溶性离子水，进行核磁成像。

（2）模型饱和氟油（无核磁信号），进行核磁成像，然后在模型平明均匀钻取 25 个岩心，分别测 T2 谱，将未钻孔模型静置老化 48h。

（3）将未钻孔模型进行地层水驱油，水驱方向为单对角线驱替，单井注入速度 1.0 mL/min，直至含水达到 98% 为止，进行核磁成像及 T2 谱测试流程。

（4）对每类模型中未钻孔模型分别进行小剂量高分子量聚合物调剖及延缓交联型弱凝胶调驱，含水再次达到 98% 时，进行核磁成像及 T2 谱测试流程。

其中，流程（4）中聚合物浓度及分子量分别为 2000mg/L、2500 万，剪切后黏度 80～

120mPa·s，封堵半径为油水井连线 1/6~2/6，后置段塞为浓度 500mg/L、分子量 1000 万的聚合物；弱凝胶由浓度 1000 mg/L、分子量 1000 万~1500 万的聚合物溶液、浓度 70~90 mg/L含有 Cr 的金属有机化合物溶液及含硫脲的溶液配成，成胶时间 35~48h（期间关井），封堵半径为油水井连线 3/6~4/6，后置段塞与调剖一致。

针对核磁成像饱和度标定作简要介绍：

（1）将不同渗透率岩心进行抽真空饱和水，进行核磁成像，每根岩心得到一幅灰度图，并得到灰度值总和。

（2）每根岩心水驱油至不同含水阶段，进行核磁成像，得到相应灰度值总和。

（3）做出不同含水饱和度下灰度值总和与完全饱和水时灰度值总和的比值与相应含水饱和度的曲线关系图，进行回归，得到拟合曲线式（3），针对不同阶段核磁成像灰度图进行含油饱和度反演，拟合曲线为：

$$y = 1.068 (1 + 0.07x^{-4})^{-1} \qquad\qquad (3)$$

式中，x 为含水饱和度，小数；y 为某含水饱和度下灰度值总和与完全饱和水时的比值，小数。

在核磁成像过程中，对所钻取岩心进行小、中、大孔隙绝对含油饱和度反演计算[9,10]，再进行平面插值，得到不同阶段顶底层孔隙绝对含油饱和度分布。

1.3 封堵机制分析

1.3.1 提高采出程度

表 2 为不同封堵方式下提高采出程度情况。

表 2　不同封堵方式下提高采出程度情况

模型类型	封堵提高采出程度（%）		每 mL 堵剂下提高采出程度（%）	
	调驱	调剖	调驱	调剖
弱优势通道	5.02	3.93	0.046	0.054
强优势通道	10.57	5.79	0.098	0.079

由表 2 可看出，在调驱与调剖两种封堵方式下，强优势通道模型的封堵效果均好于弱通道模型，这是由于强通道模型剩余油富集程度高、剩余潜力大，在封堵半径一致下，其采出油量也越多。此外，由于调驱封堵半径大，注入水在模型深部仍可改变流向以驱替剩余油，且调剖在强通道模型中易使优势渗流再次发生，因此强通道模型调驱封堵效果及效率均远好于调剖；而弱通道模型剩余油潜力较小，虽调驱提高采出程度略高于调剖，但调剖封堵效率要好于调驱。综上可知，强优势通道适合于封堵半径大的调驱封堵，弱通道适合于封堵半径小的调剖封堵。总之，优势通道规模、剩余油潜力、封堵方式等因素共同决定了优势通道下剩余油动用方式的选择，其中调驱过程中关井待堵剂成胶是关键，防止未成胶堵剂发生窜流。

1.3.2 含油饱和度分布

图 2 为弱优势通道模型封堵后含油饱和度分布变化。

由图 2 可知，由于受剩余潜力小、封堵改变流线程度有限等限制，弱优势通道模型顶底层的调驱封堵扩大波及范围的效果略好于调剖。且顶底层优势渗流差异较小，降低了堵剂封堵差异。考虑封堵效率，调剖适合于弱通道模型。

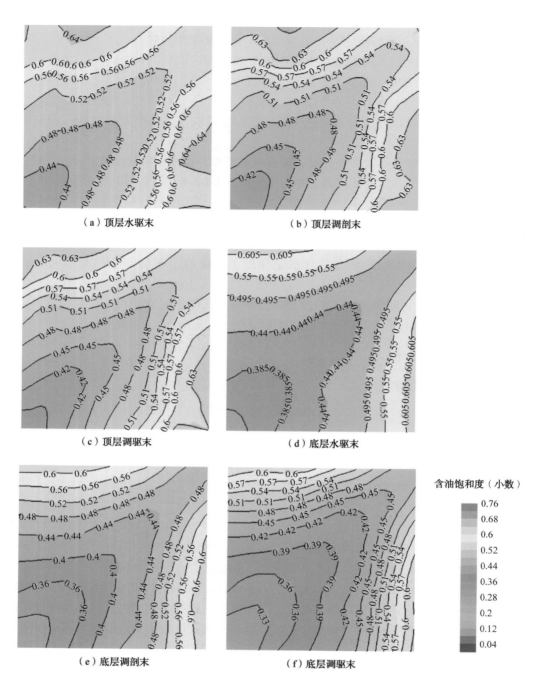

（a）顶层水驱末

（b）顶层调剖末

（c）顶层调驱末

（d）底层水驱末

（e）底层调剖末

（f）底层调驱末

含油饱和度（小数）

0.76
0.68
0.6
0.52
0.44
0.36
0.28
0.2
0.12
0.04

图 2　弱优势通道模型封堵后含油饱和度分布变化

图 3 为强优势通道模型封堵后含油饱和度分布变化。

由图 3 可知，强优势通道模型调驱效果，尤其是底层，要远好于调剖，调剖易引发二次窜流，封堵效果较差。此外，顶底层窜流差异较大，调驱堵剂优先进入底层进行封堵，使底层波及变化较明显。综上，调驱适合于强通道模型。

242

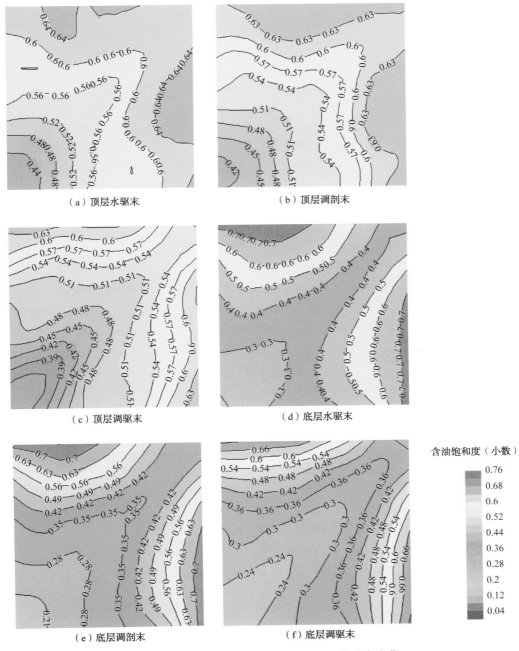

（a）顶层水驱末　　　　　　　　　　　　　（b）顶层调剖末

（c）顶层调驱末　　　　　　　　　　　　　（d）底层水驱末

含油饱和度（小数）

0.76
0.68
0.6
0.52
0.44
0.36
0.28
0.2
0.12
0.04

（e）底层调剖末　　　　　　　　　　　　　（f）底层调驱末

图3　强优势通道模型封堵后含油饱和度分布变化

1.3.3　孔隙动用分布

（1）弱优势通道模型纵向不同部位孔隙动用情况。

由图4可知，由于调驱封堵半径大，弱优势通道模型各级孔隙调驱效果均好于调剖，但又由于弱通道模型潜力较小，削弱了两类动用方式的差异，也使两类方式改善效果均有限。在不同动用方式下，顶底层各级孔隙动用差异不大，大孔隙动用贡献略高于中小孔隙，这是由于弱通道模型窜流程度低，各级孔隙水驱波及差异小，使堵剂对各级孔隙波及的改善差异也较小。总之，从孔隙动用的角度，并结合封堵效率，调剖也适合于弱优势通道。

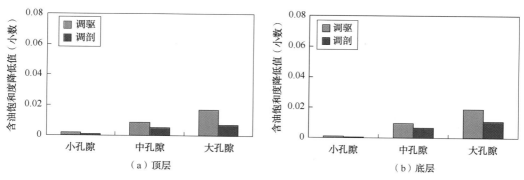

图4　弱优势通道模型纵向不同部位孔隙动用情况

（2）强优势通道模型纵向不同部位孔隙动用情况。

由图5可知，强优势通道模型各级孔隙，尤其是大孔隙，调驱效果远好于调剖，中小孔隙的动用差异很小，这是由于强通道模型窜流主要发生在大孔隙，堵剂优先封堵大孔隙，大幅提高了其动用程度，且由于强通道模型剩余潜力大，充分发挥了调驱封堵能力，使两类封堵方式差异较大，此外，顶底层动用差异也由于大孔隙封堵差异而变大。总之，调驱凭借着其较强的使液流在平面及纵向转向能力，大幅提高强通道模型孔隙动用。

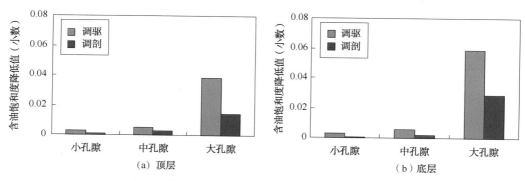

图5　强优势通道模型纵向不同部位孔隙动用情况

2　封堵优势通道策略研究

2.1　数值模拟模型建立

根据物理实验，建立水驱末实验室尺度数值模拟模型，量化研究封堵策略。

首先是模型初始化，包括渗透率、含油饱和度及压力等三类场分布，前两个可从实验直接获得，而压力场获得方法如下：将实验水驱末渗透率及饱和度场、均质压力场赋给模型，水驱模拟至含水98%，此时压力场作为此次模拟初始压力场。由于封堵时间较短，不考虑渗透率变化。

然后进行实验封堵拟合，模型考虑了堵剂的黏浓、剪切、吸附、残余阻力及凝胶生成过程等机理[11-13]，拟合结果见表3，由表3可知拟合结果良好，可进行下步封堵策略优化研究。

表 3　封堵数值模拟模型与物理模型拟合情况

模型类型	调剖提高采出程度（%）			调驱提高采出程度（%）		
	实验	数模	误差（%）	实验	数模	误差（%）
弱通道	3.93	3.88	1.27	5.02	5.09	-1.39
强通道	5.79	5.87	-1.38	10.57	10.78	-1.99

2.2　响应面优化

目前利用响应面原理进行多因素研究[14,15]，已在多个领域取得了较好效果，这里将引入响应面分析，量化分析封堵效果与影响因素之间的响应关系。

影响封堵效果的因素较多，全部考虑会使响应面分析复杂化，因此这里利用数值模拟通过偏相关分析获得此次封堵的主要影响因素[10]，即调剖/驱注入 PV 数（x_1）、调剖/驱注入浓度（x_2）及模型初始渗透率级差（x_3），同时也得到三者合适的优化范围，见表4，响应变量为单位调剖（驱）剂用量下采出程度提高值（y）。

表 4　响应面分析因素参数表

调剖注入 PV 数（小数）	调剖注入浓度（mg/L）	调剖初始渗透率级差（小数）	挖潜效果对比指标
0.03~0.10	2000~3000	2~5	单位堵剂下采出程度提高值
调驱注入 PV 数（小数）	调驱注入浓度（mg/L）	调驱初始渗透率级差（小数）	挖潜效果对比指标
0.10~0.17	1000~2000	5~10	同调剖

根据表4，利用 Box-Behnken 设计方法进行数值试验设计，并分别对调剖与调驱进行二次多元方程回归，并对其参数及方程项进行检验[15,16]，最终得到两类封堵的响应面函数：

$$y_1 = 10^{-5}(12.47x_1 + 2.792x_2 + 9.162x_3 - 4.386x_1x_2$$
$$+ 4.015x_1x_3 + 0.7386x_2x_3 - 5.320x_1^2 - 1.477x_2^2$$
$$- 14.61x_3^2 + 49.70) \tag{4}$$

$$y_2 = 10^{-5}(1.658x_1 + 8.028x_2 + 2.782x_3 + 0.5792x_1x_2$$
$$+ 1.128x_1x_3 - 0.8583x_2x_3 - 1.751x_1^2 - 5.561x_2^2$$
$$+ 0.8137x_3^2 + 58.61) \tag{5}$$

其中，y_1、y_2 为单位堵剂调剖、驱提高采出程度值，%；

根据式4和式5，在自变量的取值范围内求偏导[15,16]，进行调剖/驱因素研究及其参数优化设计，如图6和图7所示。

图 6 和图 7 中虚线椭圆包含范围即为特定优势通道下最优调剖/驱工作制度范围。针对调剖，较强优势通道最优注入 PV 数与最优注入浓度均大一些，注入浓度变化较明显，且浓度过大会使调剖效率降低，因此，调剖中，在合适的注入 PV 数下，浓度可适当降低以提高调剖效率与堵剂注入性；针对调驱，强优势通道的最优注入浓度与 PV 数也较大，注入 PV 数变化较明显，且由于适合于调驱的优势通道发育规模较大，因此较高的注入浓度不会影响调驱效率与注入能力，此时，应适当提高堵剂注入 PV 数，以保证封堵质量。

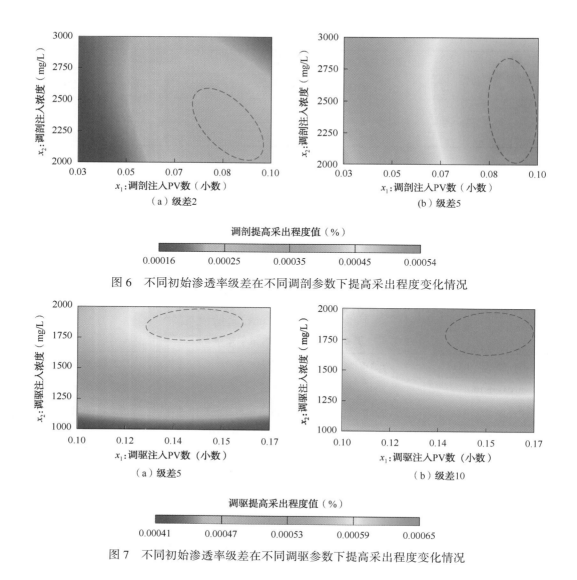

图 6　不同初始渗透率级差在不同调剖参数下提高采出程度变化情况

图 7　不同初始渗透率级差在不同调驱参数下提高采出程度变化情况

3　结论

（1）根据实际油藏渗透率变化规律，建立了可在室内快速模拟水驱优势通道发育的三维物理模型，并通过量化核磁成像与饱和度变化的关系，可获得无探针监测下的含油饱和度分布。

（2）基于核磁成像处理，针对不同封堵方法下提高采出程度及宏观含油饱和度分布进行了分析，考虑封堵效率，近井调剖及深部调驱分别适合于弱与强优势通道，且发生二次窜流的程度及初始潜力的大小很大程度上决定着封堵效果。

（3）根据核磁 T2 谱分析，针对不同级别孔隙在不同封堵方法下的动用特征进行了总结。在调驱下，强优势通道的大孔隙动用对整体贡献最高，而调剖时弱通道各级别孔隙动用差异不大；同时，大孔隙动用差异是影响不同封堵方法的主要因素，且孔隙内窜流程度对堵剂流向有重要影响，并控制着封堵效果。

（4）利用响应面分析，对封堵方法进行了优化设计。弱优势通道在调剖时，应使堵剂浓度不易过高，以保证其注入性；强优势通道在调驱时，可适当提高堵剂注入 PV 数及浓度，以增强封堵能力。

参考文献

［1］印森林，陈恭洋，戴春明，等. 河口坝内部储层构型及剩余油分布特征——以大港油田枣南断块长轴缓坡辫状河三角洲为例［J］. 石油与天然气地质，2015，36（4）：630-639.

［2］王凤兰，白振强，朱伟. 曲流河砂体内部构型及不同开发阶段剩余油分布研究［J］. 沉积学报，2011，29（3）：512-519.

［3］高大鹏，叶继根，李奇，等. 大庆长垣特高含水期表外储层独立开发方法［J］. 石油与天然气地质，2017，38（1）：181-188.

［4］耿站立，姜汉桥，陈民锋，等. 高含水期油藏剩余油潜力定量化表征新方法［J］. 油气地质与采收率，2007，14（6）：100-102.

［5］冯其红，陈月明，姜汉桥，等. 区块整体调剖效果预测［J］. 石油大学学报(自然科学版)，1997，21（4）：32-34.

［6］杨中建，贾锁刚，张立会，等. 高温高盐油藏二次开发深部调驱技术与矿场试验［J］. 石油与天然气地质，2015，36（4）：681-687.

［7］李东文，汪玉琴，白雷，等. 深部调驱技术在砾岩油藏的应用效果［J］. 新疆石油地质，2012，33（2）：208-210.

［8］冯其红，齐俊罗，尹晓梅，等. 大孔道形成与演化过程流固耦合模拟［J］. 石油勘探与开发，2009，36（4）：498-502.

［9］K. Xiao, H. Q. Jiang, Q. Wang, et al. Adaptability Study on Plugging Thief Zones with Asphalt Particle in Polymer Flooding Offshore Field. SPE-169931, SPE Trinidad & Tobago Energy Resources Conference, Port of Spain, Trinidad and Tobago, 2014：220-230.

［10］肖康，姜汉桥，范英彬，等. 窄条边水油藏水驱后期孔隙分布及动用特征［J］. 大庆石油地质与开发，2015，34（3）：129-133.

［11］Flory P. J.. Principles of Polymer Chemistry［M］. New York. Cornell University Press，1953.

［12］Meter D. M., Bird R. B.. Tube Flow of Non-Newtonian Polymer Solutions, Parts I and IILaminar Flow and Rheological Models［J］. AIChE J., 1964 878-881, 1143-1150.

［13］Keith H. Coats. In-Situ Combustion Model［J］. Society of Petroleum Engineers Journal，1980，20（06）：533-554

［14］江元翔，高淑红，陈长华. 响应面设计法优化腺苷发酵培养基. 华东理工大学学报(自然科学版)，2005，31（3）：309-313.

［15］李云雁，胡传荣. 试验设计与数据处理［M］. 北京：化学工业出版社，2005.

［16］谢宇. 回归分析［M］. 北京：社会科学文献出版社，2010.

基于循环神经网络的油田特高含水期产量预测方法

王洪亮　穆龙新　时付更　窦宏恩

（中国石油勘探开发研究院）

摘　要：根据油田生产历史数据利用深度学习方法预测油田特高含水期产量，并进行了实验验证和应用效果分析。考虑到传统全连接神经网络（FCNN）无法描述时间序列数据的相关性，基于一种循环神经网络（RNN）即长短期记忆神经网络（LSTM）来构建油田产量预测模型。该模型不仅考虑了产量指标与其影响因素之间的联系，还兼顾了产量随时间变化的趋势和前后关联。利用国内某中高渗透砂岩水驱开发油田生产历史数据进行特高含水期产量预测，并与传统水驱曲线方法和FCNN的预测结果比较，发现基于深度学习的LSTM预测精度更高，针对油田生产中复杂时间序列的预测结果更准确。利用LSTM模型预测了另外两个油田的月产油量，预测结果较好，验证了方法的通用性。

关键词：产量预测；特高含水期；机器学习；长短期记忆神经网络；人工智能

　　油田开发指标预测是评价油田开采状况、编制油田开发规划、进行油田开发方案设计与调整等决策问题的基础和依据，只有对油田开发指标进行科学可靠的预测，才能实现对各项措施工作的科学安排部署和工作量的合理匹配，确保规划目标的实现。

　　油田进入特高含水（含水率大于90%）阶段，利用水驱特征曲线预测特高含水期产量，水驱特征曲线发生上翘，预测结果误差较大，已不适于描述特高含水期产量递减规律[1-4]。一些学者对水驱特征曲线进行了改造，在不同程度上都可以对特高含水期的实际生产数据进行拟合，但所得水驱特征曲线多为非线性曲线，不便于应用且外推预测的误差较大。此外，油田地质条件复杂，进入特高含水期，地层物性变化多样，常规油藏工程方法考虑的影响因素少，一般只能进行平滑预测[5,6]；油藏数值模拟等方法的时效性不强，费用高。因此，需要一种能够提高工作效率、提高预测精度的开发指标预测方法。

　　近年来，随着人工智能在科学和工程领域的广泛应用，数字化转型、大数据、人工智能已经成为石油和天然气工业的热点[7-14]。石油工业上游领域的学术期刊中频繁出现人工智能应用的相关报道[15-20]。很多学者利用支持向量机（Support Vector Machine，简称 SVM）、自回归（Autoregressive，简称 AR）和人工神经网络（Artificial Neural Network，简称 ANN）等方法来进行地质特征预测[21]、岩性判别[22]、油井产量主控因素分析[23-25]等。其中，用于油井产量预测的人工神经网络以全连接神经网络（Fully Connected Neural Network，简称 FCNN）为主[26-30]。由于 FCNN 无法保存、利用之前时刻的信息，无法预测时间序列数据，一些学者通过组合模型来预测油井产量[31,32]。为了生成油田高含水阶段产量时间序列数据，更加合理的选择是利用循环神经网络（Recurrent Neural Network，简称 RNN）。在 RNN 中，每个神

基金项目：国家科技重大专项"大型油气田及煤层气开发"（2016ZX05016-006）。

作者简介：王洪亮，男，出生于1984年，毕业于中国石油勘探开发研究院油气田开发工程专业，博士，主要从事统计建模、油气领域大数据与人工智能研究。地址：北京市海淀区学院路20号，中国石油勘探开发研究院人工智能研究中心；邮政编码：100083；电话：15810681434；E-mail：whldqpi@126.com。

经单元内存在一个能够重复使用该单元的自循环结构，这一循环结构使得先前的信息可以保留并在之后被使用。由于信息可以在循环神经网络中自由流动，基于该方法预测的产量综合考虑了时间因素，更加符合实际生产情况。

本文使用深度学习算法的长短期记忆神经网络（Long Short – Term Memory，简称 LSTM）[33]预测油田特高含水期产量，其也适用于预测其他阶段的油田与油井产量[34,35]。该网络在每个自循环结构内引入门结构，进一步模仿生物神经元信息传导模式，不需任何额外的调整即可储存更加长期的序列信息。这一优点使其在人工智能和深度学习领域获得了极大关注，在自然语言处理[36]、语音识别[37]、机器翻译[38]等领域都得到了广泛应用。另外，LSTM 也被应用于水文学、金融等领域来处理包含时间序列数据的问题[39,40]。

本文旨在根据油田生产历史数据，通过使用 LSTM 预测油田特高含水期的产量。首先，阐述 LSTM 的理论基础以及相应的网络结构设计和特殊设置。其次，分析 LSTM 在油田特高含水期产量预测中的应用效果，并与传统水驱曲线方法和 FCNN 模型的预测结果进行对比。

1 原理与方法

1.1 长短期记忆神经网络

和回归预测不同，时间序列预测在时间上具有复杂的序列依赖关系。FCNN 无法根据序列数据中先前步骤的预测结果来预测当前步骤中的计算结果，无法分析序列数据中前后数据之间的相互关系。RNN 的结构可以让之前步骤中的信息持续保留并影响后续步骤的运算，然而，如果先前的相关信息所在的位置与当前计算步骤之间距离非常远，因为不断输入数据的影响，模型中的记忆模块（单一的 tanh 层或 sigmoid 层）无法长期有效地保存历史信息，容易产生梯度消失或者梯度爆炸等问题[41]。LSTM 是一种特殊的 RNN，它改进了传统 RNN 中的记忆模块。通过门结构和记忆单元状态的设计，使得 LSTM 可以让时间序列中的关键信息有效地更新和传递，有效地将长距离信息保存在隐藏层中。LSTM 中隐藏层的循环网络包含遗忘门、输入门、输出门和 1 个 tanh 层。处理器状态有选择地保存先前步骤中的有用信息并贯穿整个 LSTM。交互层中的门可以根据上一步的隐状态和当前步骤的输入对处理器状态中的信息进行增加、删除和更新操作，更新后的处理器状态和隐状态向后传递[29]。LSTM 模型支持端到端预测，可以实现单因素预测单指标、多因素预测单指标和多因素预测多指标。

1.2 特征选择

在机器学习问题上，不相关变量可能对模型预测精度产生负面影响。特征选择可以消除不相关的变量，改进模型精度，规避过拟合现象。

递归特征消除（Recursive feature elimination）[42]算法是特征选择方法之一，其主要思想是使用一个基模型（本文利用支持向量机模型）来进行多轮训练。首先基于全部特征进行训练，针对训练结果对每个特征进行打分，每个特征的打分规则如（1）式所示。去掉得分最小的特征，即最不重要的特征。利用剩余的特征进行第 2 轮训练，递归此过程直至剩余最后 1 个特征。特征消除顺序即特征的重要性排序，最先消除的特征重要程度最低，最后消除的特征重要程度最高。

$$c_i = \omega_i^2$$

（1）

式中，c_i 为第 i 个特征的得分；ω_i 为支持向量机模型中最优超平面第 i 个特征的权重。

2　数据预处理与模型训练

本文以国内某油田产量数据为例，建立产量预测模型。该油田为中高渗透砂岩水驱开发油田，2005 年进入特高含水阶段。目前采油井 $1.4×10^4$ 口，年产油 800 多万吨，含水率大于 95%。本文采用该油田 2001 年 1 月至 2018 年 12 月的生产数据开展模型验证实验。依据砂岩油田水驱开发特征以及油田开发生产历史，筛选出产量影响因素包括新井数、新井产量、前 1 年投产采油井数、前 1 年投产采油井产量贡献、前 2 年投产采油井数、前 2 年投产采油井产量贡献、……、前 9 年投产采油井数、前 9 年投产采油井产量贡献、前 10 年及以前投产采油井数、前 10 年及以前投产采油井产量贡献、注水井数、月注入量、含水率、生产天数、剩余可采储量、新区动用可采储量、老区新增可采储量、措施井次、措施增油量及原油价格，共计 32 项。需要说明的是，以 2018 年为例，前 1 年为 2017 年，前 2 年为 2016 年，以此类推。实验的主要目的是：（1）评价 LSTM 根据产量影响因素以及历史产量数据预测未来产量的能力；（2）比较 LSTM、传统水驱曲线方法和 FCNN 的预测结果。

2.1　影响因素分析

使用全部 32 个产量影响因素对数据质量要求高，相关性较小的因素会对模型精度造成干扰。只使用主控因素可以增加模型灵活性，降低模型复杂度，提高模型精度。因此，本文利用基于支持向量机的递归特征消除方法进行特征选择，将各影响因素按重要程度排序。经交叉验证得到最优的特征数量为 17，所以选择重要程度排前 17 的影响因素，即生产天数、前 10 年及以前投产采油井产量贡献、前 1 年投产采油井产量贡献、前 9 年投产采油井产量贡献、前 7 年投产采油井产量贡献、前 6 年投产采油井产量贡献、前 4 年投产采油井产量贡献、前 3 年投产采油井产量贡献、前 8 年投产采油井产量贡献、前 5 年投产采油井产量贡献、前 2 年投产采油井产量贡献、前 10 年及以前投产采油井数、当年投产采油井产量贡献、措施增油量、措施井次、当年投产采油井数、月注入量。

2.2　数据标准化

为了提高模型的预测精度和消除指标之间量纲的影响，需要对输入和输出数据进行预处理。由于数据较稳定，不存在极端的最大、最小值，本文采用归一化处理方法，将其映射到 ［0，1］区间，线性变换式为：

$$X_{norm} = \frac{X - X_{min}}{X_{max} - X_{min}} \tag{2}$$

式中，X_{norm} 为标准化处理后的值；X 为生产指标的特征值；X_{max} 为生产指标的最大值；X_{min} 为生产指标的最小值。

2.3　样本集构造

2.3.1　特征向量构造

假设 X_t 为 t 时刻的产量影响因素特征向量，目标是预测未来 N 个月的产量。每个特征向量包含 17 个特征，编号为 F1～F17。其中，F1～F9 为前 1～9 年投产采油井产量贡献，F10

为前 10 年及以前投产采油井产量贡献，F11 为前 10 年及以前投产采油井数，F12 为当年投产采油井产量贡献，F13 为措施增油量，F14 为生产天数，F15 为当年投产采油井数，F16 为月注入量，F17 为措施井次。特征 F1～F13 采用 t 时刻的数据。特征 F14～F17 采用 $t + N$ 时刻的数据，如果有实际的生产数据则使用生产数据，否则使用计划数据。也就是说，后 4 个特征的时间比前 13 个特征的时间滞后 N 个月。

2.3.2 时间序列化数据构造

LSTM 的特殊结构要求其输入是特征向量的序列，而序列是由连续的 M 个特征向量组成，M 为时间序列步长。所以，在进行训练之前，需要构造 LSTM 的输入序列。假设 X_t 为 t 时刻的特征向量，则本文构造的输入序列形式为 $\{X_{t-M+1}, X_{t-M+2}, \cdots, X_t\}$。第 1 个序列为 $\{X_1, X_2, \cdots, X_M\}$，第 2 个序列为 $\{X_2, X_3, \cdots, X_{M+1}\}$，并以此类推得到其他序列。

2.3.3 样本数据集构造

本文利用 LSTM 模型的多对多预测功能，即用历史上多个月的生产数据预测未来多个月的产量。样本由输入时间序列和输出时间序列构成。假设生产时间为 T，即记录了 T 个月的生产数据，时间步长为 M，预测产量滞后 N 个月，Y_t 为 t 时刻的月产油量。则输入时间序列包括 $S_{I1} = \{X_1, X_2, \cdots, X_M\}$，$S_{I2} = \{X_2, X_3, \cdots, X_{M+1}\}$，$\cdots$，$S_{IZ} = \{X_Z, X_{Z+1}, \cdots, X_{Z+M-1}\}$；输出时间序列包括 $S_{O1} = \{Y_{M+1}, Y_{M+2}, \cdots, Y_{M+N}\}$，$S_{O2} = \{Y_{M+2}, Y_{M+3}, \cdots, Y_{M+N+1}\}$，$\cdots$，$S_{OZ} = \{Y_{M+Z}, Y_{M+Z+1}, \cdots, Y_{M+Z+N-1}\}$，共组成 Z 个监督学习样本，则 $Z = T - N - M + 1$。模型要求的输入样本为形如 (Z, M, F) 的三维张量，其中 F 为特征向量的维度。在输入时间序列中，将输入数据划分为 A、B 两个部分：A 部分包含特征 F1—F13，代表第 1 个月到第 $T - N$ 个月的实际生产数据；B 部分包含特征 F14～F17，代表第 $T - N + 1$ 个月到第 T 个月的计划数据。

2.3.4 数据集划分

本文选取 2001 年 1 月至 2018 年 12 月的生产数据为实验数据，总共有 $18 \times 12 = 216$ 个月的生产数据。结合前文的时间滞后和序列化方法组装成算法需要的样本数据集。其中 2001 年 1 月至 2016 年 12 月的数据作为训练集，2017 年 1 月至 2017 年 12 月的数据为验证集，2018 年 1 月至 2018 年 12 月的数据作为测试集。

2.4 评价指标

为了评估 LSTM 模型在产量预测上的准确度，本文采用相关系数和平均绝对百分误差（Mean Absolute Percentage Error，MAPE）这两个评价指标。

2.5 模型训练与自动调优

本文实验验证采用 Tensorflow 开源平台作为深度学习平台，采用 Python 3.3 编写实验程序，同时使用了一些第三方库，如使用 Sklearn、Numpy 计算技术指标，使用 Keras 搭建网络结构。

2.5.1 模型训练

首先随机初始化 LSTM 神经网络参数。设置神经网络层数（layers）为 1、时间序列步长（timesteps）为 12 个月、神经元个数（neurons）为 55、训练循环次数（epochs）为 60、批量大小（batchsize）为 3。然后使用训练数据进行模型训练，模型训练完成后准备验证模型。

以预测 2018 年 12 个月的产量为例，输入数据为时间步长为 12 的序列数据，A 部分为 2017 年 1 月至 2017 年 12 月的实际生产数据，B 部分为 2018 年 1 月至 2018 年 12 月的计划数据；输出数据为 2018 年 1 月至 2018 年 12 月的月产油量数据序列。模型预测结果的相关系数为 0.83，平均绝对百分误差为 25%。

2.5.2　参数自动调优

随机初始化神经网络参数，模型的预测结果不一定理想，而神经网络模型参数非常多，每个参数又有较宽的取值范围，因此本文采用手动确定参数范围，计算机自动寻找最优解的方式来训练模型。首先通过手动尝试的方法来开发过拟合的模型，如添加更多的隐层、每层设置更多的神经元节点，同时监控训练误差和验证误差的变化情况，通过寻找验证数据集上性能开始下降（过拟合）的位置，确定参数范围。以网络层数和时间序列步长为例。如图 1 所示，当网络层数为 2 时，预测值与实际值的相关系数为 0.94，平均绝对百分误差为 2%；当网络层数继续增加时，发生过拟合，预测结果与实际值偏差较大，所以设置网络层数范围为 [1，2]。如图 2 所示，当时间序列步长小于 13 个月时，相关系数大于 0.80，平均绝对百分误差小于 20%，所以确定时间步长参数范围为 [1，12]。

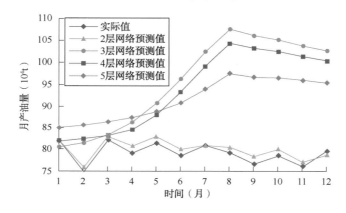

图 1　不同层数神经网络产量预测值与实际值对比

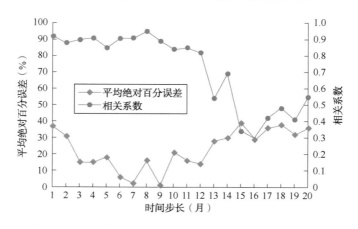

图 2　不同时间序列步长下的相关系数、平均绝对百分误差

确定所有参数的范围后，采用计算机自动调优的方法寻找最优参数组合。自动调优的参数包括网络层数、时间步长、神经元个数、训练循环次数、批量大小。依据确定的参数范

围，结合油田开发生产经验，设置每个参数的步长，各参数及其取值见表1。

表1 神经网络模型参数组合

参数名称	参数枚举值
网络层数	1，2
时间步长	1，2，3，4，5，6，7，8，9，10，11，12
神经元个数	5，15，25，35，45，55，65，75，85，95，105
训练循环次数	50，60，70，80，90，100，110，120，130，140，150
批量大小	1，2，3，4，5，6，7，8，9，10，11，12

LSTM的损失函数(loss function)使用均方误差(Mean Square Error，MSE)。

优化器(optimizer)使用"adam"，用来计算神经网络每个参数的自适应学习率。采用Dropout(按照一定的比例将神经元暂时从网络中丢弃)方法防止过拟合，Dropout的比例为30%。

这里共有34 848个参数组合，程序采用分布式技术将每组参数生成对应的模型文件和预测结果进行存储。待所有参数训练完成后，选用相关系数高且平均绝对百分误差小的模型为最优模型。

3 结果与讨论

3.1 实验结果

利用最优模型预测该油田2018年的产量，通过与实际产量对比，相关系数为0.93，平均绝对百分误差为1%(表2)。LSTM最优参数组合为：隐藏层层数为2，隐藏层神经元个数分别为55和25，时间步长为9个月，即用过去9个月的信息来预测未来1个月的产量，批量大小为2，即用每2个样本更新1次网络参数，训练循环次数为60。

表2 水驱曲线、FCNN及LSTM预测结果指标对比

模型	输入特征维度	相关系数	平均绝对百分误差/%
水驱曲线	2	0.94	8
FCNN	32	0.20	26
	17	0.45	7
1层LSTM	32	0.74	15
	17	0.83	5
2层LSTM	32	0.90	4
	17	0.93	1

通过模型在测试集上的预测结果可知(图3)，LSTM模型的预测结果与实际产量的趋势基本相同，并且数值也较为接近，比传统水驱曲线和FCNN模型预测得更准确。实验结果表

明 LSTM 模型能较好地用于油气产量时间序列的预测。

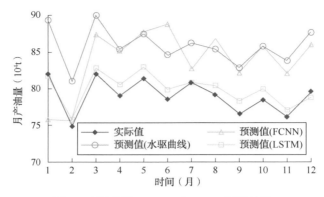

图 3　水驱曲线、FCNN 和 LSTM 预测结果

利用 LSTM 模型预测了另外两个油田 2018 年的月产油量(表 3),显示了较好的预测结果,验证了本文方法的通用性。

表 3　应用 LSTM 模型对两个油田进行产量预测的结果

时间	油田 1 月产油量			油田 2 月产油量		
	实际值(t)	预测值(t)	相对误差(%)	实际值(t)	预测值(t)	相对误差(%)
2018 年 1 月	359 499	348 874	2.96	7 964	7 961	0.04
2018 年 2 月	320 816	321 998	0.37	7 137	7 821	9.58
2018 年 3 月	345 256	344 530	0.21	7 529	7 893	4.83
2018 年 4 月	331 233	335 417	1.26	7 462	7 868	5.44
2018 年 5 月	342 588	339 255	0.97	8 173	7 965	2.54
2018 年 6 月	338 639	334 328	1.27	8 020	7 840	2.24
2018 年 7 月	348 521	340 717	2.24	8 000	7 876	1.55
2018 年 8 月	346 023	341 975	1.17	7 968	7 779	2.37
2018 年 9 月	330 353	334 579	1.28	7 315	7 795	6.56
2018 年 10 月	342 760	340 823	0.57	6 988	7 918	13.31
2018 年 11 月	329 982	333 913	1.19	6 928	7 712	11.32
2018 年 12 月	338 437	336 907	0.45	7 481	7 787	4.09

3.2　讨论

本文将机器学习中的 LSTM 应用于油田特高含水期的产量预测。LSTM 能够有效建立在时间上具有长期相关性的产量序列的模式,并基于这些模式对产量进行预测。

在模型训练过程中,模型考虑因素的多少影响预测精度。LSTM 模型既考虑了产量指标与影响因素之间的关系,又考虑了产量指标自身的变化趋势,预测准确度和相关性都较高;FCNN 只考虑了产量指标与影响因素之间的关系,预测结果高于实际值;水驱曲线模型只考虑了产量自身的变化趋势,预测结果高于实际值。特征工程对模型预测精度也有重要影响。针对同样的模型结构,进行特征工程操作后的预测结果明显优于未进行特征工程操作的预测结果。根据特征工程分析,历年投产井在当年的产量、生产天数、新投产井数、措施井次、措施增油量、月注入量等对产量的影响较大。根据预测结果分析，LSTM 针对时间序列数据的特征提取能力较强，可以提取历年投产井在当年的产量剖面数据，并依靠神经网络记忆单元中储存的历史生产信息，模拟出历年投产井的产量随时间变化的趋势，相当于预测老井产量；利用新投产井数和新井产量的历史数据，挖掘二者之间的关系，并预测新井产量；利用措施井次和措施增油量历史数据能够反映措施工作量带来的增油量情况。

4 结论

利用 LSTM 实现了基于数据驱动方法预测油田特高含水期产量，并与传统水驱曲线方法进行对比，显示出良好的趋势和较小的误差，可以快速预测新井、老井产量变化情况。与数值模拟相比，该方法不需要建立物理模型，可实现快速预测。虽然物理意义缺失，但可以丰富产量预测方法，支撑油田开发调整工作。

LSTM 具有强大的非线性拟合和时间记忆能力，从训练数据中提取信息的能力较强。既能考虑产量指标与影响因素之间的关系，又能考虑产量指标自身的变化趋势。LSTM 是基于历史数据建立目标和影响因素之间的非线性映射关系。要利用 LSTM 建立特高含水期产量预测模型，需要获取一定时间段的特高含水期生产数据。本文所选择油田具备 10 年以上特高含水期生产历史，并选择了特高含水之前的 4 年生产数据参加了模型训练。针对生产历史较短的油田，可以考虑迁移学习的方法，利用其他具备较长生产历史的油田训练获得的模型进行预测分析。特征工程操作有助于提高模型精度。特征选择可以过滤掉非主控因素；标准化操作可以消除量纲的影响。网络的深度要适应数据的复杂情况，从浅层网络开始尝试，通过观察模型精度变化曲线确定模型参数的取值范围，再采用分布式技术针对不同模型参数组合并行训练，有助于提高模型训练效率。

参考文献

[1] 黄广庆. 特高含水期产量递减分析及递减率表征公式[J]. 科学技术与工程，2019，19
（15）：99-104.

[2] 窦宏恩，张虎俊，沈思博. 对水驱特征曲线的正确理解与使用[J]. 石油勘探与开发，
2019，46(4)：755-762.

[3] 王继强，石成方，纪淑红，等. 特高含水期新型水驱特征曲线[J]. 石油勘探与开发，
2017，44(6)：955-960.

[4] 陈元千，陶自强. 高含水期水驱曲线的推导及上翘问题的分析[J]. 断块油气田，1997，
4(3)：19-24.

[5] 刘晓华，邹春梅，姜艳东，等. 现代产量递减分析基本原理与应用[J]. 天然气工业，
2010，30(5)：50-54.

[6] 张倩倩. 产量递减分析方法简评[J]. 油气地球物理，2013，11(3)：41-44.

[7] 王洪亮，穆龙新，时付更，等. 分散存储油气生产动态大数据的优化管理与快速查询
[J]. 石油勘探与开发，2019，46(5)：959-965.

[8] CRNKOVIC-FRIIS L，ERLANDSON M. Geology driven EUR prediction using deep learning

[R]. SPE 174799-MS, 2015.

[9] GU M, GOKARAJU D, CHEN D, et al. Shale fracturing characterization and optimization by using anisotropic acoustic interpretation, 3D fracture modeling, and supervised machine learning[J]. Petrophysics, 2016, 57(6): 573-587.

[10] SIDAHMED M, ROY A, SAYED A. Streamline rock facies classification with deep learning cognitive process[R]. SPE 187436-MS, 2017.

[11] WU P, JAIN V, KULKARNI M S, et al. Machine learning-based method for automated well-log processing and interpretation[M]//ALUMBAUGH D, BEVC D. SEG technical program expanded abstracts 2018. Tulsa: Society of Exploration Geophysicists, 2018: 2041-2045.

[12] NOSHI C I, ASSEM A I, SCHUBERT J J. The role of big data analytics in exploration and production: A review of benefits and applications[R]. SPE 193776-MS, 2018.

[13] PHAM N, FOMEL S, DUNLAP D. Automatic channel detection using deep learning[M]//ALUMBAUGH D, BEVC D. SEG technical program expanded abstracts 2018. Tulsa: Society of Exploration Geophysicists, 2018: 2026-2030.

[14] LI W. Classifying geological structure elements from seismic images using deep learning [M]//ALUMBAUGH D, BEVC D. SEG technical program expanded abstracts 2018. Tulsa: Society of Exploration Geophysicists, 2018: 4643-4648.

[15] MEHTA A. Tapping the value from big data analytics[J]. Journal of Petroleum Technology, 2016, 68(12): 40-41.

[16] HALL B. Facies classification using machine learning[J]. The Leading Edge, 2016, 35 (10): 906-909.

[17] CARPENTER C. Geology-driven estimated-ultimate-recovery prediction with deep learning [J]. Journal of Petroleum Technology, 2016, 68(5): 74-75.

[18] MA S M. Technology focus: Formation evaluation (August 2018)[J]. Journal of Petroleum Technology, 2018, 70(8): 50.

[19] SAPUTELLI L. Technology focus: Petroleum data analytics[J]. Journal of Petroleum Technology, 2016, 68(10): 66.

[20] LI H, MISRA S. Long short-term memory and variational autoencoder with convolutional neural networks for generating NMR T2 distributions[J]. IEEE Geoscience and Remote Sensing Letters, 2018, 16(2): 192-195.

[21] JOBE T D, VITAL-BRAZIL E, KHAIF M. Geological feature prediction using image-based machine learning[J]. Petrophysics, 2018, 59(6): 750-760.

[22] SILVA A A, LIMA NETO I A, MISSÁGIA R M, et al. Artificial neural networks to support petrographic classification of carbonate-siliciclastic rocks using well logs and textural information[J]. Journal of Applied Geophysics, 2015, 117: 118-125.

[23] 柴艳军. 基于灰色关联法的页岩气水平井产量主控因素分析[J]. 重庆科技学院学报（自然科学版），2018, 20(2): 32-34.

[24] 王忠东，王业博，董红，等. 页岩气水平井产量主控因素分析及产能预测[J]. 测井技术，2017, 41(5): 577-582.

[25] 李亚林. 基于机器学习方法研究煤层气单井产量主控因素及产量预测[D]. 北京：中国

石油大学(北京)，2017.

[26] 李春生，谭民浠，张可佳. 基于改进型 BP 神经网络的油井产量预测研究[J]. 科学技术与工程，2011，11(31)：7766-7769.

[27] 田亚鹏，鞠斌山. 基于遗传算法改进 BP 神经网络的页岩气产量递减预测模型[J]. 中国科技论文，2016，11(15)：1710-1715.

[28] 马林茂，李德富，郭海湘，等. 基于遗传算法优化 BP 神经网络在原油产量预测中的应用：以大庆油田 BED 试验区为例[J]. 数学的实践与认识，2015，45(24)：117-128.

[29] 樊灵，赵盂盂，殷川，等. 基于 BP 神经网络的油田生产动态分析方法[J]. 断块油气田，2013，20(2)：204-206.

[30] 杨婷婷. 基于人工神经网络的油田开发指标预测模型及算法研究[D]. 大庆：东北石油大学，2013.

[31] 谷建伟，隋顾磊，李志涛，等. 基于 ARIMA-Kalman 滤波器数据挖掘模型的油井产量预测[J]. 深圳大学学报(理工版)，2018，35(6)：575-581.

[32] 李达. 基于时间序列分析方法的油田产量预测与应用[D]. 兰州：兰州理工大学，2018.

[33] HOCHREITER S, SCHMIDHUBER J. Long short-term memory[J]. Neural Computation, 1997, 9(8): 1735-1780.

[34] 谷建伟，周梅，李志涛，等. 基于数据挖掘的长短期记忆网络模型油井产量预测方法[J]. 特种油气藏，2019，26(2)：77-81.

[35] 侯春华. 基于长短期记忆神经网络的油田新井产油量预测方法[J]. 油气地质与采收率，2019，26(3)：105-110.

[36] MIKOLOV T, KARAFIÁT M, BURGET L, et al. Recurrent neural network based language model[R]. Makuhari, Chiba, Japan: 11th Annual Conference of the International Speech Communication Association, 2010.

[37] GRAVES A, JAITLY N. Towards end-to-end speech recognition with recurrent neural networks[C]//Proceedings of the 31st International Conference on Machine Learning. Washington D. C.: IEEE Computer Society Press, 2014: 1764-1772.

[38] SUTSKEVER I, VINYALS O, LE Q V. Sequence to sequence learning with neural networks[R]. Montreal, Canada: Advances in Neural Information Processing Systems 27 (NIPS 2014), 2014.

[39] 杨祎玥，伏潜，万定生. 基于深度循环神经网络的时间序列预测模型[J]. 计算机技术与发展，2017，27(3)：35-38.

[40] 黄婷婷，余磊. SDAE-LSTM 模型在金融时间序列预测中的应用[J]. 计算机工程与应用，2019，55(1)：142-148.

[41] DAS S, GILES C L, SUN G. Learning context-free grammars: Capabilities and limitations of a recurrent neural network with an external stack memory[C]//Proceedings of the Fourteenth Annual Conference of the Cognitive Science Society. New York: Cognitive Science Society, 1992.

[42] GUYON I, WESTON J, BARNHILL S, et al. Gene selection for cancer classification using support vector machines[J]. Machine Learning, 2002, 46(1/2/3): 389-422.

注水温度对高凝油油藏水驱油效率模拟研究

徐锋[1,2]　吴向红[1]　余国义[2]　马凯[2]　冯敏[1]　田晓[1]

（1. 中国石油勘探开发研究院；2. 中国石油国际勘探开发有限公司）

摘　要：高凝油由于其含蜡量高、凝固点高，温度对其流变特性影响较大。高凝油油藏在常规注水开发过程中容易出现析蜡问题，导致水驱油效率低，直接影响高凝油油藏的开发效果。针对南苏丹 P 高凝油油藏具有很强析蜡趋势的特点，通过室内实验，在不同注水温度下进行了一维长岩芯含气油实验、一维长岩芯脱气油实验和一维短岩芯脱气油实验来研究温度对水驱油效率的影响；同时，建立了三维四相拟组分模型，在模拟研究中对析蜡反应进行了设计，并考虑高凝油油藏模拟的全部关键因素，预测结果更为准确。物理模拟和数值模拟研究结果表明：在析蜡点前，温度对水驱油效率影响较大。高于析蜡点，随温度的增加，原油黏度对温度敏感性降低，驱油效率增加的幅度逐渐减小，因此建议注水温度高于析蜡点。

关键词：高凝油；注水温度；水驱油效率；室内实验；数值模拟

高凝油油藏与常规油藏存在很大的差异，尤其是原油性质对油藏温度十分敏感。注入流体的温度会影响油藏温度的变化，从而直接影响高凝油油藏的开发效果[1-3]。目前国内外有学者研究过温度对高凝油油藏开发效果的影响[4-9]，但不同地区的高凝油的特点也不尽相同，南苏丹 P 油藏高凝油样品属于高含蜡、高黏度、高含酸原油，原油流动性较差，且具有很强的析蜡趋势。陆辉[10]等对该区高凝油油藏的流变性行进行了详细而深入的研究，阳晓燕[11,12]等对该区注水开采对油藏温度场的影响进行了二维物理模拟和数值模拟研究。

南苏丹 P 油田作为中国石油海外的大油田，受政治、经济和合同模式的制约较大，为了快速收回投资且高效经济地开采，需要进一步研究温度对南苏丹 P 高凝油油藏水驱油效率的影响及规律。本文采用物理模拟与数值模拟相结合的方法，研究不同注水温度下高凝油驱油效率的变化，并确定注水温度界限来降低注水开采的成本。

1　研究区高凝油黏温特性

高凝油的特殊性主要体现在温度对原油性质影响较大[10,13]。图 1 是实测南苏丹 P 高凝油油藏 Y 层原油黏温关系曲线。从图中可以确定出该高凝油油藏的析蜡温度为 63℃左右，凝固点温度为 46℃左右。

当原油温度高于析蜡温度 63℃，蜡全部溶解于原油中，原油呈液态单相体系，原油的流动性与普通稀油基本一样，只是因重烃含量高而黏度稍大，但是仍呈现牛顿流体性质。

作者简介：徐锋，男，出生于 1985 年，北京大学和中国石油勘探开发研究院联合培养博士。主要从事海外油气田开发及油气藏数值模拟研究，现就职于中国石油国际勘探开发有限公司油气开发部。地址：北京市西城区阜成门北大街 6-1 号；邮编：100034；电话：010-60116798；邮箱：xufeng01@ cnpcint.com。

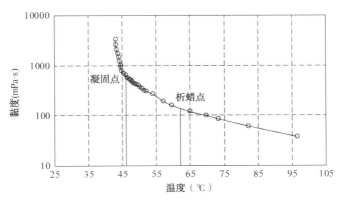

图 1   南苏丹 P 油藏 Y 层高凝油油样黏温曲线

随着温度的下降，当原油温度处于凝固温度与析蜡温度之间时，蜡的溶解度降低，蜡晶依照分子量的大小依次析出，蜡晶为分散相，液态烃为连续相，这时高凝油原油可近似认为是牛顿流体。但是当温度下降至反常点后，由于析出的蜡晶增多并缔结，原油中开始出现海绵状凝胶体，呈现出非牛顿流体的流变特征，具有剪切稀释性，可认为是假塑性流体。当高凝油温度进一步下降到失流点或凝固点以后，发生转相，蜡晶相互连接形成空间网络结构，成为连续相，液态烃则被隔开而成为分散相，失去其流动性。这时原油具有屈服假塑性流体流变特征，并可能同时呈现触变性，为触变性假塑性流体。

2   注水温度对水驱油效率影响实验研究

南苏丹 P 油藏具有正常的压力温度系统，静温度梯度为 3.52~3.77℃/100m（平均 3.65℃/100m），1400m 处的油层温度是 82.3℃。用恒压法测定油水相对渗透率的装置进行水驱油实验研究，实验中所用的水为油田水，水型为 $NaHCO_3$，矿化度为 10221.12mg/L。根据前面的研究结果，在高于析蜡点、析蜡点附近以及凝固点下的不同温度范围内进行了一维长岩芯含气油实验、一维长岩芯脱气油实验和一维短岩芯脱气油实验，得到了水驱油效率的变化规律。

2.1   一维长岩芯含气油实验

分别对注水温度为 50℃、65℃ 和 85℃ 三种情况进行实验，实验结果如图 2 和图 3 所示。实验结果表明，85℃、65℃ 和 50℃ 的最终采出程度分别为 49%、36.5% 和 23.2%。50℃ 到 65℃ 之间，单位温度内增加的采出程度为 0.887%；65℃ 到 85℃ 度之间，单位温度内增加的采出程度为 0.625%。随温度的增加，采出程度不断增加，但是在析蜡点之上，随温度上升，采出程度增加的幅度较小。

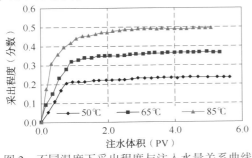

图 2   不同温度下采出程度与注入水量关系曲线

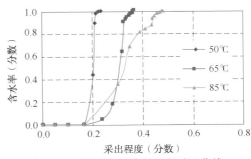

图 3   不同温度下采出程度对比曲线

259

温度越高，含水率上升越缓慢，无水采收率越高，无水采收率按含水低于 2% 计算，85℃、65℃ 和 50℃ 三个温度下的无水采收率依次为 18%、17.7% 和 16.5%。随着温度的升高，高凝油最终采出程度也变大。

在 65~85℃ 温度区间，油样表现为稀分散悬浮液，宏观上表现为牛顿流体，故从 85℃ 降温到 65℃ 的驱油效率降幅较小。在 50~65℃ 温度区间，由于析出蜡量显著增加，微观蜡晶颗粒之间的平均距离较远，形状不规则，彼此间易相互作用形成结构，为胶质、沥青质提供桥梁，导致原油黏度急剧变化，油水流度比降低较快，因此从 65℃ 降温至 50℃ 时，无水采收率和最终采收率下降幅度较大。

2.2 一维长岩芯脱气油实验

分别对注水水温度为 40℃、60℃ 和 100℃ 三种情况进行实验。从图 4 中曲线上可以看出，注水温度为 100℃ 和 60℃ 时采出程度相差较小，前者采收率为 60.0%，后者采收率为 55.7%。注水温度为 40℃ 和 60℃ 时无水采收率相差不大，因为水驱刚开始时，岩芯温度仍然保持在油藏温度，岩芯不受外界温降影响。低温注水时油水黏度差比较大，黏性指进较严重，注入水沿大孔道突进，含水上升较快，故而最终采出程度较低。

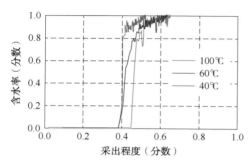

图 4　不同注水温度下的采出程度对比曲线

2.3 一维短岩芯脱气油实验

分别对渗透率为 $800 \times 10^{-3} \, \mu m^2$ 和 $1500 \times 10^{-3} \, \mu m^2$ 的一维短岩芯进行实验，实验注入水温度分别为 42℃、50℃、65℃、75℃ 和 84.5℃。从两组岩芯的实验结果(图 5 和图 6)可以看出温度越大，无水采收率和最终采收率越大，且随温度的增加，驱油效率增加的幅度逐渐减小。

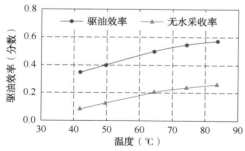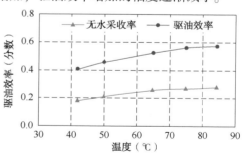

图 5　$800 \times 10^{-3} \, \mu m^2$ 岩芯温度与驱油效率关系曲线　图 6　$1500 \times 10^{-3} \, \mu m^2$ 岩芯温度与驱油效率关系曲线

通过以上实验结果可知高凝油对温度较敏感，注水温度直接影响高凝油油藏开发效果，温度越高，无水采收率和最终采收率越大。温度低于析蜡点，驱油效率变化较大。高于析蜡点，随温度的增加，原油黏度对温度敏感性降低，驱油效率增加的幅度减小。

3　注水温度对水驱油效率影响数模研究

在物理模拟研究的基础上，以南苏丹 P 高凝油油藏 Y 油层为研究对象建立机理模型，通过数值模拟方法进一步研究注水温度对驱油效率的影响[14]。模拟高凝油油藏开发动态的关键是模型能考虑油藏温度场的变化以及由此造成的原油性质的改变。STARS模块可充分考虑高凝油油藏模拟的关键因素，同时能基于实验结果对析蜡反应进行设计[15]。

原油中的蜡组分是 $C_{16}H_{34}$ 以上的烷烃，常温常压下呈固态。依据高凝油的化学组成，将原油划分为非结蜡（$C_1 \sim C_{15}$）和结蜡组分（C_{16+}），并定义了蜡的固相组分 WAX。由蜡组分的构成可知，当温度下降到析蜡温度后，蜡的沉积反应为：$1C_{16+} \rightarrow 1WAX$。所以模型中的组分有 H_2O、$C_1 \sim C_{15}$、C_{16+} 和 WAX 四种[16]。

由于蜡组分结晶反应对油藏温度极为敏感，为了更好描述不同温度条件下的蜡组分转化为固相的比例，特此给出多个温度（两个压力条件）下的反应系数。依据驱替实验的结果进行模型拟合运算，确定了结蜡反应相关系数。

在此基础上建立了三维四相拟组分井组模型[17]，模型中的相对渗透率曲线和黏温曲线等物性参数均来自于室内实验。

3.1 注水温度对开发效果的影响

首先利用新建全因素（考虑结蜡）模型计算了不同注水温度，注入量1.5PV时油藏的开发效果，并与不考虑结蜡模型的计算结果进行了对比，结果如图7所示。从图中可以看出随着注水温度的增加，全因素模型预测结果变化较大，不考虑结蜡模型采出程度变化幅度很小。全因素模型体现了高凝油的流变特征，注水温度对油藏开发效果的影响明显。注入水温度为20℃，全因素模型比不考虑结蜡模型采出程度低4%。由全因素模型的采出程度曲线可知，当注入水温度高于63℃时，油藏可取得较好的开发效果，建议注水温度应高于析蜡点。

3.2 不同注入量对开发效果的影响

利用全因素机理模型计算了不同注入量下采出程度随注入水温度的变化规律，结果如图8所示。由预测结果可知，当注水量恒定的条件下，随着注水温度的增加，油藏采出程度先迅速升高，当注水温度达到63℃后，油藏采出程度增幅减小。不同注水温度下温度场和饱和度的分布规律（注入量为1.5PV），如图9至图11所示。

油藏温度场表明温度下降主要集中在注水井附近，且随着注水温度的升高，注水井附近油藏温度下降减少。油藏饱和度场分布表明随着注水温度的升高，油藏剩余油明显减少。

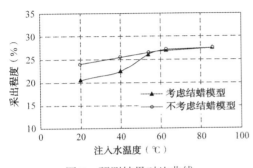

图7 预测结果对比曲线

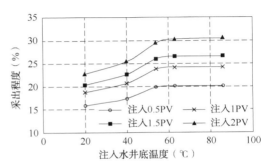

图8 不同注入量下采出程度随注入水温度的变化

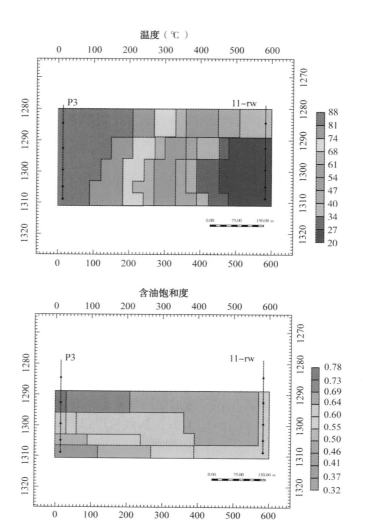

图 9　注水温度为 20℃ 油藏温度场和含油饱和度场分布(注入量＝1.5PV)

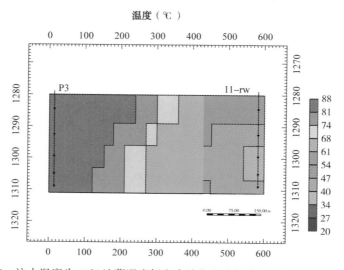

图 10　注水温度为 40℃ 油藏温度场和含油饱和度场分布(注入量＝1.5PV)

含油饱和度

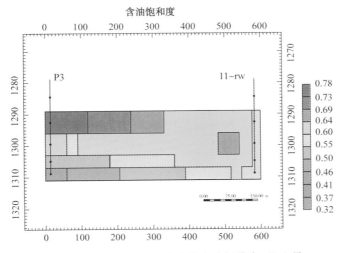

图 10　注水温度为 40℃ 油藏温度场和含油饱和度场分布（注入量 = 1.5PV）（续）

温度（℃）

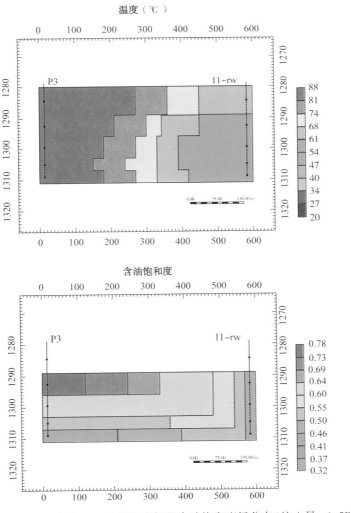

图 11　注水水温度为 54℃ 油藏温度场和含油饱和度场分布（注入量 = 1.5PV）

4　结论

通过对南苏丹 P 高凝油油藏水驱油效率的物理模拟和数值模拟研究，可得到如下结论：

（1）高凝油对温度较敏感，注水温度的不同很大程度上影响开发效果。温度越高，无水采收率和最终采收率均增大。温度越低见水时间越早，见水后含水上升也就越快。

（2）析蜡点前后，驱油效率变化较大。高于析蜡点，随温度的增加，原油黏度对温度敏感性降低，驱油效率增加的幅度逐渐减小。

（3）高凝油藏注水开发初期，近井地带受效快，温度变化大。地层对注水温度的受效半径随时间的推移而趋于一定值。近井地带受注入温度影响较大，一旦注入温度导致高凝油析蜡，将会降低注入能力，影响注水效果，建议注水温度在应高于析蜡点。

参考文献

[1] 刘翔鹗. 高凝油油藏开发模式[M]. 北京：石油工业出版社，1997.

[2] 张方礼，高金玉. 静安堡高凝油油藏[M]. 北京：石油工业出版社，1997.

[3] 高约友. 魏岗高凝油油藏[M]. 北京：石油工业出版社，1997.

[4] 周炜，唐仲华，温静，等. 有效改善高凝油油藏注水开发效果——以辽河盆地大民屯凹陷沈 95 块为例[J]. 石油与天然气地质，2010，31（02）：260-264.

[5] 田乃林，张丽华. 高凝油驱油效率的室内实验研究[J]. 大庆石油地质与开发，1997，16（3）：53-55.

[6] 姚为英. 高凝油油藏注普通冷水开采的可行性[J]. 大庆石油学院学报，2007，31（4）：41-43.

[7] 焦雪峰，金维鸽. 温度对高凝油油藏开发效果的影响研究[J]. 贵州工业大学学报（自然科学版），2008，37（06）：9-11.

[8] 何秋轩，高永利，任晓娟，等. 沈阳油田储层微观驱油效率研究[J]. 西南石油学院学报，1996，18（2）：20-24.

[9] 高明，宋考平，吴家文，等. 高凝油油藏注水开发方式研究[J]. 西南石油大学学报（自然科学版），2010，32（02）：93-96.

[10] 陆辉，杨胜来，王玉霞，等. 苏丹 3/7 区高凝油流变特性研究[J]. 科学技术与工程，2012，12（13）：3222-3225.

[11] 阳晓燕，杨胜来，吴向红，等. 高凝油油藏注水开采温度场变化规律[J]. 特种油气藏，2011，18（04）：87-89.

[12] 阳晓燕，杨胜来，吴向红，等. 注水对高凝油藏温度场影响的数值模拟研究[J]. 复杂油气藏，2011，4（03）：51-53.

[13] 王致立，姚传进，蒋帅，等. 非牛顿高凝油的剪切特性[J]. 西南石油大学学报（自然科学版），2012，34（04）：110-114.

[14] 刘慧卿. 油藏数值模拟方法专题[M]. 东营：石油大学出版社，2001.

［15］姚凯，姜汉桥，党龙梅，等．高凝油油藏冷伤害机制［J］．中国石油大学学报（自然科学版），2009，33（03）：95-98.

［16］Shaojun Wang, Faruk Civan, Arden R. Strycker. Simulation of Paraffin and Asphaltene Deposition in Porous Media［C］. SPE50746, the 1999 SPE International Symposium on Oilfield Chemistry held in Houston, Texas, 16-19 February 1999.

［17］梅海燕，张茂林，郭平，等．三维四相多组分模型及其数值模拟应用［J］．新疆石油地质，2004，25（05）：505-508.

缝洞型潜山稠油油藏合理单井产能计算方法

张瑾琳　吴向红　晋剑利　刘翀　郑学锐

（中国石油勘探开发研究院）

摘　要： 针对缝洞型潜山稠油油藏储集空间存在多样性和复杂性以及稠油流动存在启动压力梯度的问题，考虑原油可流动性和缝洞发育特点，利用等效连续介质理论、等值渗流阻力和水电相似原理，推导出缝洞型稠油油藏单井产能公式，并结合区块实际地质参数进行了产能主要影响因素分析。敏感性分析表示，油井产能随原油黏度的增加而递减，最终趋于定值；随着启动压力梯度的增加，原油流动的困难增加，合理增大压差可使原油的可流动性增加；随裂缝开度和线密度增加，油井产能增长幅度由小变大；随孔洞直径和面密度增加，油井产能呈指数型增长。实例研究结果表明单井产能计算方法可靠，可为确定缝洞型潜山稠油油藏合理产能提供理论依据。

关键词： 缝洞型储层；稠油；等效连续介质；启动压力梯度；单井产能

缝洞型潜山稠油油藏相比常规油藏的单井产能预测具有一定的挑战性。一方面具有缝洞型储层储集空间的特殊性。由于构造、岩溶等作用使其储集空间十分复杂，造成流体渗流规律描述困难。目前对于缝洞型储层的单井产能研究，一般有三种方法：双重介质数值模拟、产能回归预测法和等效连续介质模型。普通的双重介质数值模拟技术主要应用于裂缝发育规则且相互连通的储层[1-6]，但对于缝洞同时发育且储集空间分布不均、不连续以及多尺度性的油藏并不适用。同时，单井产能回归预测法主要是针对具体一个油田的生产规律进行统计回归出合理的单井产能[7-11]，但是这种方法不具有普遍的适用性。等效连续介质理论仍是一种重要的研究内容。国内学者刘建军、冯金德等[12,13]建立了裂缝发育的等效渗流模型，以及徐轩、杨正明等[14,15]提出了裂缝、孔洞同时发育的储层的等效渗流方法。另一方面缝洞型潜山稠油油藏又具有稠油的渗流特征。原油黏度大、流动能力差，导致稠油油藏具有启动压力梯度的非达西渗流特点[16-20]。以乍得 H 区块 BC 油田为例，考虑稠油流动存在启动压力梯度以及区块的缝洞发育特点，利用等效连续介质理论、等值渗流阻力和水电相似原理推导到出缝洞型潜山稠油油藏单井产能公式，并结合区块实际地质参数针对原油黏度、可流动性、裂缝发育程度及孔洞发育程度主要影响产能的因素进行了分析，同时对比了其他产能计算方法，验证了公式的可靠性和实用性，为合理确定缝洞型潜山稠油油藏单井产能提供了一定的理论依据。

1　目标区油藏特征

乍得 H 区块 BC 构造发育缝洞型花岗岩潜山油藏，油藏埋深较浅（550~1000m），是一个受断层控制似层状缝洞型油藏，基岩岩性复杂，主要以混合花岗岩为主（图 1）。储层纵向上划分

基金项目： 中国石油天然气集团公司课题（2016D-4401，2016D-4402）。

作者简介： 张瑾琳（1989-），女，湖南湘潭，博士，工程师，主要从事油藏工程和渗流力学方向的研究。

联系电话： 15010372078，E-mail：zhangjinlin@petrochina.com.cn。

有风化淋滤带、缝洞发育带、半充填裂缝发育带和致密带，其中缝洞发育带为优质储层。储集空间类型主要为构造裂缝、破碎粒间孔和溶蚀孔洞(图2)。经岩心统计分析，基质孔隙度为 0.1%~6.5%，裂缝孔隙度为 0.03%~0.3%，孔洞孔隙度为 2.5%~3.5%，总体孔隙度3%以上，具有较好的储集性能。由测井解释得到，基质渗透率一般在 $(0.001 \sim 1) \times 10^{-3} \mu m^2$，平均含油饱和度71%。原始地层条件下，原油密度为 0.95g/cm³，原油黏度约为 800~950mPa·s，属于普通稠油1-2类。从探井钻遇情况来看，潜山油水界面不统一，水体能量有限。

（a）混合花岗岩

（b）正长花岗岩

图1　乍得H区块花岗岩类岩石照片

（a）构造裂缝及溶孔

（b）破碎粒间孔

图2　乍得H区块花岗岩岩心孔隙及裂缝铸体薄片

2　缝洞型潜山稠油油藏单井产能计算方法

2.1　储层等效渗透率模型

根据冯金德和刘建军分别建立的裂缝性和孔洞型储层等效连续介质模型的思路，针对BC油田的溶蚀孔洞和裂缝尺度及其发育特征，以及基质岩块的渗流能力，将缝洞型储层划分为2个区域：溶洞—基质区域和裂缝—基质区域。将等效区域假设为水平、等厚、均质的模型，裂缝和孔洞发育均匀且沿水平方向，如图3所示。储层总长为 L，其中沿水平方向溶洞—基质型储层有 n_1 段，每段溶洞—基质长度为 $l_{hxi+mxi}$，等效渗透率为 $K_{hxi+mxi}$；裂缝型储层 n_2 段，每段裂缝—基质长度为 $l_{fxi+mxi}$，等效渗透率为 $K_{fxi+mxi}$；等效渗透率张量以平行于 x、y 主轴方向的 K_x、K_y 表示(笛卡尔坐标)。

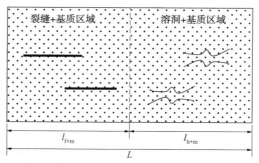

图 3 缝洞型储层等效连续介质模型示意

2.1.1 裂缝—基质区域

平行于裂缝方向的等效渗透率表达为：

$$K_{fx+mx} = K_{mx} + (K_f - K_{mx}) D_L b_f \tag{1}$$

式中，K_{fx+mx} 为裂缝—基质系统平行于裂缝方向的等效渗透率，$10^{-3} \mu m^2$；K_{mx}、K_f 分别为基质水平方向上的渗透率和裂缝渗透率，$10^{-3} \mu m^2$；D_L 为裂缝线密度，条/m；b_f 为裂缝开度，mm。

垂直于裂缝方向的等效渗透率表达为：

$$K_{fy+my} = \frac{K_{my} K_f}{K_f - (K_f - K_{my}) D_L b_f} \tag{2}$$

式中，K_{fy+my} 为裂缝—基质系统内垂直于裂缝方向的等效渗透率，$10^{-3} \mu m^2$；K_{my} 为基质垂直方向上的渗透率，$10^{-3} \mu m^2$。

裂缝渗透率表达式为：

$$K_f = \frac{\phi_f b_f^2}{12} = 8.33 \times 10^6 \phi_f b_f^2 \tag{3}$$

式中，ϕ_f 为裂缝孔隙度，小数。

2.1.2 溶洞—基质区域

平行于孔洞发育方向的等效渗透率表达为：

$$K_{hx+mx} = K_{mx} + (K_h - K_{mx}) N_h \pi r_h^2 \tag{4}$$

式中，K_{hx+mx} 为溶洞—基质系统平行于孔洞方向的等效渗透率，$10^{-3} \mu m^2$；K_h 为孔洞渗透率，$10^{-3} \mu m^2$；N_h 为孔洞面密度，个/m^2；r_h 为孔洞直径，mm。

垂直于孔洞发育方向的等效渗透率表示为：

$$K_{hy+my} = \frac{K_{my} K_h}{K_h - (K_h - K_{my}) N_h \pi r_h^2} \tag{5}$$

式中，K_{hy+my} 为溶洞—基质系统内垂直于孔洞方向的等效渗透率，$10^{-3} \mu m^2$。

溶洞渗透率公式为：

$$K_h = \frac{\phi_h r^2}{8} = 12.5 \times 10^6 \phi_h r_h^2 \tag{6}$$

式中，ϕ_h 为孔洞孔隙度，小数。

2.1.3 总等效区域

在给定压差下，沿水平方向的溶洞—基质区域和裂缝—基质区域的流体流量相同，即总压降为溶洞—基质区域和裂缝—基质区域的压降之和为：

$$\frac{L}{K_x} = \sum_{i=1}^{n_1} \frac{l_{hi+mi}}{K_{hxi+mxi}} + \sum_{i=1}^{n_2} \frac{l_{fi+mi}}{K_{fxi+mxi}} \tag{7}$$

式中，L 为储层水平方向的长度，m；K_x 为水平方向的等效渗透率，$10^{-3}\mu m^2$；l_{fi+mi} 为裂缝—基质区域长度；l_{hi+mi} 为溶洞—基质区域长度。

从而得出水平方向的等效渗透率表达式为：

$$K_x = \frac{K_{hx+mx}K_{fx+mx}}{\frac{l_{h+m}}{L}K_{fx+mx} + \frac{l_{f+m}}{L}K_{hx+mx}} \tag{8}$$

同理，得到垂直方向的等效渗透率表达式为：

$$K_y = \frac{K_{hy+my}l_{h+m} + K_{fy+my}l_{f+m}}{L} \tag{9}$$

式中，K_y 为垂直方向的等效渗透率，$10^{-3}\mu m^2$。

由于实际缝洞型油藏储层裂缝发育复杂，非均质性强以及高角度缝为主等特征，基于上述储层模型表征结果，引入等效渗透率张量描述裂缝对储层的影响。总等效张量可表示为：

$$K_{eq} = \begin{bmatrix} K_x \cos^2\theta + K_y \sin^2\theta & (K_x - K_y)\sin\theta\cos\theta \\ (K_x - K_y)\sin\theta\cos\theta & K_x \sin^2\theta + K_y \cos^2\theta \end{bmatrix} \tag{10}$$

式中，K_{eq} 为储层总的等效渗透率，$10^{-3}\mu m^2$；θ 为裂缝发育方位角，（°）。

2.2 稠油油藏渗流特点

由于稠油具有黏度大、分子量大等特点，使得稠油在流动中表现出非牛顿特性，当驱替压力大于启动压力时，稠油才开始流动。考虑启动压力梯度的稠油渗流方程为：

$$v = \begin{cases} 0, & \dfrac{dp}{dr} < G \\ \dfrac{K_{eq}}{\mu}\left(\dfrac{dp}{dr} - G\right), & \dfrac{dp}{dr} \geqslant G \end{cases} \tag{11}$$

式中，v 为渗流速度，m/s；μ 为地层原油黏度，mPa·S；p 为压力，MPa；r 为驱替距离，m；G 为启动压力梯度，MPa/m。

2.3 单井产能公式

将缝洞型潜山稠油油藏物理模型假设为圆形定压边界，考虑稠油非达西渗流特点以及忽略毛管力和重力影响。考虑启动压力影响的单井稳定渗流产能公式为：

$$Q = A \cdot v = 2\pi rh \cdot \frac{K_{eq}}{\mu}\left(\frac{dp}{dr} - G\right) \tag{12}$$

对式（12）两边积分，最终得到产能公式为：

$$Q = 2\pi K_{eq}h \cdot \frac{[p_e - p_w - G(R_e - r_w)]}{\mu\ln\dfrac{R_e}{r_w}} \tag{13}$$

式中，Q 为油井产量，m^3/d；h 为油层厚度，m；p_e、p_w 为供给压力和井底流压，MPa；R_e、r_w 为供给半径和井筒半径，m。

3 单井产能计算模型验证

根据乍得 H 区块 BC 缝洞型油藏综合地质研究结果，2 井区油藏缝洞最为发育，其基本参数为：油层厚度为 15.7 m，平均地层原油黏度为 800 mPa·s，基质平均孔隙度为 1.2%，平均渗透率为 0.1×10⁻³ μm²；裂缝平均孔隙度为 0.3%，裂缝线密度一般为 0~4 条/m，裂缝开度主要集中在 0.1~2 mm；孔洞平均孔隙度为 2.9%，孔洞直径主要集中在 0.1~0.5 mm，孔洞面密度为 3.5~8.5 个/m²。假设储层水平段长度为 200 m，供给半径为 100 m，井径为 0.1 m。从上述公式可以看出，影响单井产能的主控因素有原油黏度、可流动性、裂缝发育程度及孔洞发育程度。

公式法计算出缝洞型储层有效渗透率为 2545×10⁻³ μm²，其对应的单井产能为的单井产能为 30.4 m³/d，与现场测试结果 33.3 m³/d 和数值模拟发 34.1 m³/d 相近，相差约为 8.5%，同时与三种方法所得平均值相差 6.7%，由此验证了本文单井产能计算模型的可靠性，新公式适用于缝洞型潜山稠油油藏的油井产能。

4 单井产能主要影响因素分析

4.1 原油黏度的影响

计算不同压差下的原油黏度对单井产能的影响，结果如图 4 所示。从图中可以看出，油藏其他条件不变的情况下，原油黏度相对较小时，随黏度的增大，单井日产量呈"滑道"式降低趋势，但在原油黏度相对较大时，单井日产量随黏度的增大而缓慢降低，直至基本不变。这表明单井产量对原油黏度的变化敏感性较大，黏度增大导致原油渗流阻力增大，从而单井产量降低。

4.2 原油可流动性的影响

由前文可知，稠油油藏中原油可流动性可由启动压力梯度大小来表征，启动压力梯度是决定稠油能否发生流动的门槛值，其对单井产能的影响如图 5 所示。由图可知，启动压力梯度越大，单井产量越低。当启动压力梯度相对较大时，渗流阻力增大，在压差较小的情况下，原油不流动，随着压差增大，原油克服了渗流阻力，开始流动，随之单井产量增加。同时，压差的过于增长，易导致储层裂缝孔洞闭合，因此矿场实际生产中需考虑合理生产压差。

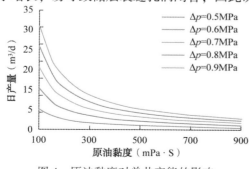
图 4 原油黏度对单井产能的影响

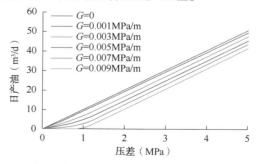
图 5 启动压力梯度对单井产能的影响

4.3　裂缝发育程度的影响

根据2井区的裂缝发育程度，计算不同裂缝线密度和开度对单井产能的影响，如图6所示。由图可以看出，油井产能随裂缝开度的增大而增大，当裂缝开度小于1.4 mm时，油井产量增加幅度较小；当裂缝开度大于1.4 mm时，油井产量增加幅度变大。单井产能随裂缝线密度增加而增加，当裂缝开度较小时，单井产能对裂缝线密度的变化不敏感，当裂缝开度较大时（>3.5条/m），裂缝线密度的增大对单井产能影响大幅增加，使得产量呈指数型增长。

4.4　孔洞发育程度的影响

由2井区孔洞发育特征，计算不同孔洞发育参数对单井产能的影响，如图7所示。由图7可知，随孔洞直径的增大，单井产能呈指数型增长的趋势，孔洞直径越大，增长幅度略有提高。当孔洞直径一定时，油井产量随孔洞面密度的增大而增大。孔洞的发育提高了储层的渗透率和孔隙度，为提高单井产量提供了物质基础。

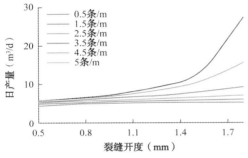

图6　裂缝密度和开度对单井产能的影响

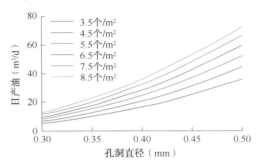

图7　孔洞的面密度和直径对单井产能的影响

5　结　论

（1）随着原油黏度的增加，油井产能呈"滑道式"递减，递减幅度越来越小，直至趋于不变；原油黏度的增加导致渗流阻力增加，使得单井产能降低，适当提高压差可增大产能。

（2）随着启动压力梯度的增大，油井产能降低，原油流动的困难增大、可流动性小，因此合理增大压差，可使原油流动克服渗流阻力。

（3）随裂缝线密度和开度增加，油井产能增大，增长幅度逐渐变大；随孔洞面密度和直径的增大，油井产能呈指数型增长。

（4）产能公式与实测数据和数值模拟计算结果相近，适用于缝洞型稠油油藏单井产能的确定。

参考文献

［1］ Warren J E，Root P J. The Behavior of Naturally Fractured Reservoirs［J］. Society of Petroleum Engineers Journal，1963，3（3）：245−255.

［2］Kazemi H, Kazemi H. A Pressure Transient Analysis of Naturally Fractured Reservoirs with Uniform Fracture Distribution［J］. Society of Petroleum Engineers Journal, 1969, 9(4)：451-462.

［3］Swaan A D, Rapoport A. Coalition theories and cabinet formations：a study of formal theories of coalition formation applied to nine European parliaments after 1918［J］. Contemporary Sociology, 1976, 5(2)：177.

［4］赵海洋, 贾永禄, 蔡明金, 等. 低渗透双重介质垂直裂缝井产能分析［J］. 西南石油大学学报(自然科学版), 2009, 31(2)：71-73.

［5］雷莹, 任旭. 双重介质油藏产能动态分析［J］. 科学技术与工程, 2010, 10(36)：8972-8974.

［6］郑学锐, 李贤兵, 李香玲. 一种裂缝性油藏产能预测新方法［J］. 断块油气田, 2015, 22(6)：744-746.

［7］张贺举, 王用军, 周晓林, 等. 多个连通缝洞体的酸压水平井产能预测［J］. 油气地质与采收率, 2011, 18(4)：86-89.

［8］赵艳艳, 袁向春, 康志江. 缝洞型碳酸盐岩油藏油井产量及压力变化模型［J］. 石油与天然气地质. 2010, 31(1)：54-56.

［9］王禹川, 王怒涛, 袁晓满, 等. 碳酸盐岩缝洞型油藏产能评价方法探讨［J］. 断块油气田. 2011, 18(5)：54-56.

［10］李鹏, 康志宏, 龙旭, 等. 塔河油田缝洞型油藏单井生产规律［J］. 大庆石油地质与开发, 2013, 32(1)：91-96.

［11］朱婧, 张烈辉, 吴峰, 等. 塔河碳酸盐岩缝洞性油藏单井递减规律研究［J］. 重庆科技学院学报：自然科学版, 2009, 11(2)：14-16.

［12］刘建军, 刘先贵, 胡雅祁, 等. 裂缝性砂岩油藏渗流的等效连续介质模型［J］. 重庆大学学报：自然科学版. 2000, 23(增刊1)：158-160.

［13］冯金德, 程林松, 李春兰. 裂缝性低渗透油藏稳态渗流理论模型［J］. 新疆石油地质. 2006, 27(3)：316-318.

［14］徐轩, 杨正明, 刘先贵, 等. 缝洞型碳酸盐岩油藏的等效连续介质［J］. 石油钻探技术. 2010, 17(6)：84-88.

［15］徐轩, 杨正明, 祖立凯, 等. 多重介质储层渗流的等效连续介质模型及数值模拟［J］. 断块油气田. 2010, 38(1)：733-737.

［16］田冀, 许家峰, 程林松. 普通稠油启动压力梯度表征及物理模拟方法［J］. 西南石油大学学报(自然科学版), 2009, 31(3)：158-162.

［17］吴淑红, 张锐. 稠油非牛顿渗流的数值模拟研究［J］. 特种油气藏, 1999(3)：25-28.

［18］姚同玉, 黄延章, 李继山. 孔隙介质中稠油流体非线性渗流方程［J］. 力学学报, 2012, 44(1)：106-110.

［19］孙建芳. 胜利油区稠油非达西渗流启动压力梯度研究［J］. 油气地质与采收率, 2010, 17(6)：74-77.

［20］樊冬艳, 于伟杰, 李友全, 等. 裂缝性潜山稠油油藏产能影响因素分析［J］. 科学技术与工程, 2015, 15(16)：40-44.

一种裂缝性油藏产能预测新方法

郑学锐

（中国石油勘探开发研究院）

摘　要：裂缝性油藏因其裂缝发育、非均质性强、渗流规律复杂，单井产能预测难度大，而产能预测是油田开发评价的重要一环，常规有效的产能预测只有通过试油、试采和试井来确定，耗时较长。因此本文基于裂缝性油藏渗流模型和数学模型，通过 Laplace 变换得出 Laplace 空间上的无因次产量解，然后编程使用 Stehfest 数值反演方法得到真实空间上的无因次产量解，根据真实时间和产量与无因次时间和产量的换算关系，便可以对裂缝性油藏任一时间的产量进行预测。运用该方法对乍得某盆地裂缝性油藏进行产能预测，预测产量与真实产量相对误差保持在 5% 左右，说明该方法满足裂缝性油藏产能快速预测的需要。

关键词：裂缝性油藏；产能预测；无因次产量

引言

裂缝性油藏裂缝分布规律复杂，裂缝导流能力确定难度大，储层非均质性强，渗流规律复杂，预测单井产能的难度很大[1-7]，而单井产能的确定是油田开发环节的重要一环，预测结果的准确与否直接影响了油田的开发效果和经济效益。常规产能预测方法是通过试油、试井和试采的方法来实现的，一般耗时较长，前人推导的产能公式虽考虑了裂缝参数[8,9]，但大多忽略了裂缝与基质间的窜流，因此只在前期裂缝内流体充足时预测结果较为准确。因此本文基于裂缝性油藏模型和数学模型探究出新的产能预测方法。

1　裂缝性油藏模型的建立

（1）建立双重介质油藏概念模型，如图 1 所示，模型的基本假设如下：

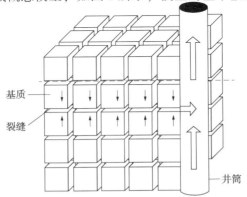

图 1　裂缝性油藏理论渗流模型示意图

作者简介：郑学锐，男，出生于 1989 年，中国石油勘探开发研究院非洲所工程师，从事非洲地区油气田开发工作。地址：北京市海淀区学院路 20 号；邮编：100083；电话：010-83599024；邮箱：zhengxuerui@petrochina.com.cn。

①采用 Warren—Root 模型，基质被正交裂缝所分割，基质岩块均质。

②基岩系统和裂缝系统有各自的渗透率和孔隙度。

③裂缝直接向井筒供液，基质然后只向裂缝供液，基质不向井筒供液，且不考虑基质内部的流动。

④渗流符合达西渗流，裂缝中不会出现高速非达西流动。

⑤流体为微可压缩流体，岩石压缩系数恒定，不考虑重力和井筒储集效应影响。

（2）根据以上假设可得出裂缝性油藏数学模型

$$\frac{\partial^2 P_D}{\partial r_D^2} + \frac{1}{r_D}\frac{\partial P_D}{\partial r_D} = (1-\omega)\frac{\partial P_{Dm}}{\partial t_D} + \frac{\partial P_{Df}}{\partial t_D} \tag{1}$$

$$(1-\omega)\frac{\partial P_{Dm}}{\partial t_D} = \lambda(P_{Df} - P_{Dm}) \tag{2}$$

$$P_D(r_D, 0) = 0 \tag{3}$$

$$P_{Df} - S\left(\frac{\partial P_{Df}}{\partial r_D}\right)_{r_D} = 1 \tag{4}$$

$$\lim_{r_D \to \infty} P_{Df}(r_D, t_D) = 0 \tag{5}$$

$$q_D(t_D) = -\left(\frac{\partial P_D}{\partial r_D}\right)_{r_D} = 1 \tag{6}$$

其中，式（1）为裂缝系统的渗流方程，式（2）为基质系统向裂缝系统的窜流方程，式（3）为初始条件，式（4）为内边界条件，式（5）为外边界条件，式（6）为裂缝流入井筒的无因次流量。

其中的无量纲变量按照如下定义的：

无因次半径：
$$r_D = \frac{r}{r_w} \tag{7}$$

无因次时间：
$$t_D = \frac{3.6k_f t}{\phi \mu c r_w^2} \tag{8}$$

无因次流量：
$$q_D = \frac{1.842 \times 10^{-3} \mu B}{k_f h(P_i - P_{wf})} \cdot q(t) \tag{9}$$

式中，r_w 为井筒半径，m；h 为油层厚度，m；q 为井底流量，m³/d；k_f 为裂缝渗透率，μm²；ϕ 为孔隙度，小数；μ 为地层原油黏度，mPa·s；c 为井筒储集系数，m³/MPa；p_{wf} 为井底压力，MPa；B 为地层系数，小数。

2 双重介质数学模型的求解

对裂缝性油藏数学模型的求解可以使用半解析和数值方法进行求解，就是对公式进行 Laplace 变换得到 Laplace 空间的解，然后使用数值反演得到真实空间上的无因次产量，进而得出真正的产量。

渗流方程经过 Laplace 变换后可得：

$$\frac{\partial^2 P_{Df}}{\partial r_D^2} + \frac{1}{r_D}\frac{\partial P_{Df}}{\partial r_D} = u\frac{\omega(1-\omega)u + \lambda}{(1-\omega)u + \lambda}P_{Df} \tag{10}$$

可设 $f(u) = \dfrac{\omega(1-\omega)u + \lambda}{(1-\omega)u + \lambda}$ 代入式(10)得到

$$\frac{\partial^2 P_{Df}}{\partial r_D^2} + \frac{1}{r_D}\frac{\partial P_{Df}}{\partial r_D} - uf(u)P_{Df} = 0 \tag{11}$$

初始条件仍为:

$$P_D(r_D,\ 0) = 0 \tag{12}$$

内边界变换为:

$$P_D - S\left(\frac{\mathrm{d}P_{Df}}{\mathrm{d}r_D}\right)_{r_D=1} = \frac{1}{u} \tag{13}$$

外边界变换为:

$$\lim_{r_D\to\infty} P_{Df}(r_D,\ u) = 0 \tag{14}$$

产量公式则变为:

$$q_D(u) = -\left(\frac{\mathrm{d}P_{Df}}{\mathrm{d}r_D}\right)_{r_D} \tag{15}$$

对式(15)两端同时除以 $uf(u)$,则得到:

$$\frac{\mathrm{d}^2 P_D}{\mathrm{d}\left(r_D\sqrt{uf(u)}\right)^2} + \frac{1}{r_D\sqrt{uf(u)}} \cdot \frac{\mathrm{d}P_D}{\mathrm{d}\left(r_D\sqrt{uf(u)}\right)} - (1^2 - 0)P_D = 0 \tag{16}$$

令 $x = r_D\sqrt{uf(u)}$,则(16)式变为:

$$\frac{\mathrm{d}^2 P_D}{\mathrm{d}x^2} + \frac{1}{x} \cdot \frac{\mathrm{d}P_D}{\mathrm{d}x} - (1^2 - 0)P_D = 0 \tag{17}$$

该式为 0 阶宗量方程,通解形式为:

$$P_D = AI_0(x) + BK_0(x) \tag{18}$$

外边界条件可知:

$r_D\to\infty$ 时,$P_D = 0$,$\sqrt{uf(u)}_{r_D}\to\infty$,由 $I_0\left(\sqrt{uf(u)}_{r_D}\right)$ 的渐近性可知 $I_0\left(\sqrt{uf(u)}_{r_D}\right)\to\infty$ 因此 $A = 0$。

$$P_D = BK_0\left[r_D\sqrt{uf(u)}\right] \tag{19}$$

则

$$\frac{\mathrm{d}P_D}{\mathrm{d}r_D} = -B\sqrt{uf(u)}\,K_1\left[r_D\sqrt{uf(u)}\right] \tag{20}$$

将式(19)、式(20)代入边界条件,可以得出:

$$B = \frac{1}{s\left\{K_0\sqrt{uf(u)} + S\sqrt{uf(u)}\,K_1\left[\sqrt{uf(u)}\right]\right\}} \tag{21}$$

即:

$$q_D(u) = -\left(\frac{\mathrm{d}P_{Df}}{\mathrm{d}r_D}\right)_{r_D} = B\sqrt{uf(u)}\,K_1\left[r_D\sqrt{uf(u)}\right] = \frac{\sqrt{uf(u)}\,K_1\left[r_D\sqrt{uf(u)}\right]}{s\left\{K_0\sqrt{uf(u)} + S\sqrt{uf(u)}\,K_1\left[\sqrt{uf(u)}\right]\right\}} \tag{22}$$

其中,$\omega = \dfrac{(\phi c)_f}{(\phi c)_f + (\phi c)_m}$ 是无因次裂缝储容系数,是指裂缝系统的弹性储容量占整个系

统储容量的比值，可以用来表征裂缝系统发育的好坏，$\lambda = \alpha \dfrac{k_m}{k_f} r_w^2$ 是无因次窜流系数，物理意义是指介质间窜流强弱的物理量。

对于式（22）使用拉普拉斯解析反变换进行求解是十分困难的，在这种情况下采用 Stehfest 数值反变换[10]。

$$q_D(t_D) = \frac{\ln 2}{t_D} \sum_{i=1}^{n} V_i q\left(\frac{\ln 2}{t_D}i\right) \tag{23}$$

$$V_i = (-1)^{N/2+i} \sum_{k=\frac{i+1}{2}}^{\min(i,\,N/2)} \times \frac{k^{N/2+i}(2k)!}{(N/2-k)!\,k!\,(k-1)!\,(i-k)!\,(2k-i)!} \tag{24}$$

其中，N 是偶数，可以影响计算精度，可以通过试算的方法确定，一般情况下取 8、10、12，该方法计算出的是当油藏参数都确定时一组产量值 $\{q_D^i,\ t_D^i\}$ $(i=1,\ \cdots,\ N)$。

该过程已使用 Mathematica 进行了编程，可以对计算出特定 ω 和 λ 计算出不同无因次时间下的无因次产量，并能将系列值输出到 EXCEL 中。

3 实例应用

乍得某盆地潜山带油藏属于裂缝型稀油油藏，正常温度压力系统，主要储集空间类型为构造裂缝、构造—溶解缝、破碎粒间孔及溶孔。试井解释结果表明潜山油藏发育裂缝具有一定的储油能力，基质与裂缝的配伍性较好。BC-1 井于 2013 年开始依靠弹性能量自喷试采，现已经生产 400 多天，期间生产制度稳定，油井初期产量较高，后期产量递减速度快。BC-1 井部分油藏参数见表 1。

表 1　BC-1 井油藏参数

油藏参数	地下原油黏度（mPa·s）	裂缝渗透率（mD）	油层厚度（m）	表皮系数	总储容系数（m³/MPa）	储容系数	窜流系数	生产压差（MPa）	地层系数	井筒半径（m）
数值	2.92	6870.58	29.92	8.13	0.111	0.11	8.81×10^{-7}	1.4	1.18	0.01

产能预测时取任意真实时间，求取其无因次时间，通过上述无因次产量公式通过数值反算（使用编程实现）可以求出对应的无因次产量，接着就能算出这一时间下的真实产量。

使用该方法对 BC-1 井 400d 的产量进行预测并与真实产量进行比较，步骤如下：

（1）以时间间隔为 20d 取一个时间计算点，计算无因次时间，即：

$$t_D = \frac{3.6 k_f t}{\phi \mu c r_w^2} \tag{25}$$

（2）将无因次时间代入到数值反变换公式，结合推出的无因次产量公式可以求出对应时间下的无因次产量；

（3）将无因次产量换算成真实产量，即：

$$q(t) = \frac{k_f h(P_i - P_{wf})}{1.842 \times 10^{-3} \mu B} \cdot q_D(t_D) \tag{26}$$

预测结果见表 2，可以发现预测产量与真实产量符合情况比较好，误差保持在 5% 左右，说明该方法满足预测需要。油井产能在生产初期迅速递减，到后期逐渐平稳，说明在前期时主要是裂缝供液，产量高但流体供应不足导致了产能前期的迅速下降；随着压力降低，基质系统内的流体开始向裂缝窜流，此时产量逐渐恢复平稳，但由于基质系统渗透率低而窜流量较小，故产能维持在较低水平。本文提出的方法不仅考虑了裂缝系统的流动也考虑了裂缝系统与基质系统之间的窜流，可以对任意时间的产量进行预测，而只考虑裂缝参数的产能预测公式的只能准确预测前期生产的产能，对后期的产能预测误差较大，因此该方法保证了预测的长时准确性。

表2　BC-1井预测产量与实际产量

真实时间 （d）	无因次时间 （10^8）	无因次产量 （10^{-5}）	预测产量 （m^3/d）	真实产量 （m^3/d）	相对误差 （%）
1	0.128	5.58	252.4	256.5	1.6
20	2.570	4.86	223.1	226.5	1.5
40	5.140	4.13	189.8	180.0	5.4
60	7.710	3.60	165.3	175.7	5.9
80	10.280	3.07	140.9	150.8	6.6
100	12.850	2.65	121.9	110.4	7.4
120	15.419	2.24	103.0	101.9	1.0
140	17.989	1.91	87.7	94.6	7.3
160	20.559	1.58	72.4	67.3	7.6
180	23.129	1.31	60.1	61.7	2.7
200	25.699	1.04	47.8	45.7	4.5
220	28.269	0.88	40.2	41.1	2.4
240	30.839	0.71	32.6	29.7	9.5
260	33.409	0.69	31.7	30.6	3.6
280	35.979	0.67	30.8	30.0	2.5
300	38.549	0.66	30.3	31.2	3.0
320	41.118	0.65	29.9	29.6	1.0
340	43.688	0.58	26.7	26.8	0.5
360	46.258	0.51	23.4	21.5	8.6
380	48.828	0.50	22.9	23.0	0.8
400	51.398	0.49	22.3	23.0	3.1

4　结论

（1）本文从裂缝性油藏理论模型出发，建立了裂缝性油藏数学模型，通过 Laplace 变换得到 Laplace 空间上无因次产量解，并使用 Stehfest 算法编程进行数值反变换得到真实空间的无因次产量解。

（2）基于无因次产量解公式的产量预测方法考虑了裂缝系统与基质系统之间的窜流，并能实时预测，应用于乍得某盆地裂缝性潜山油藏，预测产量与实际产量较吻合，相对误差都在5%左右，满足产能预测需要，可以用作产能预测的新方法

参考文献

[1] 葛家理. 油气层渗流力学[M]. 北京：石油工业出版社，1982.

[2] 付春权. 低速非达西渗流垂直裂缝井试井分析[J]. 大庆石油地质与开发，2007，26（3）：53-56.

[3] 程博. 定井底流压下有限导流垂直裂缝井的理论模型[J]. 大庆石油地质与开发，2003，22(3)：55-57.

[4] 冯金德. 裂缝性低渗油藏等效连续介质模型[J]. 石油钻采技术，2007，35（5）：94-97.

[5] 王西江，刘其成，等. 冷124块花岗岩潜山油藏渗流特征实验研究[J]. 特种油气藏，2005，12(3)：91-93.

[6] 许宁，徐萍. 巨厚变质岩古潜山油藏合理开发方式探讨[J]. 特种油气藏，2009，16（3）：65-67.

[7] 刘建军. 裂缝性砂岩油藏渗流的等效连续介质模型[J]. 重庆大学学报，2000，23（增刊）：158-160.

[8] 姚军，侯立群，李爱芬. 天然裂缝性碳酸盐岩封闭油藏产量递减规律研究及应用[J]. 油气地质与采收率，2005，12(1)：56-59.

[9] Imed Ahriche and Djebbar Tiab. The effect of fracture conductivity and fracture storativity on relative permeability in dual porosity reservoir[J]. SPE 71088, 2001.

[10] 侯晓春，王晓东. Stehfest算法在试井分析中的应用扩展[J]. 油气井测试，1996 5(4) 21-24.

附录 成果汇总

穆龙新教授将开发地质理论与方法以及长期深耕海外形成的勘探开发战略和技术浓缩形成了大量的学术成果，共出版专著13部，发表于国内外刊物和学术会议论文共计78篇，内容涉及海外油气战略规划、油气勘探、油气田开发、项目评价、信息技术等专业领域，选题广泛、内容深入，将有助于从事海外油气勘探开发等专业技术人员和石油院校相关专业师生全面系统地了解海外油气项目勘探开发战略、理论和技术，对海外油气项目的提质增效发展起到一定的促进和指导作用。

附录一　出版专著

序号	专著名称	出版社名称	年份	作者
1	不同开发阶段的油藏描述	石油工业出版社	1999	穆龙新等著
2	储层精细研究方法	石油工业出版社	2000	穆龙新等著
3	随机建模和地质统计学：原理，方法和实例研究	石油工业出版社	2000	穆龙新等译
4	扇三角洲沉积储层模式及预测方法研究	石油工业出版社	2003	穆龙新主编
5	精细油藏描述及一体化技术	石油工业出版社	2006	穆龙新等著
6	储层裂缝预测研究	石油工业出版社	2008	穆龙新等著
7	重油和油砂开发技术新进展	石油工业出版社	2012	穆龙新主编
8	高凝油油藏开发理论与技术	石油工业出版社	2015	穆龙新等著
9	海外油气勘探开发特色技术及应用	石油工业出版社	2017	穆龙新主编
10	海外油气勘探开发	石油工业出版社	2018	穆龙新主编
11	海外油田开发方案设计策略与方法	石油工业出版社	2020	穆龙新等
12	油气田开发地质理论与实践	石油工业出版社	2011	张昌民，穆龙新等
13	辫状河储层地质模式及层次界面分析	石油工业出版社	2004	于兴河，马兴祥，穆龙新等

附录二　发表论文

序号	文章名称	期刊/会议名称	年份	作者
1	建立定量储层地质模型的新方法	石油勘探与开发	1994	穆龙新等
2	裂缝储层地质模型的建立	石油勘探与开发	1995	穆龙新等
3	Advances in China's oil reservoir description technique	CHINA OIL & GAS	1996	穆龙新等
4	中国油藏经营管理发展的几个特点	CHINA OIL & GAS	1997	穆龙新等
5	现代油藏精细描述技术和方法	世界石油工业	1999	穆龙新等
6	油藏描述技术的一些发展动向	石油勘探与开发	1999	穆龙新等
7	油藏描述的阶段性及特点	石油学报	2000	穆龙新等
8	关于稠油有限排砂采油方法的探索	钻采工艺	2002	穆龙新等
9	A油田低电阻率油层的机理研究	石油学报	2004	穆龙新等
10	奥里诺科重油带构造成因分析	地球物理学进展	2009	穆龙新等
11	委内瑞拉奥里诺科重油带地质与油气资源储量	石油勘探与开发	2009	穆龙新等
12	委内瑞拉奥里诺科重油带开发现状与特点	石油勘探与开发	2010	穆龙新等
13	海外大型超重油油藏水平井规模上产开发技术	中国科技成果	2012	穆龙新等
14	中国石油公司海外油气资源战略	石油学报	2013	穆龙新等
15	委内瑞拉重油和加拿大油砂特征及评价技术	石油勘探与开发	2013	穆龙新等

序号	文章名称	期刊/会议名称	年份	作者
16	Development features and affecting factors of natural depletion of Sandstone reservoirs in Sudan	石油勘探与开发	2015	穆龙新等
17	苏丹地区砂岩油藏天然能量开发特征及其影响因素分析	石油勘探与开发	2015	穆龙新等
18	新形势下中国石油海外油气资源发展战略面临的挑战及对策	国际石油经济	2017	穆龙新等
19	加拿大白桦地致密气储层定量表征技术	石油学报	2017	穆龙新等
20	海外油气田开发特点、模式与对策	石油勘探与开发	2018	穆龙新等
21	中国石油海外油气田开发技术进展与发展方向	石油勘探与开发	2019	穆龙新等
22	中国石油海外油气勘探理论和技术进展与发展方向	石油勘探与开发	2019	穆龙新等
23	Comparison of the reservoir characteristics and development strategy screening between Venezuela and China heavy oil fields	The 1st World Heavy Oil Congress	2006	穆龙新等
24	The interpretation and application of horizontal well logs in heavy oil reservoir	The 2nd World Heavy Oil Congress	2008	穆龙新等
25	海外油气田开发地质特点及面临的挑战	第三届中国油气藏开发地质大会	2014	穆龙新等
26	我国不同沉积类型储集层中的储量和可动剩余油分布规律	石油勘探与开发	1998	徐安娜，穆龙新
27	扇三角洲储层露头精细研究方法	石油学报	2000	贾爱林，穆龙新，陈亮等
28	国内外稠油冷采技术现状及发展趋势	钻采工艺	2002	董本京，穆龙新
29	砂砾岩水淹层测井特点及机理研究	石油学报	2002	田中元，穆龙新，孙德明等
30	防砂与排砂采油的经济效益评价方法	钻采工艺	2003	董本京，穆龙新，李国诚等
31	吐哈盆地巴喀油田特低渗砂岩油层裂缝分布特征	石油勘探与开发	2003	王发长，穆龙新，赵厚银
32	苏丹M盆地P油田退积型辫状三角洲沉积体系储集层综合预测	石油勘探与开发	2005	赵国良，穆龙新，计智锋等
33	HSE管理中的风险分析方法——以中油国际委内瑞拉公司HSE管理经验为例	中国安全生产科学技术	2006	彭继轩，穆龙新，吕功训等
34	油田早期评价阶段建模策略研究	石油学报	2007	赵国良，穆龙新，周丽清
35	复杂断块砂砾岩油藏地震解释	地球物理学进展	2008	韩国庆，穆龙新，郭凯等
36	委内瑞拉奥里诺科重油带J区块新老二维地震资料精细匹配处理及构造特征分析	地球物理学进展	2009	韩国庆，穆龙新，姜建平
37	泡沫型重油油藏水平井流入动态	石油勘探与开发	2013	陈亚强，穆龙新，张建英等
38	基于沉积界面的储集层建模方法初探	石油勘探与开发	2013	黄继新，穆龙新，陈和平等
39	伊拉克艾哈代布油田白垩系生物碎屑灰岩储集层特征及主控因素	海相油气地质	2014	韩海英，穆龙新，郭睿等
40	艾哈代布地区生物碎屑灰岩储集层特征及主控因素	海相油气地质	2014	韩海英，穆龙新，郭睿等

序号	文章名称	期刊/会议名称	年份	作者
41	基于正演模拟的曲流河构型层次研究	中国矿业大学学报	2014	梁宏伟，穆龙新，范子菲等
42	砂质辫状河储层构型表征方法 ——以苏丹穆格莱特盆地 Hegli 油田为例	石油学报	2014	孙天建，穆龙新，吴向红等
43	砂质辫状河储集层隔夹层类型及其表征方法 ——以苏丹穆格莱特盆地 Hegli 油田为例	石油勘探与开发	2014	孙天建，穆龙新，赵国良
44	New expression of oil/water relative permeability ratio vs. water saturation and its application in water flooding curve	Energy Exploration & Exploitation	2014	徐锋，穆龙新，吴向红等
45	An analytical model for heat transfer process in steam assisted gravity drainage	Energy Exploration & Exploitation	2015	田晓，穆龙新，吴向红等
46	泡沫型重油微观驱油机理	内蒙古石油化工	2015	陈亚强，穆龙新，常毓文等
47	稠油油藏蒸汽吞吐加热半径及产能预测新模型	石油学报	2015	何聪鸽，穆龙新，许安著等
48	油藏自流注水开发机理及影响因素分析	石油勘探与开发	2015	苏海洋，穆龙新，韩海英等
49	中国石油国内外致密砂岩气储层特征对比及发展趋势	天然气地球科学	2015	蒋平，穆龙新，张铭等.
50	Production sequence optimization of complex fault block oil reservoirs	Journal of Engineering Research	2016	裴根，穆龙新，吴向红.
51	Evaluation method for miscible zone of CO_2 flooding	International Journal of Earth Sciences and Engineering	2016	廖长霖，穆龙新，吴向红等
52	海外油气项目多目标投资组合优化方法	系统工程理论与实践	2017	陈亚强，穆龙新，翟光华等
53	碳酸盐岩气藏气井出水机理分析 ——以土库曼斯坦阿姆河右岸气田为例	石油勘探与开发	2017	成友友，穆龙新，朱恩永等
54	An improved steam injection model with the consideration of steam override	Oil & Gas Science and Technology	2017	何聪鸽，穆龙新，范子菲
55	基于雷达图法的油田注水开发效果评价方法	科技通报	2017	华蓓，穆龙新，翟慧颖等
56	西加拿大 Montney 盆地不同非常规天然气储层典型 生产曲线及总产量影响因素分析	非常规油气	2017	王根久，穆龙新，张庆春等
57	分汊与游荡型辫状河储层构型研究	地学前缘	2017	王敏，穆龙新，赵国良等
58	基于网络模型的油藏优势通道形成微观机制	大庆石油地质与开发	2017	肖康，穆龙新，姜汉桥
59	水驱优势通道下微观潜力分布及改变流线挖潜	西南石油大学学报 （自然科学版）	2017	肖康，穆龙新，姜汉桥等
60	封堵优势通道动用剩余油机制及策略研究	石油与天然气地质	2017	肖康，穆龙新，姜汉桥等
61	委内瑞拉重油冷采新方法室内探索	油田化学	2017	朱怀江，穆龙新，罗健辉等
62	多信息关联的辫状河储层夹层预测方法研究	地学前缘	2018	王敏，穆龙新，赵国良等
63	基于数学形态学图像处理的泥质纹层定量表征	科学技术与工程	2018	陈浩，穆龙新，黄继新
64	Distribution of remaining oil based on fine 3-D geological modelling and numerical reservoir simulation: a case of the northern block in Xingshugang Oilfield, China	Journal of Petroleum Exploration and Production Technology	2018	李伟强，穆龙新，尹太举

序号	文章名称	期刊/会议名称	年份	作者
65	杏北油田高弯度分流河道储层构型特征和剩余油分布模式	大庆石油地质与开发	2018	李伟强，穆龙新，尹太举
66	A computational method of productivity forecast of a multi-angle fractured horizontal well using the discrete fracture model	AIP Advances	2018	张瑾琳，穆龙新，晋剑利
67	Bedding-scale geomodeling for effective permeability estimation in Upper McMurray Formation, Northeastern Alberta, Canada,	Petroleum Geoscience	2019	陈浩，穆龙新，黄继新
68	近10年全球油气勘探特点与未来发展趋势	国际石油经济	2019	计智锋，穆龙新，万仑坤等
69	Phase behavior and miscible mechanism in the displacement of crude oil with associated sour gas	Oil & Gas Science and Technology	2019	何聪鸽，穆龙新，许安著
70	强天然水驱油藏开发后期产液结构自动优化技术	石油勘探与开发	2019	雷占祥，穆龙新，赵辉等
71	分散存储油气生产动态大数据的优化管理与快速查询	石油勘探与开发	2019	王洪亮，穆龙新，时付更等
72	滨里海盆地东缘石炭系碳酸盐岩储集层孔喉结构特征及对孔渗关系的影响	石油勘探与开发	2020	李伟强，穆龙新，赵伦
73	基于循环神经网络的油田特高含水期产量预测方法	石油勘探与开发	2020	王洪亮，穆龙新，时付更等
74	委内瑞拉M区块和加拿大麦凯河区块油藏储层特征与评价技术	重油和油砂开发技术新进展——中加重油和油砂技术交流会论文集/石油工业出版社	2011	黄继新，穆龙新，陈和平等
75	Multiple-point facies simulation conditioned to probability models	International Conference on NESD	2016	王敏，穆龙新，赵国良等
76	Comprehensive study of polymer gel profile control for WAG process in fractured reservoir Using experimental and numerical simulation. SPE 179860	SPE EOR Conference at Oil and Gas West Asia	2016	肖康，穆龙新，吴向红等
77	Characteristics and main controlling factors of the Upper Carboniferous paleokarst reservoirs in North Truva, the east margin of Pre-Caspian Basin, Kazakhstan	20th International Sedimentological Congress	2018	李伟强，穆龙新，赵伦
78	Diagenesis and porosity evolution of the Upper Carboniferous paleokarst reservoirs in North Truva oilfield, the east margin of Pre-Caspian Basin, Kazakhstan	20th International Sedimentological Congress	2018	李伟强，穆龙新，赵伦